全国高职高专食品类、保健品开发与管理专业“十三五”规划教材

（供食品营养与检测、食品质量与安全专业用）

食品理化分析技术

主　　编　胡雪琴　李晓华

副 主 编　黄艳玲　陈海玲　姚瑞祺　薛香菊

编　　者　（以姓氏笔画为序）

于洪梅（长春职业技术学院）

卫　琳（山东药品食品职业学院）

李晓华（新疆石河子职业技术学院）

张　莉（济宁职业技术学院）

张笔觅（吉林省经济管理干部学院）

陈海玲（泉州医学高等专科学校）

胡雪琴（重庆医药高等专科学校）

姚瑞祺（杨凌职业技术学院）

姜　黎（新疆石河子职业技术学院）

黄艳玲（天津现代职业技术学院）

韩　丹（重庆医药高等专科学校）

提伟钢（辽宁水利职业学院）

薛香菊（山东药品食品职业学院）

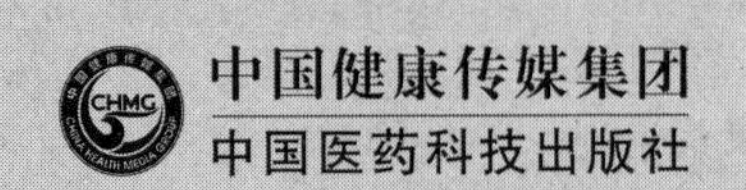

中国健康传媒集团

中国医药科技出版社

内容提要

本教材为“全国高职高专食品类、保健品开发与管理专业‘十三五’规划教材”之一，系根据本套教材的编写指导思想和原则要求，结合专业培养目标和本课程的教学目标、内容与任务要求编写而成。本教材具有专业针对性强、紧密结合新时代行业要求和社会用人需求、与职业技能鉴定相对接等特点。内容主要包括食品理化分析概论，以及各类食品的常见理化分析技术（含感官检测和快速检测），以培养高职学生食品理化分析的综合能力。本教材为书网融合教材，即纸质教材有机融合电子教材、教学配套资源（PPT、微课、视频、图片等）、题库系统、数字化教学服务（在线教学、在线作业、在线考试）。

本教材主要供全国高职高专食品营养与检测、食品质量与安全专业师生使用，也可作为行业企业食品检验人员的继续教育培训教材和参考教材。

图书在版编目（CIP）数据

食品理化分析技术/胡雪琴，李晓华主编．—北京：中国医药科技出版社，2019.1

全国高职高专食品类、保健品开发与管理专业“十三五”规划教材

ISBN 978-7-5214-0596-5

Ⅰ．①食… Ⅱ．①胡… ②李… Ⅲ．①食品分析-物理化学分析-高等职业教育-教材 Ⅳ．①TS207.3

中国版本图书馆 CIP 数据核字（2018）第 266017 号

美术编辑 陈君杞

版式设计 南博文化

出版 **中国健康传媒集团**｜中国医药科技出版社

地址 北京市海淀区文慧园北路甲 22 号

邮编 100082

电话 发行：010-62227427 邮购：010-62236938

网址 www.cmstp.com

规格 889×1194mm 1/16

印张 15 1/4

字数 317 千字

版次 2019 年 1 月第 1 版

印次 2024 年 2 月第 3 次印刷

印刷 三河市万龙印装有限公司

经销 全国各地新华书店

书号 ISBN 978-7-5214-0596-5

定价 38.00 元

获取新书信息、投稿、为图书纠错，请扫码联系我们。

数字化教材编委会

主　　编　胡雪琴　李晓华

副 主 编　黄艳玲　姚瑞祺　陈海玲　于洪梅

编　　者　（以姓氏笔画为序）

于洪梅（长春职业技术学院）

卫　琳（山东药品食品职业学院）

李晓华（新疆石河子职业技术学院）

张　莉（济宁职业技术学院）

张笔觅（吉林省经济管理干部学院）

陈海玲（泉州医学高等专科学校）

胡雪琴（重庆医药高等专科学校）

姚瑞祺（杨凌职业技术学院）

姜　黎（新疆石河子职业技术学院）

黄艳玲（天津现代职业技术学院）

韩　丹（重庆医药高等专科学校）

提伟钢（辽宁水利职业学院）

薛香菊（山东药品食品职业学院）

出版说明

为深入贯彻落实《国家中长期教育改革发展规划纲要（2010—2020年）》和《教育部关于全面提高高等职业教育教学质量的若干意见》等文件精神，不断推动职业教育教学改革，推进信息技术与职业教育融合，对接职业岗位的需求，强化职业能力培养，体现“工学结合”特色，教材内容与形式及呈现方式更加切合现代职业教育需求，以培养高素质技术技能型人才，在教育部、国家药品监督管理局的支持下，在本套教材建设指导委员会专家的指导和顶层设计下，中国医药科技出版社组织全国120余所高职高专院校240余名专家、教师历时近1年精心编撰了“全国高职高专食品类、保健品开发与管理专业‘十三五’规划教材”，该套教材即将付梓出版。

本套教材包括高职高专食品类、保健品开发与管理专业理论课程主干教材共计24门，主要供食品营养与检测、食品质量与安全、保健品开发与管理专业教学使用。

本套教材定位清晰、特色鲜明，主要体现在以下方面。

一、定位准确，体现教改精神及职教特色

教材编写专业定位准确，职教特色鲜明，各学科的知识系统、实用。以高职高专食品类、保健品开发与管理专业的人才培养目标为导向，以职业能力的培养为根本，突出了“能力本位”和“就业导向”的特色，以满足岗位需要、学教需要、社会需要，满足培养高素质技术技能型人才的需要。

二、适应行业发展，与时俱进构建教材内容

教材内容紧密结合新时代行业要求和社会用人需求，与职业技能鉴定相对接，吸收行业发展的新知识、新技术、新方法，体现了学科发展前沿、适当拓展知识面，为学生后续发展奠定了必要的基础。

三、遵循教材规律，注重“三基”“五性”

遵循教材编写的规律，坚持理论知识“必需、够用”为度的原则，体现“三基”“五性”“三特定”。结合高职高专教育模式发展中的多样性，在充分体现科学性、思想性、先进性的基础上，教材建设考虑了其全国范围的代表性和适用性，兼顾不同院校学生的需求，满足多数院校的教学需要。

四、创新编写模式，增强教材可读性

体现“工学结合”特色，凡适当的科目均采用“项目引领、任务驱动”的编写模式，设置“知识目标”“思考题”等模块，在不影响教材主体内容基础上适当设计了“知识链接”“案例导入”等模块，以培养学生理论联系实际以及分析问题和解决问题的能力，增强了教材的实用性和可读性，从而培养学生学习的积极性和主动性。

五、书网融合，使教与学更便捷、更轻松

全套教材为书网融合教材，即纸质教材与数字教材、配套教学资源、题库系统、数字化教学服务有机融合。通过“一书一码”的强关联，为读者提供全免费增值服务。按教材封底的提示激活教材后，读者可通过电脑、手机阅读电子教材和配套课程资源（PPT、微课、视频、动画、图片、文本等），并可在线进行同步练习，实时反馈答案和解析。同时，读者也可以直接扫描书中二维码，阅读与教材内容关联的课程资源（“扫码学一学”，轻松学习PPT课件；“扫码看一看”，即刻浏览微课、视频等教学资源；“扫码练一练”，随时做题检测学习效果），从而丰富学习体验，使学习更便捷。教师可通过电脑在线创建课程，与学生互动，开展布置和批改作业、在线组织考试、讨论与答疑等教学活动，学生通过电脑、手机均可实现在线作业、在线考试，提升学习效率，使教与学更轻松。

编写出版本套高质量教材，得到了全国知名专家的精心指导和各有关院校领导与编者的大力支持，在此一并表示衷心感谢。出版发行本套教材，希望受到广大师生欢迎，并在教学中积极使用本套教材和提出宝贵意见，以便修订完善，共同打造精品教材，为促进我国高职高专食品类、保健品开发与管理专业教育教学改革和人才培养做出积极贡献。

中国医药科技出版社

2019年1月

全国高职高专食品类、保健品开发与管理专业“十三五”规划教材

建设指导委员会

吴美香（湖南食品药品职业学院）
张　挺（广州城市职业学院）
张　谦（重庆医药高等专科学校）
张　镝（长春医学高等专科学校）
张迅捷（福建生物工程职业技术学院）
张宝勇（重庆医药高等专科学校）
陈　瑛（重庆三峡医药高等专科学校）
陈铭中（阳江职业技术学院）
陈梁军（福建生物工程职业技术学院）
林　真（福建生物工程职业技术学院）
欧阳卉（湖南食品药品职业学院）
周鸿燕（济源职业技术学院）
赵　琼（重庆医药高等专科学校）
赵　强（山东商务职业学院）
赵永敢（漯河医学高等专科学校）
赵冠里（广东食品药品职业学院）
钟旭美（阳江职业技术学院）
姜力源（山东药品食品职业学院）
洪文龙（江苏农林职业技术学院）
祝战斌（杨凌职业技术学院）
贺　伟（长春医学高等专科学校）
袁　忠（华南理工大学）
原克波（山东药品食品职业学院）
高江原（重庆医药高等专科学校）
黄建凡（福建卫生职业技术学院）
董会钰（山东药品食品职业学院）
谢小花（滁州职业技术学院）
裴爱田（淄博职业学院）

前言

QIANYAN

本教材为“全国高职高专院校食品类、保健品开发与管理专业‘十三五’规划教材”之一，系在教育部《普通高等学校高等职业教育（专科）专业目录（2015年）》指导下，根据本套教材的编写总原则和要求，以及食品理化分析技术这门课程教学大纲的基本要求和课程特点编写而成。

食品理化分析技术是食品营养与检测、食品质量与安全专业的必修课程和专业核心课程。本教材依据《中华人民共和国食品安全法》等法律法规和《食品安全国家标准》《食品卫生检验方法——理化部分》等国家标准，结合职业资格知识和技能要求，以“宽基础，活模块”的编写模式，将传统教学内容进行整合、更新和优化，使教材真正“贴近学生、贴近岗位、贴近社会”。

教材按126学时编写，分两部分内容：①介绍食品理化分析技术的基础知识，使学生初步认识食品理化分析技术，知晓食品理化分析技术的内容、方法和流程；②以不同类别食品为检验对象，按照食品卫生要求进行的食品综合检验，培养学生食品分析的综合能力。教材编写充分参考了行业企业食品检验岗位的岗前培训要求和实际检验流程，并且教材每个项目的开篇都设有“学习目标”，下分“知识目标”和“能力目标”，用于指导教与学；结合食品安全热点问题按需设置“案例讨论”，帮助学生学以致用；设置“拓展阅读”以支撑学生持续职业能力发展；章末均有配套的“思考题”以评价检测其学习效果。为适应当前教育信息化改革的需要，本教材建有部分信息化资源，供纸质教材配套使用。

本教材适用于高职高专食品营养与检测、食品质量与安全专业师生使用，也可作为行业企业食品检验人员的继续教育培训教材和参考资料。

本教材实行主编负责制，参加编写的人员有胡雪琴（第一章第一节、第六章第一至三节）、姚瑞祺（第一章第二至五节）、李晓华（第二章、第七章第一至三节）、陈海玲（第三章第一至三节、第六章第三节）、张笔觅（第三章第四至六节）、黄艳玲（第四章第一至四节）、提伟钢（第四章第五至七节）、薛香菊（第五章第一至三节）、张莉（第五章第四至五节）、卫琳（第五章第六至八节）、于洪梅（第六章第四至六节、第八章）、姜黎（第七章第四至五节）、韩丹（第七章第六至七节）。

本教材编委由多年来在教学第一线同时具有行业工作经历的专业带头人和骨干教师，以及行业专家组成，教材编写工作的顺利完成得到了各参编院校的大力支持，特致衷心感谢！团队成员虽竭力以严谨、求实、科学的态度编写教材，但难免会有疏漏与不足之处，恳请使用者不吝赐教、及时反馈，以便我们进一步修改与完善教材。

编　者

2019年1月

目录

MULU

第一章　食品理化分析概论

知识目标

1. **掌握**　食品理化分析的概念和内容；食品理化分析的流程。
2. **熟悉**　食品理化分析的任务和方法。
3. **了解**　食品理化分析实验室的设置和安全。

能力目标

1. 熟知并能正确选择食品理化分析的标准。
2. 能分析实验误差来源并正确修约数据。

第一节　食品理化分析的概念及任务

扫码“学一学”

☞案例讨论

案例：2018 年 7 月，原国家食品药品监督管理总局组织抽检 6 类食品 540 批次样品，抽样检验项目合格样品 532 批次，不合格样品 8 批次。根据食品安全国家标准，个别项目（如本次抽检的过氧化值、丙溴磷、氟苯尼考等）不合格，其产品即判定为不合格产品。来源：国家市场监督管理总局官网“关于 8 批次食品不合格情况的通告”

问题：1. 完整的食品检验流程是怎样的？

2. 食品检验及检验结果判断的依据是什么？

食品可为人类提供多种营养素，是机体赖以生存的物质基础。民以食为天，食以安为先。2015 年 10 月施行的《中华人民共和国食品安全法》从食品风险监测和评估、食品安全标准、食品生产经营、食品检验、食品进出口、食品安全事故处置等方面予以严格全面规定，以保证食品安全，保障公众身体健康和生命安全。按检验方法和手段不同，食品检验可分为感官分析，理化分析，微生物、寄生虫或昆虫分析，其检验结果可用于食品品质的安全性和营养性评价，因此食品理化分析是实现食品品质评价的重要手段之一。

一、食品理化分析的概念

食品理化分析是基于分析化学、营养与食品卫生和食品化学等知识和技能，使用现代分离分析技术，对食品的营养成分、与食品安全有关的成分进行分析检测，并将检测结果与食品相关标准进行比较，以判断食品是否符合食用要求的过程。

食品理化分析技术即是在食品理化分析过程中所采用的各种方法和技术。常见的方法和技术如密度、折射率、旋光度等物理分析法，质量分析法，滴定分析法，光谱法，色谱法等。食品理化分析方法和技术的选择和使用应严格遵守现行有效的食品卫生检验方法（理化部分）和食品安全国家标准的相关规定。

二、食品理化分析的任务

实际工作中，食品理化分析广泛应用于食品“从田间到餐桌”的全过程，对于保障食品的安全和食品的营养；预防食物中毒和食源性疾病的产生；研究食品化学性污染的来源、途径及其控制；开发食品新资源、研发食品新工艺等都具有非常重要的意义。食品理化分析的主要任务如下：

（一）食品品质检验

食品品质检验贯穿于食品生产和使用的全过程，按照食品相关标准，检验食品原辅料、加工半成品和成品的质量，也对包装、运输、储存和食用过程中的食品进行检验。食品品质检验对象包括：食品中的营养物质；因满足食品工艺需要而额外添加的物质；食品中的、食品生产流程中所产生或被污染的有毒有害物质；以及与食品相关的包装材料等。食品品质检验既可用于食品生产企业的自我检查以实现企业内部质量控制，也可作为行业主管部门和第三方检测机构的抽检和委托检验以确保食品无毒、无害，并符合应当有的营养要求。

（二）食品生产管控

食品生产流程及其工艺条件的选择非常重要，食品检验可为其提供重要的参考。食品加工工艺影响食品的最终品质，如粮食加工中，可通过不同加工精度获取不同等级的面粉，而灰分的含量是制定面粉等级的重要指标；食品加工工艺影响食品企业的生产成本，如可以通过控制食品产品中水分的含量来节约能源。因此，食品理化分析有助于生产管理者全面了解其产品生产情况，为其制定生产计划、核算生产成本提供依据。

（三）食品开发和研究

此外，食品检验还为新食品资源的开发，新优质产品的研制，食品生产工艺的优化和改革，以及产品包装、贮运技术等的改革提供依据和方法建议。

扫码“学一学”

第二节　食品理化分析的内容和方法

食品种类繁多，成分复杂，与食品营养、安全相关的分析内容也因食品种类不同而十分丰富。与食品理化分析相关的方法从常量分析到微量分析，从定性分析到定量分析，从组成分析到形态分析，从实验室分析到现场快速检测，可谓多种多样，不尽相同。食品理化分析的内容和方法主要包括食品物理检验、食品中常见成分的检验、食品中添加剂的检验、食品中有毒有害物质的检验、食品中功能性成分的测定、食品包装材料的检验、食品快速检验。

一、食品物理检验

根据食品的相对密度、折射率、旋光度、黏度、浊度等物理常数与食品的组分及含量之间的关系进行检测的方法称为物理检验法。此外，某些食品的一些物理量（如罐头真空度、面包的比体积等）也可采用物理检验法直接测定。物理检验常用于食品生产工艺控制和假冒伪劣产品监控，可以指导生产过程、保证产品质量，是食品生产管理和市场管理不可缺少的方便而快捷的检测手段。

（一）相对密度检验法

1. 密度与相对密度　密度是指物质在一定温度下单位体积的质量，以符号 ρ 表示，其单位为 g/cm^3 或 g/mL。相对密度是指某一温度下物质的质量与同体积某一温度下水的质量之比，以符号 d 表示。

因为物质一般都具有热胀冷缩的性质（4 ℃以下的水除外），所以密度和相对密度的值会随温度的改变而改变。故密度应标出测定时物质的温度，表示为 ρ_t，如 ρ_{20}。相对密度应标出测定时物质的温度及水的温度，表示为 $d_{t_2}^{t_1}$，如 d_4^{20}、d_{20}^{20}，其中 t_1 表示物质的温度，t_2 表示水的温度。

密度和相对密度之间有如下关系：

$$d_{t_2}^{t_1}=\frac{\text{温度 } t_1 \text{ 下物质的密度}}{\text{温度 } t_2 \text{ 下物质的密度}} \tag{1-1}$$

因为水在 4 ℃时的密度为 1.000 g/cm^3，所以物质在某温度下的密度 ρ_t 和物质在同一温度下对 4 ℃水的相对密度 d_4^t 在数值上相等，两者在数值上可以通用。食品工业上常用 d_4^{20}（即物质在 20 ℃时的质量与同体积 4 ℃水的质量之比）来表示物质的相对密度，其数值与物质在 20 ℃时的密度 ρ_{20} 相等。

当用密度瓶或密度天平测定液体的相对密度时，通常测定液体在 20 ℃时对水在 20 ℃时的相对密度，以 d_{20}^{20} 表示。因为水在 4 ℃时的密度比水在 20 ℃时的密度大，故对同一溶液来说，$d_{20}^{20}>d_4^{20}$。d_4^{20} 和 d_{20}^{20} 之间可以用下式换算：

$$d_4^{20}=d_{20}^{20}\times 0.998230 \tag{1-2}$$

式中，0.998230 为水在 20 ℃时的密度，g/cm^3。

若要将 $d_{t_2}^{t_1}$ 换算为 $d_4^{t_1}$，可按下式 1-3 进行：

$$d_4^{t_1}=d_{t_2}^{t_1}\cdot\rho_{t_2} \tag{1-3}$$

式中，ρ_{t_2} 为温度 t_2 时水的密度，g/cm^3。

2. 食品溶液浓度与相对密度的关系　相对密度是物质重要的物理常数，各种液态食品在一定实验条件下，都具有一定的相对密度。例如牛奶（全脂）的相对密度 d_{20}^{20} 为 1.028～1.032，芝麻油的相对密度 d_{20}^{20} 为 0.9126～0.9287。当食品组成成分及浓度发生改变时，其相对密度也会随之改变。通过测定液态食品的相对密度，可以检验食品的纯度，并根据相对密度计算浓度，进而判断食品的质量。

相对密度测定简单快速，但只能反映物质的一种物理性质，要准确评价食品质量，必须结合其他理化分析，才能做出正确判断。

3. 相对密度测定方法

（1）密度瓶法

①测定原理：密度瓶具有一定的容积，在一定的温度下，用同一密度瓶分别称量等体积的样品溶液和蒸馏水的质量，两者之比即为该样品溶液的相对密度。

②仪器：密度瓶是测定液体相对密度的专用精密仪器，容积固定，种类和规格多种，见图1－1。

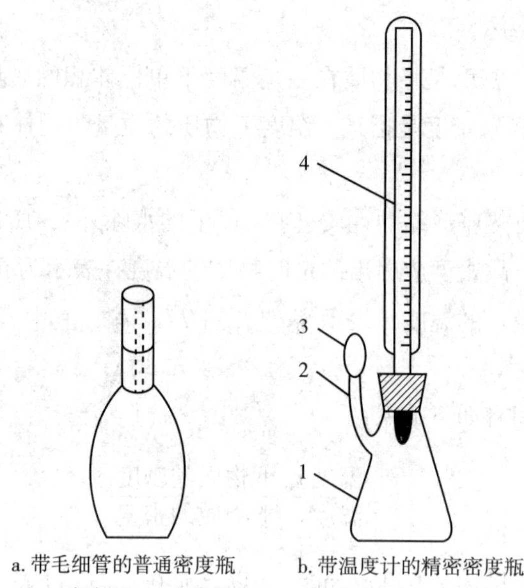

a. 带毛细管的普通密度瓶　　b. 带温度计的精密密度瓶

1. 密度瓶；2. 支管标线；3. 支管上小帽；4. 温度计

图1－1　密度瓶

③测定方法：先用蒸馏水把密度瓶洗干净，再依次用乙醇、乙醚洗涤，烘干并冷却后，精密称重。装满低于20 ℃的样液，置20 ℃水浴中浸0.5小时，使内容物的温度达到20 ℃，盖上瓶盖，用细滤纸条吸去支管标线上的样液，盖上支管上小帽后取出。用滤纸把密度瓶外擦干，置天平室内0.5小时，精密称重。

将样液倾出，洗净密度瓶，装入煮沸0.5小时并冷却到20 ℃以下的蒸馏水，按上面方法操作。测出同体积20 ℃蒸馏水的质量。

④结果计算

$$d=\frac{m_2-m_0}{m_1-m_0} \tag{1－4}$$

式中，m_0为密度瓶质量，g；m_1为密度瓶加水的质量，g；m_2为密度瓶加液体样品的质量，g；d为试样在20 ℃时的相对密度。

（2）密度计法

①测定原理：密度计根据阿基米德原理制成，密度计上的刻度标尺越向上表示密度越小，在测定密度较大的液体时，由于密度计排开的液体的质量较大，受到的浮力也越大，故密度计向上浮，读数也越大。

②仪器：密度计种类很多，但结构和形式基本相同，都具有玻璃外壳。它由三部分组成，头部呈球形或圆锥形，内部灌有铅珠、水银或其他重金属，使密度计能直立于溶液中；中部是胖肚空腔，内有空气，故能浮起；尾部是一细长管，内附有刻度标记，刻度是利用各种不同密度的液体标度的。常用的密度计按其标度方法的不同，可分为普通密度计、锤度计、乳稠计、波美计等，见图1－2。

a. 普通密度计。普通密度计是直接以20 ℃时的密度值为刻度的（因d_4^{20}与ρ_{20}在数值上

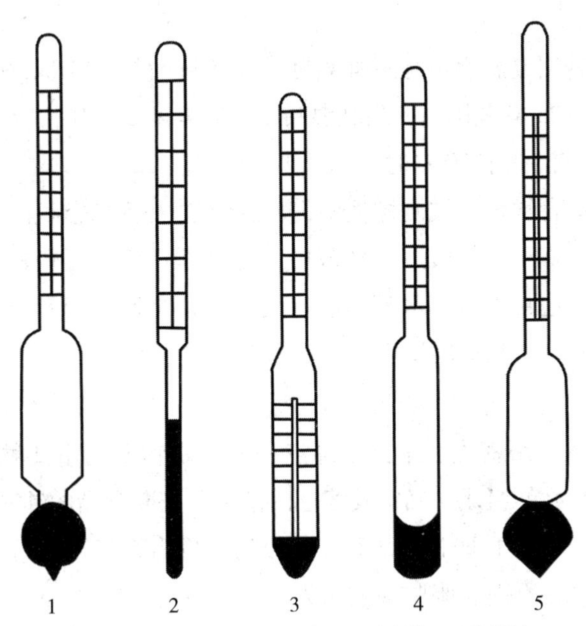

1. 普通密度计；2、3. 波美计；4. 锤度计；5. 乳稠计

图 1－2　各种密度计

相等，也可以说是以 d_4^{20} 为刻度的）。一套通常由几支组成，每支的刻度范围不同，刻度值小于 1 的（0.700～1.000）称为轻表，用于测量密度比水小的液体；刻度值大于 1 的（1.000～2.000）称为重表，用来测量密度比水大的液体。

b. 波美计。波美计是以波美度来表示液体浓度大小，以符号“°Bé”表示。按标度方法的不同分为多种类型，常用的波美计的刻度方法是以 20 ℃为标准温度，在蒸馏水中为0°Bé；在 15% 氯化钠溶液中为 15°Bé；在浓硫酸（相对密度为 1.8427）中为 66°Bé；其余刻度等分。波美计分为轻表和重表两种，分别用于测定相对密度小于 1 的和相对密度大于 1 的液体。

波美度与相对密度之间存在下列关系：

$$\text{轻表}\quad °Bé = \frac{145}{d_{20}^{20}} - 145 \text{ 或 } d_{20}^{20} = \frac{145}{145 + °Bé}$$

$$\text{重表}\quad °Bé = 145 - \frac{145}{d_{20}^{20}} \text{或 } d_{20}^{20} = \frac{145}{145 - °Bé}$$

c. 锤度计。锤度计是专用于测定糖液浓度的密度计。它是以蔗糖溶液的质量百分浓度为刻度的，以符号“°Bx”表示。其标度方法是以 20 ℃为标准温度，在蒸馏水中为 0°Bx，在 1% 蔗糖溶液中为 1°Bx（即 100 g 蔗糖溶液中含 1 g 蔗糖），以此类推。锤度计的刻度范围有多种，常用的有：1～6°Bx、5～11°Bx、10～16°Bx、15～21°Bx、20～26°Bx 等。

若测定温度不在标准温度（20 ℃），应进行温度校正。当测定温度高于 20 ℃对，因糖液体积膨胀导致相对密度减小，即锤度降低，故应加上相应的温度校正值；反之，则应减去相应的温度校正值。

d. 乳稠计。乳稠计是专用于测定牛乳相对密度的仪器，测量相对密度的范围为 1.015～1.045。它是将相对密度减去 1.000 后再乘以 1000 作为刻度，以度“°”表示，其刻度范围为15°～45°。使用时把测得的读数按上述关系可换算为相对密度值。乳稠计按其标度方法不同分为两种：一种是按 20°/4°标定，另一种是按 15°/15°标定。两者可通过

$d_{15}^{15}=d_4^{20}+0.002$ 换算。

使用乳稠计时，若测定温度不是标准温度，应将读数校正为标准温度下的读数。对于20°/4°乳稠计，在10～25 ℃范围内，当乳温高于标准温度20 ℃时，每高1 ℃应在读出的乳稠计读数上加0.2°；乳温低于20 ℃时，每低1 ℃应减去0.2°。

④测定方法：将混合均匀的被测样液沿筒壁徐徐注入适当容积的清洁量筒中，注意避免起泡。将密度计洗净擦干，缓缓放入样液中，待其静止后，再轻轻按下少许，然后待其自然上升，静止并无气泡冒出后，水平读取与液平面相交处的刻度值。同时用温度计测量样液的温度，如测得温度不是标准温度，应对测得值加以校正。

（二）折光法

均一物质的折射率，跟密度、熔点、沸点一样，是物质的重要物理常数之一。因此，可以用折光仪来测定食品的组成、确定其溶液的浓度、判断食品的纯净程度及品质。

折光法广泛应用于油脂工业中。由于每一种脂肪酸均有其特征折射率，脂肪酸中碳原子数增大其折射率增大，不饱和脂肪酸的折射率大于同等数目碳原子的饱和脂肪酸，故折光法可用于食用油的定性鉴定。折光法也可用于测定纯糖溶液中的蔗糖成分和不纯糖溶液中的可溶性固形物。

折光法所用仪器为阿贝折光仪。

1. 阿贝折光仪的结构及原理 阿贝折光仪的结构如图1－3所示，其光学系统由观测系统和读数系统两部分组成。

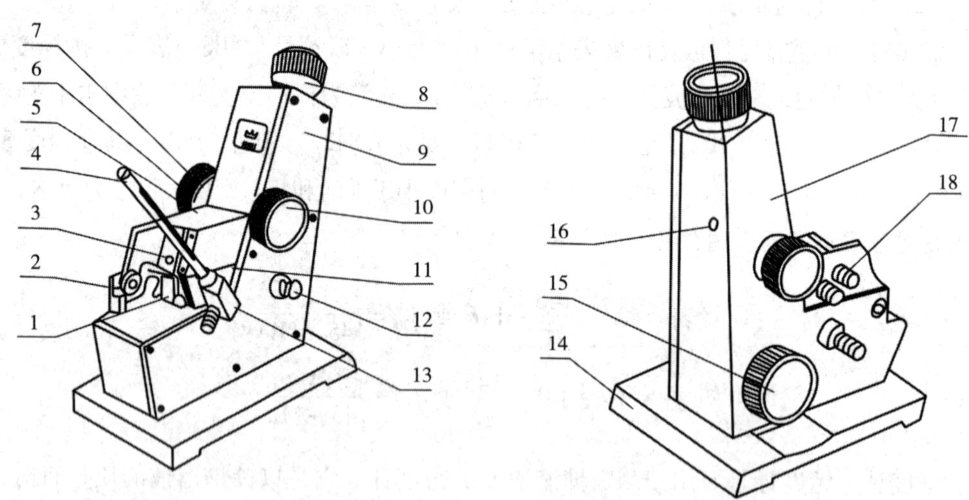

1. 反光镜；2. 转轴；3. 遮光板；4. 温度计；5. 进光棱镜座；6. 色散调节手轮；
7. 色散值刻度圈；8. 目镜；9. 盖板；10. 手轮；11. 折射棱镜座；12. 照明刻度盘镜；
13. 温度计座；14. 底座；15. 刻度调节手轮；16. 小孔；17. 壳体；18. 恒温器接头

图1－3 阿贝折光仪

2. 阿贝折光仪的校准及使用方法

（1）校正方法 通常用测定蒸馏水折射率的方法进行校准，在20 ℃下折光仪应表示出折射率为1.33299或可溶性固形物为0%。若校正时温度不是20 ℃应查出该温度下蒸馏水的折射率再进行校准。

（2）使用方法。

①分开两面棱镜，以脱脂棉球蘸取乙醇擦净，挥干乙醇。滴1～2滴样液于下面棱镜平面中央，迅速闭合两棱镜，调节反光镜，使两镜筒内视野最亮。

②由目镜观察，转动棱镜旋钮，使视野出现明暗两部分。

③旋转色散补偿器旋钮，使视野中只有黑白两色。

④旋转棱镜旋钮，使明暗分界线在十字线交叉点。

⑤从读数镜筒中读取折射率或质量分数。

⑥测定样液温度。

⑦打开棱镜，用水、乙醇或乙醚擦净棱镜表面及其他各机件。

（三）旋光法

应用旋光仪测量旋光性物质的旋光度以确定其含量的分析方法叫旋光法。如蔗糖、谷类淀粉、谷氨酸钠等物质，均可通过旋光法测定其含量，从而控制产品质量。

1. 旋光性物质、旋光度与比旋光度

（1）旋光性物质　分子结构中凡具有不对称碳原子，能将偏振光的偏振面旋转一定角度的物质称为旋光性物质。许多食品成分都具有光学活性，如单糖、低聚糖、淀粉，以及大多数的氨基酸等。其中能把偏振光的振动平行向右旋转的，称为“具有右旋性”，以“（+）”表示；反之，称为“具有左旋性”，以“（-）”表示。

（2）旋光度与比旋光度　偏振光通过旋光性物质的溶液时，其振动平面所旋转的角度叫作该物质溶液的旋光度，以 α 表示。旋光度的大小与光源的波长、温度、旋光性物质的种类、溶液的浓度及液层的厚度有关。对于特定的光学活性物质，在光源波长和温度一定的情况下，其旋光度与溶液的浓度和液层的厚度成正比。即：

$$\alpha = KcL \tag{1-5}$$

式中，α 为旋光度，度（°）；K 为系数；c 为溶液浓度，g/mL；L 为液层厚度或旋光管长度，dm。

当旋光性物质的浓度为 1 g/mL，液层厚度为 1 dm 时所测得的旋光度称为比旋光度，以 $[\alpha]_\lambda^t$ 表示。由上式可知：

$$[\alpha]_\lambda^t = K \times 1 \times 1 = K \tag{1-6}$$

即：

$$[\alpha]_\lambda^t = \frac{\alpha}{Lc} \text{或者} c = \frac{\alpha}{L \cdot [\alpha]_\lambda^t} \tag{1-7}$$

式中，$[\alpha]_\lambda^t$ 为比旋光度，度（°）；t 为温度，℃；λ 为光源波长，nm；α 为旋光度，度（°）；L 为液层厚度或旋光管长度，dm；c 为溶液浓度，g/mL。

比旋光度与光的波长及测定温度有关。通常规定用钠光 D 线（波长 589.3 nm）在 20 ℃时测定，在此条件下，比旋光度用 $[\alpha]_D^{20}$ 表示，属于固定值。食品中的主要糖类的 $[\alpha]_D^{20}$ 见表 1-1。

表 1-1　常见糖类的比旋光度

糖类	$[\alpha]_D^{20}$	糖类	$[\alpha]_D^{20}$
葡萄糖	+52.5	乳糖	+53.3
果糖	-92.5	麦芽糖	+138.5
转化糖	-20.0	糊精	+194.8
蔗糖	+66.5	淀粉	+196.4

根据公式 $c=\frac{\alpha}{L\cdot[\alpha]_{\lambda}^{t}}$，比旋光度$[\alpha]_{D}^{20}$是已知的，$L$ 为一定，故测得了旋光度 α 就可计算出旋光物质溶液的浓度 c。

二、食品中常见成分的检验

食品中的常见成分包含水分、灰分、酸、脂肪、碳水化合物、蛋白质、维生素等，这些物质是食品中固有的成分，并赋予了食品一定的组织结构、风味、口感，以及营养价值，这些成分含量的高低是衡量食品品质的关键指标。

（一）水分的测定

水是维持人类生存必不可少的物质之一。食品中水分含量的测定是食品分析的重要项目之一。控制食品的水分含量，对于保持食品的组织形态，维持食品中水分与其他组分的平衡，以及保证食品在一定时期内的品质稳定性具有重要作用。例如，新鲜面包的水分含量若低于28%～30%，其外观形态干瘪、失去光泽；脱水蔬菜的非酶褐变可随水分含量的增加而增加；乳粉水分含量控制在2.5%～3.0%以内，可抑制微生物生长繁殖，延长保存期。此外，各种生产原料中水分含量的高低，对于原料的保存，产品的成本核算，生产工艺的监督，工厂经济效益的提高等均具有重大意义。

测定食品中水分含量的方法有直接干燥法、减压干燥法、蒸馏法、卡尔·费休法、红外线干燥法、化学干燥法和微波干燥法等。

（二）灰分的测定

食品中除含有大量有机物质外，还含有较丰富的无机成分。食品经高温灼烧，有机成分挥发逸散，而无机成分（主要是无机盐及其氧化物）则残留下来，这些残留物（主要是食品中的矿物盐或无机盐类）称为灰分。灰分是标示食品中无机成分总量的一项指标。

食品的灰分除总灰分（即粗灰分）外，按其溶解性还可分为水溶性灰分、水不溶性灰分和酸不溶性灰分。其中水溶性灰分反映的是可溶性的钾、钠、钙、镁等的氧化物和盐类的含量。水不溶性灰分反映的是污染的泥沙和铁、铝等氧化物及碱土金属的碱式磷酸盐的含量。酸不溶性灰分反映的是污染的泥沙和食品中原来存在的微量氧化硅的含量。

测定灰分具有十分重要的意义。不同的食品，因所用原料、加工方法及测定条件不同，各种灰分的组成和含量也不相同。如果灰分含量超过了正常范围，说明食品中使用了不符合卫生标准的原料或食品添加剂，或食品在加工、储运过程中受到污染，因此测定灰分可以判断食品受污染的程度。此外，灰分还可以评价食品的加工精度和食品的品质。例如：在面粉加工中，常以总灰分评价面粉等级，面粉的加工精度越高，灰分含量越低，标准粉为0.6%～0.9%，全麦粉为1.2%～2%。总灰分含量还可说明果胶、明胶等胶质品的胶冻性能；水溶性灰分含量可反映果酱、果冻等制品中果汁的含量。

（三）酸度的测定

食品中酸的种类很多，可分为有机酸和无机酸两类，但主要是有机酸。食品中常见的有机酸有柠檬酸、苹果酸、酒石酸、草酸、乳酸及乙酸等。这些有机酸有的是食品所固有的，如果蔬及其制品中的有机酸；有的是在食品加工中人为加入的，如汽水中的有机酸；有的是在生产、加工、储藏过程中产生的，如酸奶、食醋中的有机酸。果蔬中所含的有机酸种类较多，不同果蔬中所含的有机酸种类也不同，见表1－2。

表1－2　果蔬中主要有机酸种类

果蔬	有机酸的种类	果蔬	有机酸的种类
苹果	苹果酸、少量柠檬酸	桃	苹果酸、柠檬酸、奎宁酸
梨	苹果酸、果心部分有柠檬酸	葡萄	酒石酸、苹果酸
樱桃	苹果酸	杏	苹果酸、柠檬酸
梅	柠檬酸、苹果酸、草酸	温州蜜橘	柠檬酸、苹果酸
柠檬	柠檬酸、苹果酸	菠萝	柠檬酸、苹果酸、酒石酸
甜瓜	柠檬酸	番茄	柠檬酸、苹果酸
菠菜	草酸、柠檬酸、苹果酸	甘蓝	柠檬酸、苹果酸、草酸
笋	草酸、酒石酸、乳酸、柠檬酸	芦笋	柠檬酸、苹果酸
莴苣	苹果酸、柠檬酸、草酸	甘薯	草酸

测定食品中的酸度具有十分重要的意义：酸度可以影响食品的色、香、味及其稳定性；有机酸的种类和含量是判断食品质量的重要指标，挥发酸的种类是判断某些食品腐败的标准，测定油脂酸度（以酸价表示）可判断其新鲜程度；利用有机酸与糖的含量之比，还可判断某些果蔬的成熟度。

食品中的酸度，可分为总酸度（滴定酸度）、有效酸度（pH）和挥发酸。总酸度是指食品中所有酸性成分的总量，并以样品中主要代表酸的百分含量表示；有效酸度，则是指样品中呈游离状态的 H^+ 的浓度，常用pH表示，大小可用酸度计进行测定；挥发酸则是指食品中易挥发的部分有机酸，如乙酸、甲酸等，可通过蒸馏法分离，再用标准碱液测定。

（四）脂类的测定

食品中的脂类主要包括脂肪（甘油三酯）和一些类脂，如磷脂、糖脂、固醇等，大多数动物性食品及某些植物性食品（如种子、果实、果仁等）都含有天然脂肪。在食品加工过程中，原料的含脂量对产品的风味、组织结构、品质、外观、口感等都有直接的影响，因此脂肪含量是食品质量管理的一项重要指标。测定食品的脂肪含量，对于评价食品的品质，生产过程的质量管理，研究食品的储藏方式等都有重要的意义。

食品中脂肪的存在形式有游离态的，如动物性脂肪及植物性油脂；也有结合态的，如天然存在的磷脂、糖脂、脂蛋白及某些加工食品（如焙烤食品及麦乳精等）中的脂肪，与蛋白质或碳水化合物等成分形成结合态。一般食品的脂肪可采用索氏抽提法、酸水解法测定，乳及其制品则采用盖勃法、罗斯－哥特里法等测定。

（五）碳水化合物的测定

碳水化合物是由碳、氢、氧三种元素组成的一大类化合物，统称为糖类。它能提供人体生命活动所需热能的60%～70%，同时它也是构成机体的一种重要物质，并参与细胞的许多生命过程。可分为单糖、双糖和多糖。

在食品加工工艺中，糖类对改变食品的形态、组织结构、物化性质，以及色、香、味

等感官指标起着十分重要的作用。如食品加工中常需要控制一定量的糖酸比；糖果中糖的组成及比例直接关系到其风味和质量；糖的焦糖化作用及羰基反应可使食品获得诱人的色泽与风味；食品中的糖类含量也是食品营养价值高低的重要标志之一，是某些食品的主要质量指标。因此，分析检测食品中碳水化合物的含量，在食品工业中具有十分重要的意义。

测定食品中糖类的方法很多，常用的有物理法、化学法、色谱法和酶法等。

物理法只能用于某些特定的样品，如利用旋光法测定糖液的浓度。化学法是应用最广泛的常规分析方法，它包括还原糖法（斐林法、高锰酸钾法、铁氰化钾法等）、碘量法、缩合反应法等，食品中还原糖、蔗糖、总糖的测定多采用化学法。但此法测定的多是糖的总量，不能确定糖的种类及每种糖的含量。利用色谱法可以对样品中的各种糖进行分离和定量。较早的方法有纸色谱法和薄层色谱法，目前可利用气相色谱法和高效液相色谱法分离定量食品中的糖。

（六）蛋白质的测定

蛋白质是生命的物质基础，是构成人体及动植物细胞组织的重要成分之一。人体新生组织的形成、酸碱平衡和水平衡的维持、遗传信息的传递、物质的代谢及转运都与蛋白质有关，故蛋白质是人体重要的营养物质，也是食品中重要的营养指标。测定食品中蛋白质的含量，对于评价食品的营养价值，合理开发利用食品资源，提高产品质量，优化食品配方，指导经济核算及生产过程控制均具有极其重要的意义。

测定蛋白质的方法可分为两大类：一类是利用蛋白质的共性，即含氮量、肽键和折射率等测定蛋白质含量；另一类是利用蛋白质中特定氨基酸残基、酸性或碱性基团，以及芳香基团等测定蛋白质含量。蛋白质含量测定最常用的方法是凯氏定氮法，该法是通过测出样品中的总氮量再乘以相应的蛋白质系数而求出蛋白质的含量，由于样品中含有少量非蛋白质含氮化合物，故此法的结果称为粗蛋白质的含量。此外，双缩脲法、染料结合法等也常用于蛋白质含量的测定，由于方法简便快速，故多用于生产企业进行质量控制分析。

近年来，凯氏定氮法经不断地研究改进，使其在应用范围、分析结果的准确度、仪器装置及分析操作的速度等方面均取得了新的进步。另外，国外采用红外分析仪，利用波长在 0.75～3 μm 范围内的近红外线具有被食品中蛋白质组分吸收及反射的特性，依据红外线的反射强度与食品中蛋白质含量之间存在的函数关系而建立了近红外光谱快速定量方法。

（七）维生素的测定

维生素是维持人体正常生命活动所必需的一类天然有机化合物。虽然不能供给机体热能，也不是构成组织的基本原料，需要量极少，但是可通过作为辅酶的成分参与调节代谢过程，缺乏任何一种维生素都会导致相应的疾病。它们在人体中一般不能合成，或合成量不能满足生理需要，必须经常从食物中摄取。

测定食品中维生素的含量，在评价食品的营养价值，开发和利用富含维生素的食品资源，指导人们合理调整膳食结构，防止维生素缺乏，研究维生素在食品加工、储存等过程中的稳定性，指导合理的工艺条件及储存条件制定，防止因摄入过多而引起维生素中毒等方面具有十分重要的意义和作用。

根据维生素的溶解特性，习惯上将其分为两大类，即脂溶性维生素和水溶性维生素。

（1）脂溶性维生素的测定　脂溶性维生素是指与类脂物一起存在于食物中的维生素 A、

维生素 D、维生素 E 和维生素 K。脂溶性维生素具有以下理化性质：①脂溶性维生素不溶于水，易溶于脂肪、乙醇、丙酮、氯仿、乙醚、苯等有机溶剂；②维生素 A、维生素 D 对酸不稳定，维生素 E 对酸稳定，维生素 A、维生素 D 对碱稳定，维生素 E 对碱不稳定，但在抗氧化剂存在下或惰性气体保护下，也能经受碱的煮沸；③维生素 A、维生素 D、维生素 E 耐热性好，能经受煮沸，维生素 A 因分子中有双链，易被氧化，光、热促进其氧化，维生素 D 性质稳定，不易被氧化，维生素 E 在空气中能慢慢被氧化，光、热、碱能促进其氧化作用。

测定脂溶性维生素时，通常先用皂化法处理样品，水洗去除类脂物。然后用有机溶剂提取脂溶性维生素（不皂化物），浓缩后溶于适当的溶剂进行测定。在皂化和浓缩时，为防止维生素的氧化分解，常加入抗氧化剂（如焦性没食子酸、维生素 C 等）。对于某些液体样品或脂肪含量低的样品，可以先用有机溶剂抽出脂类，然后再进行皂化处理：对于维生素 A、维生素 D、维生素 E 共存的样品，或杂质含量高的样品，在皂化提取后，还需进行层析分离。分析操作一般要在避光条件下进行。

（2）水溶性维生素　水溶性维生素包含 B 族维生素如维生素 B_1、维生素 B_2等和维生素 C，广泛存在于动、植物组织中，饮食来源充足。

测定水溶性维生素时，一般都在酸性溶液中进行前处理。维生素 B_1、维生素 B_2通常采用酸水解，或再经淀粉酶、木瓜蛋白酶等酶解作用，使结合态维生素游离出来，再将它们提取出来。维生素 C 通常采用草酸或草酸 - 乙酸直接提取。在一定浓度的酸性介质中，可以消除某些还原性杂质对维生素 C 的破坏。

三、食品中添加剂的检验

食品添加剂是为改善食品的品质和色、香、味，以及为防腐和加工的需要而向食品中加入的化学合成物质或天然物质。食品添加剂不包括食品中的污染物。

食品添加剂的种类繁多，我国较为常用的有 300 多种。可用于：①提高食品的保藏性能，延长保质期；②改善食品的感官性状；③有利于食品的加工操作，适应机械化、连续化大生产。

作为人为引进食品中的外来成分，食品添加剂的使用也存在着安全性问题：①工艺问题使产品不纯净而带入少量的有害杂质；②长期低剂量摄食某些食品添加剂可能带来危害；③某些非营养食品添加剂的使用，可导致低营养密度食品的增加，会影响食品的营养价值；④使用色素对质量低劣或腐败的食品进行着色。

为保证食品的质量，避免因添加剂的不当使用造成不合格食品流入消费者手中，在食品的生产、检验、管理中对食品添加剂的测定是十分必要的。我国《食品安全国家标准 食品添加剂使用标准》（GB 2760—2014）规定了各类食品添加剂的适用范围、最大使用量。

食品添加剂常测项目有：甜味剂、防腐剂、发色剂、漂白剂、着色剂、抗氧化剂等。测定中须先将上述添加剂从复合的食品混合物中分离出来，再根据其物理、化学性质选择适当的方法进行测定。常用的方法有紫外分光光度法、薄层色谱法、高效液相色谱等。

四、食品中有毒有害物质的检验

食品中有毒有害物质按性质可分为化学性毒物、生物毒素和微生物性毒物等。农药可以通过食物链由土壤进入食物，再进入动物，而最后富集到人体组织中去；为了预防和治疗家畜和养殖鱼患病而大量投入抗生素、磺胺类等化学药物，往往造成药物残留于食品动物组织中；毒素如贝类毒素和真菌毒素等。我国浙江、福建、广东等地曾多次发生贝类中毒事件，中毒症状主要表现为突然发病、唇舌麻木、肢端麻痹、头晕恶心、胸闷乏力等，部分病人伴有低烧，重症者则昏迷，呼吸困难，最后因呼吸衰竭窒息而死亡。黄曲霉毒素常发生在花生、坚果等粮油类食品及其制品中。

综上所述，对食品中的有害有毒物质的分析检验，可为人们寻找污染源，提供有效的治理方案提供依据。对食品中的有害有毒物质，有时须迅速进行鉴别以采取针对性的防治措施，因此可采用快速检测；由于食品常见的有害有毒物质通常都是微量存在，一般的化学分析方法灵敏度达不到，目前使用较多地是仪器分析方法。

五、食品中功能性成分的测定

功能性食品，在我国又称之为“保健食品”。我国《食品安全国家标准　保健食品》（GB 16740—2014）中给出了其定义：声称并具有特定保健功能或者以补充维生素、矿物质为目的的食品。即适用于特定人群食用，具有调节机体功能，不以治疗疾病为目的，并且对人体不产生任何急性、亚急性或慢性危害的食品。

食品中功能性成分的测定方法主要有高效液相色谱法、气相色谱法、分光光度法等为主。

（一）活性低聚糖及活性多糖

低聚糖（寡糖）的分子中所含的单糖数为 3 ~ 10 个。一些具有活性的低聚糖，如水苏糖、棉籽糖、帕拉金糖、低聚果糖等低聚糖可不经过消化吸收而直接进入大肠内为双歧杆菌所利用，称之为肠道有益菌大肠杆菌的增殖因子。除低聚龙胆糖外，均带有甜度不一的甜味。活性低聚糖的主要作用有以下方面：①很难或不被人体消化吸收，提供的能量很低或根本没有，可在低能量食品中发挥作用，供糖尿病人、肥胖病人和低血糖病人食用；②活化肠道内双歧杆菌，促进其生长繁殖；③不会引起牙齿龋变，有利保持口腔卫生；④属于小分子水溶性膳食纤维，具有膳食纤维的部分生理功能，且添加到食品中基本上不会改变食品原有的组织结构及物化性质。

活性低聚糖因其独特的生理功能而成为一类重要的保健食品基料。其检测方法包括：

1. 高效液相色谱法测定低聚果糖　低聚果糖是蔗糖分子中的 D－果糖以 β－（2，1）糖苷键连接 1 ~ 3 个果糖而成的蔗果三糖、蔗果四糖和蔗果五糖及其混合物，低聚果糖具有纯正清爽的甜味，具有较好的保湿性能，易于加工，可广泛应用于饮料、糖果、面包、点心及各种保健食品。

高效液相色谱测定低聚果糖的条件为示差折光检测器，Aps Hypersil 4. 6 mm × 100 mm 色谱柱，流动相乙腈：水 = 75：25，流速 1 mL/min，进样量 5 ~ 10 μL（20 ℃），等度洗脱。记录仪自动记录色谱图，按峰面积归一法计算出各成分含量。

2. 分光光度法测定枸杞多糖含量　枸杞多糖，简称 LBP，是枸杞的主要活性成分之一，具有多方面的药理作用及生理功能。从枸杞中分离出的枸杞多糖 LBP－1，为白色纤维状疏松固体，极易溶于水，能溶于酒精，不溶于丙酮、氯仿等有机溶剂。LBP 由半乳糖、葡萄糖、鼠李糖、阿拉伯糖、甘露糖及木糖等组成，具有一定的抗衰老、防辐射作用，能激活 T

细胞及 M 细胞，调节机体免疫功能，促进生长发育等多种功能。

分光光度法测定枸杞多糖含量的原理如下：样品先用80%乙醇提取以除去单糖、低聚糖、苷类及生物碱等干扰成分。然后用蒸馏水提取其中所含的多糖类成分。多糖在硫酸作用下，水解成单糖，并迅速脱水生成糠醛衍生物，此衍生物与苯酚缩合形成有色化合物，用分光光度法测定其吸光度，从而计算出枸杞多糖的含量。本法简便，显色稳定，灵敏度高，重现性好。

3. 魔芋葡甘露聚糖含量测定　魔芋葡甘露聚糖，简称 KGM，是从魔芋块茎分离提取出的一种复合多糖，外观为白色丝状物，无特殊味道，几乎不为人体消化吸收。KGM 与水具有很强的亲和力，能自动吸收水分而膨胀形成溶胶，吸水膨胀至 80 ~ 100 倍仍能呈溶胶状态，在膨胀物中添加凝固体氢氧化钠、碳酸钠、磷酸三钠等，可促进凝胶的形成而使之失去流动性。pH 10.8 ~ 11 时形成的凝胶最好，当 KGM 在 1.5% 以下时为软凝胶状态，在 3.5% 以上时，凝胶气泡难以排除，以 1.64% ~3.29% 较为理想。

在剧烈搅拌下，葡甘露聚糖于冷水中能膨胀 50 倍以上，可形成稳定的胶体溶液，而淀粉在冷水中几乎不溶解，即使有少量淀粉游离出来，也可通过离心沉淀，使之与葡甘露聚糖分离。葡甘露聚糖在浓硫酸中加热，迅速水解生成糠醛，糠醛与酮作用生成一种蓝绿色化合物，在一定的范围内，颜色深浅与葡甘露聚糖含量成正比。

4. 气相色谱法测定食品中糖醇及糖的含量　加工食品中的糖类主要有葡萄糖、果糖、蔗糖及麦芽糖。而糖醇类如山梨糖醇、麦芽糖醇、甘露醇等是保健食品中的重要功能成分。采用气相色谱法，设定适宜的条件，一次就能对多种糖醇及糖进行分析。

（二）自由基清除剂超氧化物歧化酶活性的测定

超氧化物歧化酶，简称 SOD。SOD 是一类含金属的酶，按金属辅基成分可分为三种。最常见的一种含有铜、锌金属辅基（Cu · Zn - SOD），呈蓝绿色；第二种含锰金属辅基（Mn - SOD），呈粉红色；第三种含铁金属辅基（Fe - SOD），呈黄色。

测定自由基清除剂 SOD 的活性对于评价功能性食品具有重要意义。SOD 活性的测定以化学法测定最为实用和普遍。黄嘌呤氧化酶细胞色素 C 法（简称 550 nm 法）这是国际上公认的 SOD 的活性测定方法之一，也称为经典法，已有商品试剂盒供应。微量连苯三酚自氧化法（简称 325 nm 法）这是目前国内广泛采用的方法之一。另外还有黄嘌呤氧化酶 - 氮蓝四唑法、肾上腺素法、羟胺法和氧电极法等。

（三）抗氧化剂类黄酮、茶多酚的测定

类黄酮为具有 2 - 苯基苯并吡喃酮结构的化合物，主要包括有黄酮类、黄酮醇类、双黄酮类等。茶叶中多酚类物质占茶嫩梢干重的 20% ~35%，由 30 种以上的酚类物质所组成，通称茶多酚。按其化学结构分为四类：儿茶素类、黄酮类、花青素类及酚酸类。

（1）高锰酸钾直接滴定法测定茶多酚　茶叶中的茶多酚易溶于热水，在用靛红作指示剂的情况下，样液中能被高锰酸钾氧化的物质基本上都属于茶多酚类物质。根据消耗 1 mL 0.318 g/100 mL 的高锰酸钾相当于 5.82 mg 茶多酚的换算常数，可计算出茶多酚的含量。

（2）酒石酸铁比色法测定茶多酚的含量　茶多酚能与酒石酸铁生成紫褐色配合物，配合物溶液颜色的深浅与茶多酚的含量成正比，因此可用比色方法测定。该法可避免高锰酸钾滴定法所产生的人为视觉误差。在一定的操作条件下，光密度为 1.00 时，供试液中茶多

酚浓度为 7.826 mg/mL。

(3) 香荚兰素比色法测定儿茶素含量　儿茶素和香荚兰素在强酸性条件下生成橘红到紫红色的产物，红色的深浅和儿茶素的量呈一定的比例关系。该反应不受花青苷的干扰，显色灵敏度高。

(4) 氯化铝比色法测定黄酮类化合物　黄酮类化合物是一类在自然界分布广泛的植物次生代谢产物，主要有黄烷酮、黄酮苷、黄酮醇苷和异黄酮 4 类。它们具有明显的抗氧化、清除自由基、保护心血管、辅助抑制肿瘤等作用，是一大类重要的保健功能因子。黄酮类化合物能与三氯化铝作用，生成黄色的络合物，黄色的深浅与黄酮含量呈一定比例关系，可用作定量。

(四) 牛磺酸的测定

牛磺酸是一种含硫氨基酸，是人体条件必需氨基酸（或半必需氨基酸），具有较广泛的生理功能，特别是与胎儿和婴幼儿的中枢神经系统及视网膜等的发育有着密切的关系。人体合成牛磺酸的限速酶是半胱氨酸亚硫酸脱羧酶，它的活性较低，因此人体必须从食物中摄取牛磺酸来满足机体的需要。

牛磺酸的测定可用氨基酸分析仪或高效液相色谱仪进行。氨基酸分析仪检测食品中的氨基酸主要是通过强酸性阳离子交换树脂对氨基酸的吸附、洗脱、分离来完成的。氨基酸在 pH 2.2 环境下带正电荷，而强酸性阳离子交换树脂具有负离子的特性。氨基酸结构不同，带电荷数不同，和树脂亲和力不同。一般酸性氨基酸含氨基少，带正电荷少，与树脂结合不紧密，容易被洗脱下来。不同性质氨基酸与强酸性树脂的亲和力为：碱性氨基酸 > 中性氨基酸 > 酸性氨基酸。牛磺酸是磺化氨基酸，含有磺酸根，与树脂结合最不紧密，首先被洗脱下来。

(五) 活性脂的测定

活性脂即功能性脂类，包括磷脂、不饱和脂肪酸和胆固醇等。磷脂是含有磷酸根的类脂化合物，对生物膜的生物活性和机体的正常代谢有着重要的调节作用。磷脂具有促进神经传导，提高大脑活力，促进脂肪代谢，防止出现脂肪肝，降低血清胆固醇，预防心血管疾病等作用。磷脂为含磷的单脂衍生物，分为甘油醇磷脂和神经氨基醇磷脂两大类。甘油醇磷脂主要有卵磷脂（PC）、脑磷脂（PE）、肌醇磷脂（PI）、丝氨酸磷脂（PS）等；神经氨基醇磷脂主要有神经鞘磷脂、神经醇磷脂等。天然存在的不饱和脂肪酸的种类繁多，其中有三种显得特别重要被称为必需脂肪酸，即亚油酸、亚麻酸和花生四烯酸。

1. 分光光度法测定磷脂含量　样品中磷脂，经消化后定量生成磷，加钼酸铵反应生成铝蓝，其颜色深浅与磷含量（即磷脂含量）在一定范围内成正比，借此可定量磷脂。

2. 气相色谱法测定花生四烯酸含量　花生四烯酸是 5，8，11，14 - 二十碳不饱和脂肪酸，在体内能转化成一系列生物活性物质，如前列腺素、血栓素、白三烯等，具有重要的生理功能。花生四烯酸含量的测定可利用有机溶剂将组织中的花生四烯酸分离提取出来，经甲酯化，采用气相色谱法测定。

六、食品包装材料的检验

用于食品包装的材料很多，从包装材料来源分类，主要可以分为塑料、纸与纸板、金

属3类。塑料可分为热塑性塑料和热固性塑料。用于食品包装材料及容器的热塑性塑料有聚乙烯（PE）、聚丙烯（PP）、聚苯乙烯（PS）、聚氯乙烯（PVC）、聚碳酸酯（PC）等；热固性塑料有三聚氰胺及脲醛树脂等。《食品安全国家标准 食品接触材料及制品通用安全要求》（GB 4806.1—2016）等53项食品安全国家标准是食品包装材料的检验标准。

七、食品快速检验

一般认为，理化快速检测方法包括制备样品在内，能够在2小时以内出具检测结果，即可视为实验室快速检测方法；如果某一方法能够应用于快速检测，在30分钟内出具检测结果，即可视为现场快速检测方法；如果能够在十几分钟甚至几分钟内得到检测结果，可视其为比较理想的现场快速检测方法。

食品快速检测技术可以对大批量的样品进行快速筛查，减少和缩小实验室样品的检测范围，发现可疑样本，然后可以有针对性地采集样品和进行实验室确证实验，从而缩短检测时间、降低检测成本，提高监督、检验效率。食品快速检测技术是食品企业内部及监管部门对食品质量安全及时控制的需要，因此具有重要意义。

食品快速检测按检测场地可以分为现场快速检测和实验室快速检测。按技术可分为化学比色分析技术、生物传感器技术、酶抑制技术、免疫学技术、分子生物学检测技术等。经常采用将几种技术结合起来进行食品安全的快速检测。

第三节　食品理化分析标准

扫码“学一学”

一、我国食品卫生标准

食品作为供机体食用或饮用的成品和原料，应当是无毒、无害，符合其应有的营养要求，并且具有相应的色、香、味等感官性状。但是在食品生产、加工、包装、运输和贮存等过程中，由于受到各种条件、因素的影响，可能会使食品受到污染，危害人体健康。为保证食品安全而制订的标准统称为食品卫生标准。

国家食品卫生标准，包括食品安全国家标准（GB 5009系列）、行业标准、地方标准、企业标准，在食品理化分析中应首选国家标准，结合实验室实际条件选择合适的检验方法。

（一）GB 5009.1—2003 食品卫生检验方法理化部分总则

1. 范围　本标准规定了食品卫生检验方法理化部分的检验基本原则和要求。

本标准适用于食品卫生检验方法理化部分。

2. 检验方法的选择

（1）标准方法如有两个以上检验方法时，可根据所具备的条件选择使用（适用范围一致时），以第一法为仲裁方法。

（2）标准方法中根据适用范围设几个并列方法时，要依据适用范围选择适宜的方法。由于方法的适用范围不同，第一法和其他法为并列关系，这种情况无仲裁法的说法，例如GB 5009.3水分的测定，里面的几种方法各自的适用范围都不同，此时这几种方法都为并列关系。

3. 试剂的要求及其溶液浓度的基本表示方法

（1）检验方法中所使用的水，未注明其他要求时，是指蒸馏水或去离子水。未指明溶液用何种溶剂配制时，均指水溶液。

（2）检验方法中未指明具体浓度的硫酸、硝酸、盐酸、氨水时，均指市售试剂规格的浓度。

（3）液体的滴，是指蒸馏水自标准滴管流下的一滴的量，在 20 ℃时 20 滴相当于 1.0 mL（一滴约 0.05 mL）。

（4）配制溶液时所使用的试剂和溶剂的纯度应符合分析项目的要求。应根据分析任务、分析方法、对分析结果准确度的要求等选用不同等级的化学试剂。

（5）一般试剂用硬质玻璃瓶存放，碱液和金属溶液用聚乙烯瓶存放，需避光试剂贮于棕色瓶中。

4. 溶液浓度表示方法

（1）标准滴定溶液浓度的表示，应符合 GB/T 601 的要求。

（2）标准溶液主要用于测定杂质含量，应符合 GB/T 602 的要求。

（3）几种固体试剂的混合质量份数或液体试剂的混合体积份数可表示为（1+1）（4+2+1）等。

（4）溶液的浓度可以质量分数或体积分数为基础给出，表示方法应是“质量（或体积）分数是 0.75”或“质量（或体积）分数是 75%”。质量和体积分数还能分别用 5 g/g 或 4.2 mL/m^3 这样的形式表示。

（5）溶液浓度以质量、容量单位表示，可表示为克每升或以其适当分倍数表示（g/L 或 mg/mL 等）。

（6）如果溶液由另一种特定溶液稀释配制，应按照下列惯例表示：

“稀释 $V_1 \to V_2$”表示，将体积为 V_1 的特定溶液以某种方式稀释，最终混合物的总体积为 V_2；

“稀释 $V_1 + V_2$”表示，将体积为 V_1 的特定溶液加到体积为 V_2 的溶液中（1+1）（2+5）等。

5. 温度和压力的表示

（1）一般温度以摄氏度表示，写作℃；或以开式度表示，写作 K（开式度 = 摄氏度 + 273.15）。

（2）压力单位为帕斯卡，表示为 Pa（kPa、MPa）

$$1\ \text{atm} = 760\ \text{mmHg} = 101\ 325\ \text{Pa} = 101.325\ \text{kPa} = 0.101325\ \text{MPa}$$

（atm 为标准大气压，mmHg 为毫米汞柱）

6. 仪器设备要求

（1）玻璃量器　检验方法中所使用的滴定管、移液管、容量瓶、刻度吸管、比色管等玻璃量器均须按国家有关规定及规程进行校正。

玻璃量器和玻璃器皿须经彻底洗净后才能使用。

（2）控温设备　检验方法所使用的马弗炉、恒温干燥箱、恒温水浴锅等均须按国家有关规程进行测试和校正。

（3）测量仪器　天平、酸度计、温度计、分光光度计、色谱仪等均应按国家有关规程进行测试和校正。

（4）检验方法中所列仪器　检验方法中所列仪器为该方法所需要的主要仪器，一般实验室常用仪器不再列入。

7. 样品的要求

（1）采样必须注意样品的生产日期、批号、代表性和均匀性（掺伪食品和食物中毒样品除外）。采集的数量应能反映该食品的卫生质量和满足检验项目对样品量的需要，一式三份，供检验、复验、备查或仲裁，一般散装样品每份不少于0.5 kg。

（2）采样容器根据检验项目，选用硬质玻璃瓶或聚乙烯制品。

（3）液体、半流体饮食品如植物油、鲜乳、酒或其他饮料，如用大桶或大罐盛装者，应先充分混匀后再采样。样品应分别盛放在三个干净的容器中。

（4）粮食及固体食品应自每批食品上、中、下三层中的不同部位分别采取部分样品，混合后按四分法对角取样，再进行几次混合，最后取有代表性样品。

（5）肉类、水产等食品应按分析项目要求分别采取不同部位的样品或混合后采样。

（6）罐头、瓶装食品或其他小包装食品，应根据批号随机取样，同一批号取样件数，250 g以上的包装不得少于6个，250 g以下的包装不得少于10个。

（7）掺伪食品和食物中毒的样品采集，要具有典型性。

（8）检验后的样品保存，一般样品在检验结束后，应保留一个月，以备需要时复检。易变质食品不予保留，保存时应加封并尽量保持原状。检验取样一般皆指取可食部分，以所检验的样品计算。

（9）感官不合格产品不必进行理化检验，直接判为不合格产品。

8. 检验要求

（1）严格按照标准中规定的分析步骤进行检验，对实验中不安全因素（中毒、爆炸、腐蚀、烧伤等）应有防护措施。

（2）理化检验实验室实行分析质量控制。

（3）检验人员应填写好检验记录。

9. 分析结果的表述

（1）测定值的运算和有效数字的修约应复合GB/T 8170、JJF 1027的规定。

（2）结果的表述：报告平行样的测定值的算术平均值，并报告计算结果表示到小数点后的位数或有效位数，测定值的有效数的位数应能满足卫生标准的要求。

（3）样品测定值的单位应使用法定计量单位。

（4）如果分析结果在方法的检出限以下，可以用“未检出”表述分析结果，但应注明检出限数值。

（二）GB 5009系列各标准

我国食品专业理化指标的测定方法，绝大多数都可以按照卫生部门颁发的《食品卫生检验方法（理化部分）-GB 5009系列》执行。常见的标准主要有如下内容：GB 5009.3—2016食品中水分的测定、GB 5009.4—2016食品中灰分的测定；GB 5009.7—2016食品中还原糖的测定、GB 5009.237—2016食品pH值的测定、GB 5009.24—2010食品中黄曲霉毒素M_1和B_1的测定、GB 5009.123—2014食品中铬的测定、GB 5009.15—2014食品中镉的测定、GB 5009.44—2016食品中氯化物的测定、GB 5009.84—2016食品中维生素B_1的测定、GB 5009.85—2016食品中维生素B_2的测定、GB 5009.86—2016食品中抗坏血酸的测定、GB 5009.88—2014食品中膳食纤维的测定、GB 5009.128—2016食品中胆固醇的测定、GB

5009.235—2016 食品中氨基酸态氮的测定、GB 5009.82—2016 食品中维生素 A、D、E 的测定、GB 5009.5—2016 食品中蛋白质的测定。

GB 5009 系列标准在不断更新，具体内容可查阅相关网站或公告内容。

二、国际食品卫生标准

（一）CAC（CCMAS）方法体系

1. 主要内容和特点 国际法典委员会（CAC）是由联合国粮农组织（FAO）和世界卫生组织（WHO）共同组建的促进食品安全、质量和贸易公平开展的国际标准协调组织。其中分析和采样方法分委会（CCMAS）主要负责除食品中农兽药残留、添加剂技术规格评估外的分析和采样方法，以及食品中微生物质量和安全评估相关工作。在其颁布的标准中，四项标准规定了具体方法标准的使用，包括食品污染物通用检测方法、食品添加剂通用检测方法标准等。这些方法标准主要以产品为主线进行划分，每类产品内再具体细分食品类别，针对这些具体产品再规定相应的检测指标和检测方法。

在 CAC 的程序手册中，检验方法与采样规程部分主要包括以下内容：不同类型方法的定义、选择分析方法的准则、选择单一实验室验证的准则、如何为评价方法性能指标/评估方法一致性设定具体参数、如何将特定检验方法转化为方法标准等。

与中国检验方法标准的性质不同，CAC（CCMAS）方法标准为推荐性，各国或国际标准组织可以根据实际情况自由采纳。由于法典标准在国际食品贸易中的重要地位，许多国家和标准组织在开展相关工作时都会结合本国实际情况，适当的参考或者部分引用其内容。

（二）AOAC 方法体系

AOAC 是一家历史悠久、全球认可、独立的第三方机构，目前颁布的检验方法主要有三大类，PTM 方法标准（Performance Tested Methods）、OMA 方法标准（The Official Methods of Analysis）和 SMPR 方法标准（Standard method performance requirements）还有一些方法评价、验证和实验室管理类的技术文件，作为整个方法体系的补充和完善。

PTM 方法标准主要用于对所有权方法的认证，按照方法中所用试剂盒等生产商的文件规定进行测试验证。获得此认证的申请方将获得由 AOAC 颁布的证书。目前这类方法在 AOAC 官网上公布的有 200 余项，其中微生物类方法占大多数，还包括抗生素类、食品过敏原和毒素类方法。

OMA 方法标准即一般意义上的 AOAC 官方方法，目前公布的有 3000 余项，在 AOAC 整个方法体系中占有数量优势，主要包括化学、微生物和分子生物学类方法。

SMPR 方法标准与上面两类标准不同，主要针对某类方法需要满足的性能指标和适用条件进行了规定，目前公布的标准数量有 80～90 项。根据 AOAC 目前的规定，新立项的 PTM/OMA 方法标准必须满足对应的 SMPR 标准中的相关要求。一般 SMPR 方法标准包括九部分内容：方法的预期用途、方法的适用性、适用的分析检测技术、术语和定义、方法的性能指标、系统适用性试验和/或分析质量控制、标准物质、验证指南和最长测定时间。

AOAC 的工作领域主要为制定检验方法标准、通过科学的手段解决检测过程中相关问题、方法的确证评估等，其中“制定检验方法标准”是较重要的部分。AOAC 颁布的许多

检验方法标准都被 CAC（CCMAS）等国际标准组织广泛引用，部分标准被用于在检测结果出现分歧时进行判断（即所谓的“金标准”）。近年来，AOAC 也在不断加强与其他国际标准组织的合作，谋求 AOAC 标准在全球食品安全标准领域更广泛的认同。

（三）欧盟检验方法体系

欧盟方法标准的主要负责机构为欧洲标准化委员会（European Committee for Standardisation，CEN）。CEN 是欧洲三大官方认可的标准组织之一，颁布的方法标准也为非强制性，但强调从具体内容到执行层面与欧盟相关法律法规条款的协调一致性。CEN 还颁布了其他相关文件用于标准工作开展，如工作组协议（CEN Workshop Agreements，CWA）、技术细则（Technical Specifications，CEN/TS）、技术报告（Technical Reports）和指南（Guides）等。

欧盟标准工作的具体实施机构主要为 CEN 下设的技术委员会，分管不同类别标准。目前分管检验方法类标准 CEN 技术委员会主要有：CEN/TC 275 - 食品分析 - 横向方法，目前颁布标准约 200 余项；CEN/TC 302 - 乳及乳制品分析方法和采样规程，目前颁布标准 40 余项；CEN/TC307 - 油料种子、蔬菜、动物油脂及副产品的分析方法和采样规程，目前颁布标准 80 余项。其余关于方法评价和验证、实验室管理和质量控制等内容也主要囊括在这些技术委员会颁布的几个指令文件中。

CEN 颁布的部分欧盟标准也被 CAC（CCMAS）等国际标准组织所采纳，主要被国际标准化组织（International Standard Organization，ISO）采纳和引用较多，因为二者联系比较紧密，ISO 可以等效采纳部分欧盟标准。

第四节　食品理化分析的流程

扫码“学一学”

食品理化分析的一般流程如图 1－4 所示。

一、采样

（一）基本概念

样品采集是食品检测的第一步。从大量的分析对象中抽取具有代表性的一部分样品作为分析材料（分析样品），称为样品的采集，简称采样。所抽取的分析材料称为样品或试样。

（二）采集样品的分类

按照样品采集的过程，依次可以得到检样、原始样品和平均样品三种。

检样：由组批或货批中所抽取的样品。检样的多少，按该产品标准中检验规则所规定的抽样方法所需数量执行。

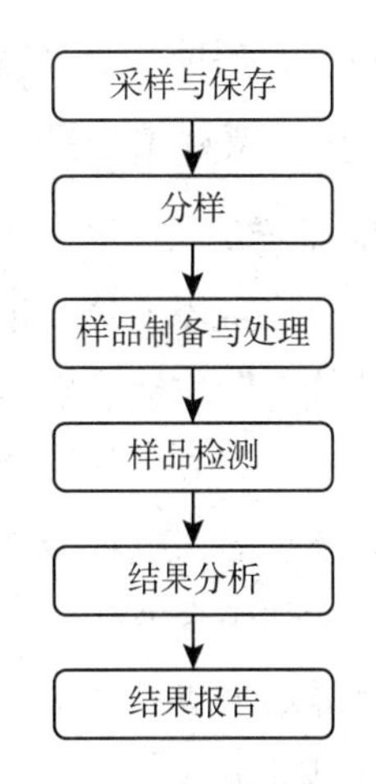

图 1－4　食品理化分析流程图

原始样品：把质量相同的许多份检样综合在一起称为原始样品。原始样品的数量根据受检物品的特点、数量和满足检验的要求而定。

平均样品：原始样品经过混合平均，再均匀地抽取其中一部分供分析检验用，称为平均样品。

食品安全现场快速检测采样时必须注意样品的生产日期、批号、代表性和均匀性，采样数量应能满足样品检测项目的需求，从平均样品中分出3份，供检验、复检、备检或仲裁用。

（三）采样原则

采样时一般要遵循代表性、典型性、适时性及程序性原则。

1. 代表性原则 采集的样品应充分代表检测的总体情况，也就是通过对具有代表性样本的检测能客观推测食品的质量。食品分析中，不同种类的样品，或即使同一种类的样品，因品种产地、成熟期、加工及储存方法、保藏条件的不同，其成分和含量也会有显著性差异。因此，要保证检测结果的准确、结论的正确，首要条件就是采集的样品必须具有充分的代表性，否则可能会得出错误的结论。

2. 典型性原则 采集能充分达到检测目的的典型样本，包括污染或怀疑污染的食品、掺假或怀疑掺假的食品、有毒或怀疑有毒的食品等。

3. 适时性原则 食品样品具有常温下易变质、保质期相对较短等特点，因此应尽快检测。尤其是发生食物中毒应立即赶到现场及时采样并检测，为后续可能的临床治疗提供依据。

4. 样品采集的程序性原则 采样、检验、留样、报告均应按规定的程序进行，各阶段都要有完整的手续，责任必须分清。

（四）食品采样的步骤

食品采样一般分为下列五个步骤：

（1）获得检样。从大批物料的不同部分抽取少量物料得到检样。

（2）得到原始样品。将检样混在一起得到原始样品。

（3）获得平均样品。从原始样品中按照规定方法进行混合平均，均匀地分出一部分，得到平均样品。

（4）平均样品三分。将平均样品分为3份，分别得到检验样品、复验样品和保留样品。

（5）填写采样记录。包括采样单位、地址、日期、样品的批号、采样条件、采样时的包装情况、数量、要求检验的项目及采样人等。

（五）采样工具和容器

1. 采样工具

①一般常用工具。包括钳子、螺丝刀、小刀、剪刀、镊子、罐头及瓶盖开启器、手电筒、蜡笔、圆珠笔、胶布、记录本、照相机等。

②专用工具。如长柄勺，适用于散装液体样品采集；玻璃或金属采样器，适用于深型桶装液体食品采样；金属探管和金属探子，适用于袋装的颗粒或粉末状食品采样；采样铲，适用于散装粮食或袋装的较大颗粒食品采样；长柄匙或半圆形金属管，适用于较小包装的半固体样品采集；电钻、小斧、凿子等，可用于已冻结的冰蛋采样；搅拌器，适用于桶装液体样品的搅拌。

2. 盛样容器 盛装样品的容器应密封，内壁光滑、清洁、干燥，不含待鉴定物质及干扰物质。容器及其盖应不影响样品的气味、风味、pH及食物成分。

盛装液体或半液体样品常用防水防油材料制成的带塞玻璃瓶、广口瓶、塑料瓶等；盛装固体或半固体样品可用广口玻璃瓶、不锈钢或铝制盒或盅、搪瓷盅、塑料袋等。

采集粮食等大宗食品时应准备四方搪瓷盘供现场分样用；在现场检查面粉时，可用金

属筛筛选，检查有无昆虫或其他机械杂质等。

（六）采样的数量与方法

采样数量能反映该食品的营养成分和卫生质量，并满足检验项目对样品量的需要，送检样品应为可食用部分食品，约为检验需要量的4倍，通常为一套三份，每份不少于0.5 g，分别供检验、复验和仲裁使用。同一批号的完整小包装食品，250 g以上的包装不得少于6个，250 g以下的包装不得少于10个。具体采样方法因分析对象的性质不同而异。

样品的采集有随机抽样和代表性取样两种方法。

随机抽样，即按照随机的原则从大批物料中抽取部分样品。操作时，可用多点取样法，即从被检食品的不同部位、不同区域、不同深度，上、下、左、右、前、后多个地方采取样品，使所有物料的各个部分都有机会被抽到。

代表性取样，是用系统抽样法进行采样，即已经了解样品随空间（位置）和时间而变化的规律，按此规律进行取样，以便采集的样品能代表其相应部分的组成和质量。如分层采样，以生产程序流动定时采样，按批次或件数采样，定期抽取货架上陈列的食品采样等。

随机采样可以避免人为倾向因素的影响，但在某些情况下，某些难以混匀的食品（如果蔬、面点等），仅用随机抽样是不够的，必须结合代表性取样，从有代表性的各个部分分别取样，才能保证样品的代表性，从而保证检测结果的正确性。

1. 散粒状（如粮食、粉状食品）食品的采样　散粒状样品的采样容器有自动样品收集器、带垂直喷嘴或斜槽的样品收集器、垂直重力低压自动样品收集器等，各种类型的采样器如图1－5所示。

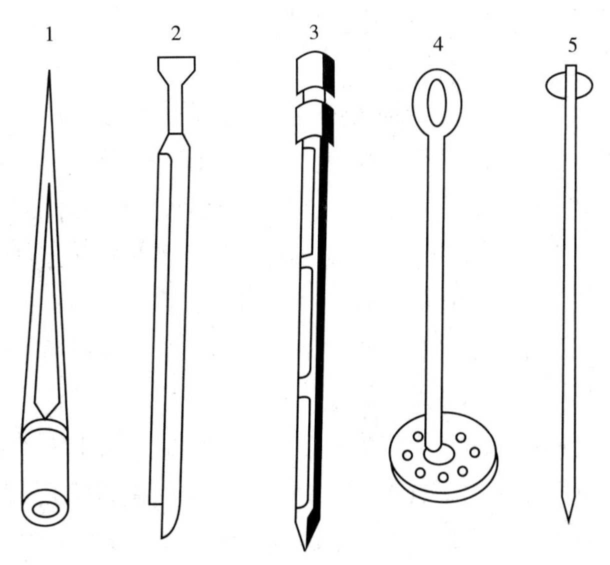

1. 固体脂肪采样器；2. 谷物、糖类采样器；3. 套筒式采样器；4. 液体采样搅拌器；5. 液体采样器

图1－5　采样工具

2. 液体及半流体样品（如植物油、鲜奶、饮料等）的采样　对桶（罐、缸）装样品，先按采样公式确定采集的桶数，再开启包装，用虹吸法分上、中、下3层各采集部分检样，然后混合分取，缩减得到所需数量的平均样品。若是大桶或池（散）装样品，可在桶（或池）的四角及中心点分上、中、下3层进行采样，充分混合后，分散缩减得到所需要的量。

3. 不均匀的固体样品（如肉、鱼、果蔬等）的采样 肉、鱼、果蔬等类食品本身各部位成分极不均匀，个体及成熟度差异大，更应注意样品的代表性。

①肉类。视不同的目的和标准而定，有时从不同部位采样，综合后代表该只动物，有时从很多种动物的相同部位采样混合后来代表某一部位的情况。

②水产类。个体较小的水产类可随机多个取样，切碎、混合均匀后，分别缩减至所需要的量；个体较大的水产类可以在若干个体上切割少量可食部分，切碎后混匀，分取缩减。

③果蔬。先去皮、核，只留下可食用部分。体积较小的果蔬，如豆、枣、葡萄等，随机抽取多个整体，切碎混合均匀后，缩减至所需要的量；体积较大的果蔬，如番茄、茄子、冬瓜、苹果、西瓜等，按成熟度及个体的大小比例，选取若干个体，对每个个体单独取样，以消除样品间的差异。取样方法是从每个个体生长轴纵向分成4份或8份，取对角线2份，再混合缩分，以减少内部差异；体积蓬松型的蔬菜，如油菜、菠菜、小白菜等，应由多个包装（捆、筐）分别抽取一定数量，混合后做成平均样品。

4. 小包装食品（罐头、瓶装或听装饮料、奶粉等）的采样 根据批号连同包装一起，分批取样。如小包装外还有大包装，可按取样公式抽取一定的大包装，再从中抽取小包装，混合后，分取至所需的量。各类食品采样的数量、采样的方法均有具体的规定，可参照有关标准。

四分法为采样过程中一种特殊方法。以固体物料为例，介绍四分法。

（1）粮食、砂糖、奶粉等均匀固体物料，应按不同批号分别进行采样，对同一批号的产品。采样点数可由以下公式确定，即

$$S=\sqrt{\frac{N}{2}} \tag{1-8}$$

式中，N 为检测对象的数目（袋、件、桶、包等）；S 为采样点数。

然后从样品堆放的不同位置，按照采样点数确定具体采样袋（件、桶、包）数，用双套回转取样管插入每一袋子的上、中、下3个部位，分别采集部分样品混合在一起。

（2）分散堆装的散料样品，应先划分若干等体积层，然后在每层的四角和中心点，也分为上、中、下3个部位，用双套回转取样管插入采样，将取得的检样混合在一起，得到原始样品。混合后得到的原始样品，按四分法对角取样，缩减至样品不少于所有检测项目所需样品总和的2倍，即得到平均样品。

四分法是将散粒状样品由原始样品制成平均样品的方法。如图1－6所示：将原始样品充分混合均匀后，堆集在一张干净平整的纸上或一块洁净的玻璃板上；用洁净的玻璃棒充分搅拌均匀后堆成一圆锥形，将锥顶压平成一圆台，使圆台厚度约为3 cm；划“+”字等分成4份，取对角2份，其余弃去，将剩下2份按上法再行混合，4份取其2，重复操作至剩余所需量为止（一般不少于0.5 g）。

（七）样品的保存

采集的样品，在有光照、高温、氧气存在的条件下，容易出现水分、挥发性成分丧失或其他待测成分含量改变的现象，因此应尽快进行分析。如不能马上分析，则需要妥善保存。

保存的原则是：干燥、低温、避光、密封。

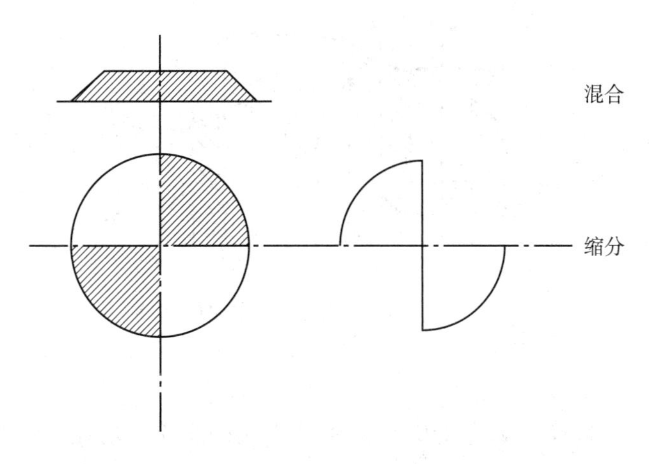

图1－6　四分法图解

保存的方法是：将样品存放于密封洁净的容器内，置于阴暗处保存；易腐败变质的样品应保存在0～5 ℃的冰箱里，保存时间也不宜过长。

一般样品在检验结束后，还需要保留一个月，以备需要时进行复查，保留期限从签发报告单算起。易变质食品不予保留。

感官检验不合格样品可直接定位不合格产品，不必进行理化检验。

最后，存放的样品应按日期、批号、编号摆放，以便查找。

二、分样

分样是指在采样后，检测前，按照食品安全国家标准检测项目，将食品分类送到相关检测岗位。

三、样品制备与处理

（一）样品的制备

按采样规程采取的样品往往数量过大、颗粒太大、组成不均匀，因此，为了确保分析结果的正确性，必须对样品继续粉碎、混匀、缩分，这项工作即为样品制备。样品制备的目的是保证样品均匀，使在检测时取任何部分都能代表全部样品的成分。样品的制备方法因产品类型不同而异。

（1）鲜肉　将鲜肉的骨头、筋膜等除去，切成大小适当的肉片，用孔径为3 mm的绞肉机绞3次，然后按四分法取样。

（2）肉制品　如腊肉、火腿、腊肠及肉罐头等。除去包装，取出可食部分，切成适当大小的块状。以上样品分别用孔径3 mm的绞肉机绞3次，再按四分法取样。

（3）鲜鱼　鱼体大小决定鲜鱼数量，一般用5条鱼体制备。先除去头、内脏、骨、鳍、鳞等非食用部分，余下部分按图1－7切开，收集斜线所示部分，绞成肉糜，再按四分法取样。

（4）鲜蛋　抽取5枚以上鲜蛋，将其敲碎放入烧杯中，充分混匀，待检。如蛋白、蛋黄分开检测时，将蛋敲碎后倒入7.5～9 cm漏斗中，蛋黄在上，蛋白流下，然后分别收集于烧杯中，再用玻棒充分混匀，待检。

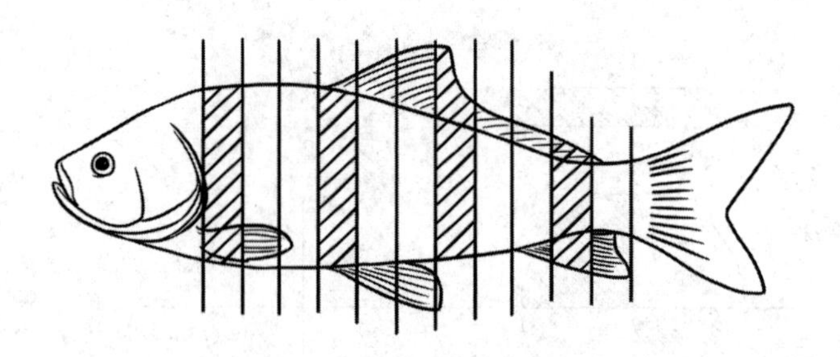

图1-7 鲜鱼取样法示例

(5) 奶类

①液体奶类。每次取样最少为250 mL。由于牛奶的表层浮着脂肪，取样时要先将牛奶混匀，混匀方法可用特制的搅拌棒在牛奶中自上至下、自下至上各以螺旋式转动20次。

②固体奶油。放在40 ℃水浴中温热混合。

③加工奶制品、酸奶酪、生奶油。充分搅匀。冰淇淋可溶解成液状后搅匀。

④干酪。弃去表面0.5 cm厚的部分，再切下3片（接近中心1片，两端各1片），剁细混匀。

⑤全脂奶粉。用箱或桶包装者，则开启总数的1%，用83 cm长的开口采样扦，先加以杀菌，然后自容器的四角及中心采取样品各1插，放在盘中搅匀，采取约总量的1‰供检验用。采取瓶装、听装的奶粉样品时，可以按批号分开，自该批产品堆放的不同部位采集总数的1‰供检验用，但不得少于2件。

(6) 贝壳类　除去贝壳，将贝肉剁细、磨碎、混匀。

(7) 咸鱼　用饱和盐水洗涤，将表层的盐洗净，然后按鲜鱼方法处理。鱼干、鱼干松可直接粉碎剖备。

(8) 海藻类　新鲜的裙带菜用盐水（盐度3）洗去沙和盐后，用研钵或均质器磨浆待检。

(9) 干货　用于布拭净表层，切细，用研钵研细。

(10) 蔬菜、蘑菇、水果类　如需检测维生素含量时，将新鲜样品切细剁碎，用均质器制成匀浆。如不进行维生素含量分析，则可将其干燥后粉碎待检。

(11) 油脂类　液态油经搅拌均匀可取样检测；常温为固体的样品（如黄油、人造黄油等），将其放入聚乙烯袋中，温热使其软化，捏袋使其均匀，切下一部分聚乙烯袋，挤出黄油作为检样。

(12) 豆酱、豆腐、烹调食品　用搅拌机磨碎或用研钵磨匀即可。

(13) 砂糖　将砂糖和水果糖等先溶于50 ℃温水中，用保温漏斗过滤，制备成液体待检。

(14) 点心类　包括生点心、馒头、包子、糯米饼及西式点心，先烘干，再粉碎或研碎。

(15) 调味品类　咖喱粉、胡椒粉等，充分拌匀制备样品；沙司、番茄酱、酱油等，充分搅匀待检。

(16) 饮料类　茶叶、咖啡等，充分研磨或粉碎、混匀；啤酒、汽水等含碳酸饮料，在20~25 ℃温热，完全逐出碳酸后再进行检测；非碳酸饮科，如矿泉水、纯净水等可直接检测。

（二）样品的处理

食品的成分复杂，既含有大分子的有机化合物，如蛋白质、糖、脂肪、维生素及因污染引入的有机农药等，也含有各种无机元素，如钾、钠、钙、铁等，常会为给测定带来干扰。因此必须在测定前排除干扰组分；此外，有些被测组分在食品中含量极低，如污染物、农药、黄曲霉毒素等，必须在测定前对样品进行浓缩，以上这些操作过程统称为样品处理。它是食品分析过程中的一个重要环节，直接关系着检验的成败。

样品处理的原则是：消除干扰因素；完整保留被测组分。常用的方法有以下几种。

1. 有机物破坏法　有机物破坏法主要用于食品中无机盐或金属离子的测定。

食品中的无机盐或金属离子，常与蛋白质等有机物结合，成为难溶、难离解的有机金属化合物。欲测定其中金属离子或无机盐的含量，则需在测定前破坏有机结合体，释放出被测组分。通常可采用高温或高温加强氧化条件，使有机物质分解，呈气态逸散，而被测组分残留下来。根据具体操作条件不同，又可分为干法灰化、湿法消化和微波消解三大类。

（1）干法灰化　将样品置于坩埚中加热，先小火炭化，然后经 500～600 ℃灼烧灰化后，水分及挥发性物质以气态逸出，有机物中的碳、氢、氧、氮等元素与有机物本身所含的氧及空气中的氧气生成 CO_2、H_2O 和氮的氧化物而散失，直至残灰为白色或浅灰色为止，所得残渣即为无机成分，可供测定用。常见的灼烧装置是灰化炉，又称高温马弗炉。

此法的优点在于有机物分解彻底，操作简单，无须工作者经常看管。另外，此法基本不加或加入很少的试剂，所以空白值低。但此法所需时间较长，因温度过高易造成某些易挥发元素的损失，坩埚对被测组分有吸留作用，致使测定结果和回收率降低。

对于难以灰化的样品；为了缩短灰化时间，促进灰化完全，可以加入灰化助剂。灰化助剂主要有两类：一类是乙醇、硝酸、碳酸铵、过氧化氢等，这类物质在灼烧后完全消失，不增加残灰的质量，可起到加速灰化的作用；另一类是氧化镁、碳酸盐、硝酸盐等，它们与灰分混杂在一起，使炭粒不被覆盖，使燃烧完全，此法应同时做空白试验。

（2）湿法消化　向样品中加入强氧化剂，并加热煮沸，使样品中的有机物质完全分解、氧化呈气态逸出，待测成分转化为无机物状态存在于消化液中，供测试用。常用的强氧化剂有浓硝酸、浓硫酸、高氯酸、高锰酸钾、过氧化氢等。实际工作中，一般使用混合的氧化剂，如浓硫酸－浓硝酸、高氯酸－硝酸－硫酸、高氯酸－浓硫酸等。

湿法消化的特点是有机物分解速度快，所需时间短；由于加热温度较干法低，故可减少金属挥发逸散的损失，容器吸留也少。但在消化过程中，常产生大量有害气体，因此操作过程需在通风橱内进行；消化初期，易产生大量泡沫外溢，故需操作人员随时照管。此外，试剂用量较大，空白值偏高。

（3）微波消解　微波消解基本原理与湿法消化相同，区别在于微波消解是将样品置于密封的聚四氟乙烯消解管中，用微波进行加热，完成有机质分解工作。

与湿法消化相比，微波消解具有使用试剂少、耗时短的特点，但是需要使用价格较高并且消解样品容量偏小的微波消解仪。由于微波消解时样品处于封闭状态，一旦剧烈反应，容易发生爆炸，所以不太适宜处理高挥发性的物质，必要时需要进行加热预消解。

2. 溶剂提取法　利用样品各组分在某一溶剂中溶解度的差异，将各组分完全或部分地

分离的方法，称为溶剂提取法。此法常用于维生素、重金属、农药及黄曲霉毒素的测定。溶剂提取法又分为浸提法、溶剂萃取法。

（1）浸提法　用适当的溶剂将固体样品中的某种待测成分浸提出来的方法称为浸提法，又称液－固萃取法。

①提取剂的选择：一般来说，提取效果符合相似相溶的原则，故应根据被提取物的极性强弱选择提取剂。对极性较弱的成分（如有机氯农药）可用极性小的溶剂（如正己烷、石油醚）提取；对极性强的成分（如黄曲霉毒素 B_1）可用极性大的溶剂（如甲醇与水的混合溶液）提取；溶剂沸点宜在 45 ~80 ℃之间，沸点太低易挥发；沸点太高则不易浓缩，且对热稳定性差的被提取成分也不利。此外，溶剂要稳定，不与样品发生作用。

②提取方法：振荡浸渍法。将样品切碎，放在一合适的溶剂系统中浸渍、振荡一定时间，即可从样品中提取出被测成分。此法简便易行，但回收率较低；捣碎法。将切碎的样品放入捣碎机中加溶剂捣碎一定时间，使被捣成分提取出来。此法回收率较高，但干扰杂质溶出较多；索氏提取法。将一定量样品放入索氏提取器中，加入溶剂加热回流一定时间，将被测成分提取出来。此法溶剂用量少，提取完全，回收率高。但操作较麻烦，且需专用的索氏提取器；溶剂萃取法。利用某组分在两种互不相溶的溶剂中分配系数的不同，使其从一种溶剂转移到另一种溶剂中，而与其他组分分离的方法，叫溶剂萃取法。此法操作迅速，分离效果好，应用广泛。但萃取试剂通常易燃、易挥发，且有毒性。萃取通常在分液漏斗中进行，一般需经 4 ~5 次萃取，才能达到完全分离的目的。当用较水轻的溶剂，从水溶液中提取分配系数小，或振荡后易乳化的物质时，采用连续液体萃取器较分液漏斗效果更好。

3. 蒸馏法　蒸馏法是利用被测物质中各组分挥发性的差异来进行分离的方法。可用于除去干扰组分，也可用于被测组分蒸馏逸出，收集馏出液进行分析。此法具有分离和净化双重效果。

根据样品中待测组分性质不同，可采取常压蒸馏、减压蒸馏、水蒸气蒸馏等方式。对于沸点不高或者加热不发生分解的物质，可采用常压蒸馏。

当常压蒸馏容易使蒸馏物质分解，或其沸点太高时，可以采用减压蒸馏。某些物质沸点较高，直接加热蒸馏时，因受热不均易引起局部炭化；还有些被测成分，当加热到沸点时可能发生分解。这些成分的提取，可用水蒸气蒸馏法。水蒸气蒸馏是用水蒸气来加热混合液体，使具有一定挥发度的被测组分与水蒸气分压成比例地自溶液中一起蒸馏出来。

4. 色谱分离法　色谱分离法是一种在载体上进行物质分离的一系列方法的总称。根据分离原理的不同，可分为吸附色谱分离、分配色谱分离和离子交换色谱分离等。此类分离方法分离效果好，近年来在食品分析中应用越来越广泛。

（1）吸附色谱分离　利用聚酰胺、硅胶、硅藻土、氧化铝等吸附剂，经活化处理后，其所具有的适当的吸附能力对被测组分或干扰组分可进行选择性吸附，从而进行的分离称吸附色谱分离。例如，聚酰胺对色素有强大的吸附力，而其他组分则难于被其吸附。在测定食品中的色素含量时，常用聚酰胺吸附色素，经过滤洗涤，再用适当溶剂解吸，可以得到较纯净的色素溶液，供测试用。

（2）分配色谱分离　此法是以分配作用为主的色谱分离法，是根据不同物质在两相间

的分配比不同所进行的分离。两相中的一相是流动的（称流动相），另一相是固定的（称固定相）。被分离的组分在流动相沿着固定相移动的过程中，由于不同物质在两相中具有不同的分配比，当溶剂渗透在固定相中并向上渗展时，这些物质在两相中的分配作用反复进行，从而达到分离的目的。例如，多糖类样品的纸色谱，样品经酸水解处理，中和后制成试液，点样于滤纸上，用苯酚－氨水饱和溶液展开，苯胺邻苯二酸显色剂显色，于105 ℃加热数分钟，则可见到被分离开的戊醛糖（红棕色）、己醛糖（棕褐色）、己酮糖（淡棕色）、双糖类（黄棕色）的色斑。

（3）离子交换色谱分离　离子交换分离法是利用离子交换剂与溶液中的离子之间所发生的交换反应来进行分离的方法，分为阳离子交换和阴离子交换两种。

当将被测离子溶液与离子交换剂一起混合振荡，样液缓缓通过用离子交换剂做成的离子交换柱时，被测离子或干扰离子即与离子交换剂上的 H^+ 或 OH^- 发生交换。被测离子或干扰离子留在离子交换剂上，被交换出的 H^+ 或 OH^- 以及不发生交换反应的其他物质留在溶液内，从而达到分离的目的。在食品分析中，可应用离子交换分离法制备无氟水、无铅水。离子交换分离法还常用于分离较为复杂的样品。

5. 化学分离法

（1）磺化法和皂化法　磺化法和皂化法是除去油脂的一种方法，常用于农药分析中样品的净化。

①硫酸磺化法。本法是用浓硫酸处理样品提取液，有效地除去脂肪、色素等干扰杂质。其原理是浓硫酸能使脂肪磺化，并与脂肪和色素中的不饱和键起加成作用，形成可溶于硫酸和水的强极性化合物，不再被弱极性的有机溶剂所溶解，从而达到分离净化的目的。此法简单、快速、净化效果好，但用于农药分析时，仅限于在强酸介质中稳定的农药（如有机氯农药中的六六六、DDT）提取液的净化，其回收率在80%以上。

②皂化法。本法是用热碱溶液处理样品提取液，以除去脂肪等干扰杂质。其原理是利用KOH－乙醇溶液将脂肪等杂质皂化除去，以达到净化目的。此法仅适用于对碱稳定的农药提取液的净化。

（2）沉淀分离法　沉淀分离法是利用沉淀反应进行分离的方法。在试样中加入适当的沉淀剂，使被测组分沉淀下来，或将干扰组分沉淀下来，经过过滤或离心将沉淀与母液分开，从而达到分离目的。例如：测定冷饮中糖精钠含量时，可在试剂中加入碱性硫酸铜，将蛋白质等干扰杂质沉淀下来，而糖精钠仍留在试液中，经过滤除去沉淀后，取滤液进行分析。

（3）掩蔽法　此法是利用掩蔽剂与样液中干扰成分作用使干扰成分转变为不干扰测定状态，即被掩蔽起来。运用这种方法可以不经过分离干扰成分的操作而消除其干扰作用，简化分析步骤，因而在食品分析中应用十分广泛，常用于金属元素的测定。如双硫腙比色法测定铅时，在测定条件（pH＝9）下，Cu^{2+}、Cd^{2+} 等离子对测定有干扰，可加入氰化钾和柠檬酸铵掩蔽，消除它们的干扰。

6. 浓缩法　从食品样品中萃取的分析物，如果其浓度在定量限之上，在色谱分析时无干扰，则可直接进行测定。当样品中被测化合物的浓度较低时，通常需要在净化和测定前将萃取液浓缩。样品液的浓缩过程就是溶剂挥发的过程。浓缩过程中应注意将溶剂蒸发至近干即可，否则由于溶剂蒸干会导致分析物损失。实验室常用的浓缩方法有：

（1）常压浓缩法　此法主要用于待测组分为非挥发性的样品净化液的浓缩，通常采用蒸发皿直接挥发：若要回收溶剂，则可用一般蒸馏装置或旋转蒸发器。该法简便、快速，是常用的方法；

（2）减压浓缩法　此法主要用于待测组分为热不稳定性或易挥发的样品净化液的浓缩，通常采用K－D浓缩器。浓缩时，水浴加热并抽气减压。此法浓缩温度低、速度快、被测组分损失少，特别适用于农药残留量分析中样品净化液的浓缩（AOAC即用此法浓缩样品净化液）。

四、结果分析

食品分析的结果有多种表示方法。不同状态的试样，其待测组分含量的表示方法也有所不同。

（一）固体试样

固体试样中待测组分的含量通常以质量分数表示。食品中某组分B的质量（m_B）与物质总质量（m_s）之比，称为B的质量分数（w_B）。

其比值可用小数或百分数表示。例如，某食品中含有脂肪的质量分数为0.1320或13.20%。若待测组分含量很低时，可采用mg/kg或μg/kg来表示。

（二）液体试样

液体试样中待测组分的含量通常有以下几种表示方法。

（1）物质的量浓度　表示待测组分的物质的量（n_B）除以试液的体积（V_s），以符号C表示。常用单位为mol/L。

（2）质量分数　表示待测组分的质量（m_B）除以试液的质量（m_s），以符号w_B表示。

（3）体积分数　表示待测组分的体积（V_B）除以试液的体积（V_s），以符号φ_B表示。

（4）质量浓度　表示单位日记试液中被测组分B的质量，以符号ρ_B表示。单位为g/L、mg/L、μg/L或μg/mL等。

五、结果报告

（一）检验原始记录的书写规范要求

原始记录是指在实验室进行科学研究过程中，应用实验、观察、调查或资料分析等方法，根据实际情况直接记录或统计形成的各种数据、文字、图表、图片、照片、声像等原始资料，是进行科学实验过程中对所获得的原始资料的直接记录，可作为不同时期深入进行该课题研究的基础资料。原始记录应该能反映分析检验中最真实最原始的情况。

（1）检验记录必须用统一格式带有页码编号的专用检验记录本记录。检验记录本或记录纸应保持完整。

（2）检验记录应用字规范，须用蓝色或黑色字迹的钢笔或签字笔书写。不得使用铅笔或其他易褪色的书写工具书写。检验记录应使用规范的专业术语，计量单位应采用国际标准计量单位，有效数字的取舍应符合实验要求；常用的外文缩写（包括实验试剂的外文缩写）应符合规范，首次出现时必须用中文加以注释；属外文译文的应注明其外文全名称。

（3）检验记录不得随意删除、修改或增减数据。如必须修改，须在修改处画一斜线，不可完全涂黑，保证修改前记录能够辨认，并应由修改人签字或盖章，注明修改时间。

（4）计算机、自动记录仪器打印的图表和数据资料等应按顺序粘贴在记录纸的相应位置上，并在相应处注明实验日期和时间；不宜粘贴的，可另行整理装订成册并加以编号，同时在记录本相应处注明，以便查对；底片、磁盘文件、声像资料等特殊记录应装在统一制作的资料袋内或储存在统一的存储设备里，编号后另行保存。

（5）检验记录必须做到及时、真实、准确、完整，防止漏记和随意涂改。严禁伪造和编造数据。

（6）检验记录应妥善保存，避免水浸、墨污、卷边，保持整洁、完好、无破损、不丢失。

（7）对环境条件敏感的实验，应记录当天的天气情况和实验的微气候（如光照、通风、洁净度、温度及湿度等）。

（8）检验过程中应详细记录实验过程中的具体操作，观察到的现象，异常现象的处理，产生异常现象的可能原因及影响因素的分析等。

（9）检验记录中应记录所有参加实验的人员；每次实验结束后，应由记录人员签名，另一人复核，科室负责人或上一级主管审核。

（10）原始实验记录本必须按归档要求整理归档，实验者个人不得带走。

（11）各种原始资料应仔细保存，以容易查找。

表1－3和表1－4分别列举了滴定法原始记录和分光光度法原始记录。

表1－3　滴定法原始记录

样品名称			
检验项目			
	编号	型号规格	仪器检定有效期
仪器名称			
标准溶液名称			
平行测定次数	1	2	3
取样量 W			
标准溶液的浓度 c/ mol/L			
滴定管末读数 V_2/mL			
滴定管初读数 V_1/mL			
空白值 V_0/mL			
实际消耗量 V/mL			
计算公式			
实测结果			
平均值			

表 1－4 分光光度法原始记录

样品名称			
检验项目			
	编号	型号规格	仪器检定有效期
仪器名称			
工作曲线名称			
序号			
0			
1			
2			
3			
4			
5			
6			
取样量 W		吸取体积 V	
平行次数	样品吸光度 A	对应浓度 c	稀释倍数
1			
2			
空白值			
计算公式			
平均值			
实测结果			

（二）检测报告的编制

检测报告应准确、清晰、明确和客观地报告每一项或每一系列的检测结果，并符合检测方法中规定的要求。

（1）检测报告的内容、检测报告的格式应由检测室负责人根据承检产品、项目标准的要求设计，其内容应包括以下部分：

①检测报告的标题；

②实验室的名称与地址，进行检测的地点（如果与实验室的地址不同）；

③检测报告的唯一编号标识和每页数及总页数，以确保可以识别该页是属于检测报告的一部分，以及表明检测报告结束的清晰标识；

④客户的名称和地址；

⑤所用方法的标识；

⑥检测物品的描述、状态和明确的标识；

⑦对结果的有效性和应用至关重要的检测物品的接收日期和进行检测的日期；

⑧如与结果的有效性和应用相关时，实验室所用的抽样计划和程序的说明；

⑨检测的结果带有测量单位；

⑩检测报告批准人的姓名、职务、签字或等同的标识；

（2）当需要对检测结果做出解释时，对含抽样结果在内的检测报告，还应包括下列内容：

①抽样日期；

②抽取的物质，材料或产品的清晰标识（包括制造者的名称、标示的型号或类型和相应的系列号）；

③抽样的地点，包括任何简图、草图或照片；

④所用抽样计划和程序的说明；

⑤抽样过程中可能影响检测结果解释的环境条件的详细信息；

⑥与抽样方法或程序有关的标准或规范，以及对这些规范的偏离、增添或删节；

表 1－5 为某检测机构报告单的格式。

表 1－5　检验报告单式样

****** （检测机构名称）检验报告单

送检单位：	样品名称：	
生产单位：	检验依据：	
生产日期及批号：	送检日期：	检验日期：
检验项目：		
结论：		
技术负责人：	复核人：	检验人：

附注：（1） ******
（2） ******

年　月　日

扫码“学一学”

第五节　食品理化分析实验数据评价

一、误差及实验方法评价

（一）误差

误差是指测量值与真实值之间的差异。在分析过程中，许多因素都会影响分析结果，如仪器性能、玻璃量器的准确性、试剂的质量、采样的代表性及选用方法的灵敏度等。即使同一样品、同一分析方法、同一操作人员，进行平行实验，也难以获得相同的数据。因此误差是客观存在的，如何减少分析过程中的误差，提高分析结果的准确度和精密度，是保证分析数据准确性的关键。

根据来源，误差可分为系统误差和随机误差。

1. 系统误差 在相同条件下，对一已知量的待测物进行多次测定时，由某种确定的原因引起的重复出现的误差，叫作系统误差。

系统误差决定了测定结果的准确度。一旦发现了系统误差产生的原因，是可以设法避免和校正的。

（1）特点 ①确定性：引起误差的原因通常是确定的，如所用的仪器不准或试剂不纯；②重复性：由于造成误差的原因固定，当平行测定时它会重复出现；③单向性：误差的方向一定，即误差的正或负通常是固定的；④可测性：误差的大小基本固定，通过实验通常可以测定其大小，从而得到校正。

（2）分类 根据产生原因，系统误差可分为方法误差、仪器误差、试剂误差和操作误差等。

①方法误差是由于分析方法不完善造成的，是由分析系统的化学或物理化学性质所决定的，无论分析者操作如何熟练和小心，这种误差总是难免的。例如，反应不能定量地完成或者有副反应，干扰成分的存在等。

②仪器误差是由于仪器本身不精确或精度不够造成的。如在用分析天平称量时，砝码不够精确；在量取溶液时，体积标示不准确的移液管会产生一组高精密度但是不准确的结果。

③试剂误差是由于试剂纯度方面或实验用水中有一定量的杂质引起的。

④操作误差是由于操作者个人原因造成的。如操作者使用没有代表性的试样、试样消化不完全、滴定终点判定不准确等。

2. 随机误差 随机误差是由不确定的原因或由某些难以控制的原因造成的。如用分析天平称量时，湿度、温度的微小变化，台面的微小振动，以及对刻度的估计不准都会引起随机误差。

在一次测定中，随机误差的大小及其符号是无法预知的，没有任何规律性；但是在多次测定中，随机误差的出现还是有规律的，它对分析结果的影响服从正态分布规律。

由于随机误差的形成取决于测定过程中一系列随机因素，这些随机因素是实验者无法严格控制的，因此，随机误差不能通过校正的方法减小和消除，但可以通过多次测量、统计学处理的方法减小随机误差，从而提高分析结果的可靠性。

（二）实验方法评价

1. 准确度和精密度 准确度和精密度是对某一检验结果的可靠性进行科学的综合性评价的常用指标。准确度反映系统误差，精密度反映偶然误差。

（1）准确度 准确度表示测量结果与真实值相接近的程度，其大小用误差（E）表示。分析结果与真实值越接近，误差越小，则分析结果的准确度越高。误差可用绝对误差（E_a）与相对误差（E_r）两种方法表示：

$$E_a = X_i - \mu \qquad (1-9)$$

式中，E_a为绝对误差；X_i为测定值；μ 为真实值。

相对误差（E_r）指绝对误差（E_a）在真实值中所占的百分率，即：

$$Er = \frac{Ea}{\mu} \times 100\% \qquad (1-10)$$

式中，E_r为绝对误差；E_a为测定值；μ 为真实值。

对于多次测定，计算时测定值为多次测定结果的平均值。真实值是客观存在的，但不可能直接测定。在食品分析中，一般用试样多次测定值的平均值或标准样品配制实际值表示。此外，实验室通过回收实验的方法确定准确度。多次回收实验还可以发现检验方法的系统误差。

加入标准物质的回收率，可按下式计算：

$$P = \frac{X_1 - X_0}{m} \times 100\% \qquad (1-11)$$

式中，P 为加入标准物质的回收率；X_1为加入标准物质的测定值；X_0为未知样品的测定值；m 为加入标准物质的量。

（2）精密度　精密度指在一定条件下，进行多次平行测定时，每一次测定结果相互接近的程度。精密度是由偶然误差造成的，它反映了分析方法的稳定性和重现性。通常用偏差（d）来表示。精密度的高低可用偏差、相对平均偏差、标准偏差、变异系数来表示。

食品分析检验常量组分时，分析结果的相对平均偏差一般小于0.2%。

在确定标准溶液准确浓度时，常用极差（R）表示精密度。极差（R）是指一组平行测定值中最大值与最小值之差。

$$\text{相对偏差}（d_r）= \frac{x_i - \bar{x}}{\bar{x}} \times 100\% \qquad (1-12)$$

$$\text{相对平均偏差} = \frac{\sum |x_i - \bar{x}|}{n\bar{x}} \times 100\% \qquad (1-13)$$

$$\text{标准偏差}(S) = \sqrt{\frac{\sum_{i=1}^{n}(x_i - \bar{x})^2}{n-1}} \quad (n \leqslant 20) \qquad (1-14)$$

$$\text{变异系数}（CV）= \frac{S}{\bar{x}} \times 100\% \qquad (1-15)$$

$$\text{极差 } R = x_{max} - x_{min} \qquad (1-16)$$

式中，x_i 为各次测定值，$i=1, 2, \cdots, n$；$\bar{x}$ 为多次测定值的算术平均值；n 为测定次数。

（3）准确度与精密度的关系　准确度表示的是测定结果与真实值之间的接近程度；精密度则表示几次测定值之间的接近程度。为了保证分析质量，分析数据必须具备一定的准确度和精密度。精密度是保证准确度的先决条件。精密度差，所测结果不可靠，就失去了衡量准确度的前提。高的精密度不一定能保证高的准确度。找出精密而不准确的原因（从系统误差考虑），就可以使测定结果既精密又准确。

2. 误差的控制方法　分析实验中，如何降低和减少误差的出现，提高分析结果的准确

度，可通过以下几个措施来实现。

（1）选择合适的分析方法　在选择分析方法时，应了解不同分析方法的特点及适宜范围，要根据分析结果的要求、被测组分的含量等因素来选择合适的分析方法。表1－6列举了一般分析中允许相对误差的大致范围，供选择分析方法时参考。

表1－6　一般分析中允许相对误差

含量	允许相对误差（%）	含量	允许相对误差（%）	含量	允许相对误差（%）
80～90	0.4～0.1	10～20	1.2～1.0	0.1～1	0.4～0.1
40～80	0.6～0.4	5～10	1.6～1.2	0.01～0.1	0.6～0.4
20～40	1.0～0.6	1～5	5.0～1.6	0.001～0.01	1.0～0.6

（2）试剂标定和仪器校正　为保证仪器的灵敏度和准确度，应定期将仪器送计量部门检定；用作标准容量的容器应经过标定后按校正值使用；各种标准溶液应按规定进行定期标定。

（3）正确选取取样量　正确选取样品的量对于分析结果的准确度是很有关系的。例如，常量分析，滴定量或质量过多过少都是不适当的。

（4）对照实验　在测定样品的同时，可用已知结果的标准样品与测定样品在完全相同的条件下进行测定，最后将结果进行比较。通过对照实验发现系统误差来源，并消除系统误差的影响。

（5）空白实验　在测定样品的同时进行空白实验，即在不加试样的情况下，按与测定样品相同的条件（测定方法、操作条件、试剂加入量）进行实验，获得空白值，在样品测定值中扣除空白值，可消除或减少系统误差。

（6）回收实验　在样品中加入已知量的标准物质，然后进行对照实验，看加入的标准物质是否能定量回收，根据回收率的高低可检验分析方法的准确度，并判断分析过程中是否存在系统误差。

（7）标准曲线回归　在用比色、荧光、色谱等方法进行分析时，常配制一定浓度梯度的标准样品溶液，测定其参数（吸光度、荧光强度、峰高），绘制参数与浓度之间的关系曲线。正常情况下，标准曲线应为一条通过原点的直线，但实际工作中，常出现偏离直线的情况。

此时可用回归法求出该直线方程，代表最合理的标准曲线。最小二乘法计算直线回归方程的公式如下：

$$y = ax + b \tag{1-17}$$

$$a = \bar{y} - b\bar{x} \tag{1-18}$$

$$b = \frac{\sum_{i=1}^{n} x_i y_i - n\bar{x}\bar{y}}{\sum_{i=1}^{n} x_i^2 - n(\bar{x})^2} \tag{1-19}$$

式中，x 为自变量，各点在标准曲线上的横坐标值；y 为因变量，各点在标准曲线上的纵坐标值；a 为直线斜率；b 为直线在 y 轴上的截距；n 为测定次数。

二、有效数字的修约

1. 有效数字的意义　有效数字是指分析仪器实际能测量到的数字，在有效数字中，只

有最末一位数字是可疑的，可能有 ±1 的偏差。例如，用分度值为 0.1 mg 的分析天平测得某样品的质量为 1.6540 g，这样记录是正确的，与该天平所能达到的准确度相适应。这个结果有五位有效数字，它表明试样质量在 1.6539 ~ 1.6541 g。如果把结果记为 1.654 g 是错误的，因为后者表明试样质量在 1.653 ~ 1.655 g，显然损失了仪器的精度。

注意，“0”在数字中有几种意义。在具体数字前面的 0 只起定位作用，本身不算有效数字，数字之间的 0 和小数末尾的 0 都是有效数字；以 0 结尾的整数，可以用 10 的幂指数表示，这时前面的系数代表有效数字。由于 pH 为氢离子浓度的负对数值，所以 pH 的小数部分才为有效数字。

2. 有效数字的处理规则

（1）几个数字相加、减时，应以各数字中小数点后位数最少（绝对误差最大）的数字为依据，决定结果的有效位数。

（2）几个数字相乘、除时，应以各数字中有效数字位数最少（相对误差最大）的数字为依据，决定结果的有效位数。若某个数字的第一位有效数字≥8，则有效数字的位数应多算一位（相对误差接近）。

（3）计算中遇到常数、倍数、系数等，可视为无限多位有效数字。

（4）弃去多余的或不正确的数字，应按“四舍六入五取双”原则，即当尾数≥6 时，入；尾数≤4 时，舍。当尾数恰为 5 而后面数为 0 或者没有数时，若 5 的前一位是奇数则入，是偶数（包含 0）则舍；当尾数恰为 5 而后面还有不是 0 的任何数时，入。注意，数字修约时，只能对原始数据进行一次修约到需要的位数，不能逐级修约。

（5）分析结果的数据应与奇数要求量值的有效位数一致。对于高含量组分（>10%），一般要求以四位有效数字报出结果；对中等含量的组分（1% ~10%），一般要求以三位有效数字报出结果；对于微量组分（<1%），一般要求只以二位有效数字报出结果。测定杂质含量时，若实际测得值低于技术指标一个或几个数量级，可用“小于”该技术指标来报结果。

思考题

1. 食品理化分析技术在食品质量控制中的作用。
2. 样品前处理的目的是什么？常见方法有哪些？
3. 请举例说明食品理化分析的内容。
4. 结合实时食品安全热点问题，拟定食品理化分析的流程。

扫码“练一练”

（胡雪琴　姚瑞祺）

第二章　食品理化实验室概论

知识目标

1. 掌握　食品理化实验室的安全常识及预防处理事故的方法。
2. 熟悉　食品理化实验室仪器性能及操作中可能发生事故的原因，废弃物的处理方法、基本的化学药品取用原则。
3. 了解　食品理化实验室布局设置及实验室的管理规定。

能力目标

1.熟练掌握食品理化实验室的化学药品取用、预防处理事故的方法和实验室废弃物的处理方法。
2.学会食品理化实验室一般伤害的预防及急救处理。

扫码“学一学”

第一节　食品理化分析实验室安全

食品理化分析实验室是开展实验教学的主要场所。实验室涉及许多仪器设备和化学药品，以及水、电、煤气等。还会经常遇到高温、低温、高压、真空、高电压、高频和带有辐射源的实验条件和仪器，若缺乏必要的安全防护知识，会造成生命和财产的巨大损失，所以熟悉一般的安全知识是非常必要的。

一、安全用电及灭火常识

（一）安全用电

人体若通过 50 Hz、25 mA 以上的交流电时会发生呼吸困难，100 mA 以上则会致死。因此，安全用电非常重要，在实验室用电过程中必须严格遵守以下的操作规程。

1. 防止触电

（1）不能用潮湿的手接触电器。
（2）所有电源的裸露部分都应有绝缘装置。
（3）已损坏的接头、插座、插头或绝缘不良的电线应及时更换。
（4）必须先接好线路再插上电源，实验结束时，必须先切断电源再拆线路。
（5）如遇人触电，应切断电源后再行处理。

2. 防止着火

（1）保险丝型号与实验室允许的电流量必须相配。
（2）负荷大的电器应接较粗的电线。

（3）生锈的仪器或接触不良处，应及时处理，以免产生电火花。

（4）如遇电线走火，切勿用水或导电的酸碱泡沫灭火器灭火。应立即切断电源，用沙或二氧化碳灭火器灭火。

（5）防止短路，电路中各接点要牢固，电路元件两端接头不能直接接触，以免烧坏仪器或产生触电、着火等事故。

（6）实验开始以前，应先由教师检查线路，经同意后，方可插上电源。

（7）若仪器有漏电现象，则可将仪器外壳接上地线，仪器即可安全使用。但应注意，若仪器内部和外壳形成短路而造成严重漏电者（可以用万用电表测量仪器外壳的对地电压），应立即检查修理。此时如接上地线使用仪器，则会产生很大的电流而烧坏保险丝或出现更为严重的事故。

（二）消防灭火

化学实验室中如不慎失火，切莫慌惊失措，应冷静，沉着处理。只要掌握必要的消防知识，一般可以迅速灭火。

1. 常用消防器材　化学实验室一般不用水灭火，这是因为水能和一些药品（如钠）发生剧烈反应，用水灭火时会引起更大的火灾甚至爆炸，并且大多数有机溶剂不溶于水且比水轻，用水灭火时有机溶剂会浮在水上面，反而扩大火场。下面介绍化学实验室必备的几种灭火器材。

（1）沙箱　将干燥沙子贮于容器中备用，灭火时，将沙子撒在着火处。干沙对扑灭金属起火特别安全有效。平时经常保持沙箱干燥，切勿将火柴梗、玻璃管、纸屑等杂物随手丢入其中。

（2）灭火毯　通常用大块石棉布作为灭火毯，灭火时包盖住火焰即成。近年来已确证石棉有致癌性，故应改用玻璃纤维布。沙子和灭火毯经常用来扑灭局部小火，必须妥善安放在固定位置，不得随意挪作他用，使用后必须归还原处。

（3）二氧化碳灭火器　是化学实验室最常使用、也是最安全的一种灭火器。其钢瓶内贮有CO_2气体。使用时，一手提灭火器，一手握在喷CO_2的喇叭筒的把手上，打开开关，即有CO_2喷出。应注意，喇叭筒上的温度会随着喷出的CO_2气压的骤降而骤降，故手不能握在喇叭筒上，否则手会被严重冻伤。CO_2无毒害，使用后干净无污染。特别适用于油脂和电器起火，但不能用于扑灭金属着火。

（4）泡沫灭火器　泡沫灭火器灭火时泡沫把燃烧物质包住，与空气隔绝而灭火。因泡沫能导电，不能用于扑灭电器着火。且灭火后的污染严重，使火场清理工作麻烦，故一般非大火时不用它。过去常用的四氯化碳灭火器，因其毒性大，灭火时还会产生毒性更大的光气，目前已被淘汰。

2. 灭火方法　化学实验室一旦失火，首先采取措施防止火势蔓延，应立即熄灭附近所有火源（如煤气灯），切断电源，移开易燃易爆物品。并视火势大小，采取不同的扑灭方法。

（1）对在容器中（如烧杯、烧瓶，热水漏斗等）发生的局部小火，可用石棉网、表面皿或木块等盖灭。

（2）有机溶剂在桌面或地面上蔓延燃烧时，不得用水冲，可撒上细沙或用灭火毯扑灭。

（3）对钠、钾等金属着火，通常用干燥的细沙覆盖。严禁用水和 CCl_4 灭火器，否则会导致猛烈的爆炸，也不能用 CO_2 灭火器。

（4）若衣服着火，切勿慌张奔跑，以免风助火势。化纤织物最好立即脱除。一般小火可用湿抹布，灭火毯等包裹使火熄灭。若火势较大，可就近用水龙头浇灭。必要时可就地卧倒打滚，一方面防止火焰烧向头部，另外在地上压住着火处，使其熄火。

（5）在反应过程中，若因冲料、渗漏、油浴着火等引起反应体系着火时，情况比较危险，处理不当会加重火势。扑救时必须谨防冷水溅在着火处的玻璃仪器上，必须谨防灭火器材击破玻璃仪器，造成严重的泄漏而扩大火势。有效的扑灭方法是用几层灭火毯包住着火部位，隔绝空气使其熄灭，必要时在灭火毯上撒些细沙。若仍不奏效，必须使用灭火器，由火场的周围逐渐向中心处扑灭。

3. 防爆 实验室发生爆炸事故的原因大致如下：

（1）随便混合化学药品。氧化剂和还原剂的混合物在受热、摩擦或撞击时会发生爆炸。表 2－1 中列出的混合物都发生过意外的爆炸事故。

表 2－1 加热时发生爆炸的混合物示例

镁粉－重铬酸铵	有机化合物—氧化铜
镁粉－硝酸银	还原剂－硝酸铅
（遇水产生剧烈爆炸）	氯化亚锡－硝酸铋
镁粉－硫黄	浓硫酸－高锰酸钾
锌粉－硫黄	三氯甲烷－丙酮
铝粉－氧化铅	铝粉－氧化铜

表 2－2 不能混合的常用药品一览表

药品名称	不能与之混合的药品名称
碱金属及碱土金属如钾、钠、锂、镁、钙、铝等	二氧化碳、四氧化碳及其他氯代烃，钠、钾、锂禁止与水混合
醋酸	铬酸、硝酸、羟基化合物，乙二醇类、过氯酸、过氧化物及高锰酸钾
醋酸酐	同上。还有硫酸、盐酸、碱类
乙醛、甲醛	酸类、碱类、胺类、氧化剂
丙酮	浓硝酸及硫酸混合物，氟、氯、溴
乙炔	氟、氯、溴、铜、银、汞
液氨（无水）	汞、氯、次氯酸钙（漂白粉）、碘、氟化氢
硝酸铵	酸、金属粉末、易燃液体、氯酸盐、硝酸盐、硫黄、有机物粉末、可燃物质
溴	氨、乙炔、丁二烯、丁烷及其他石油类、碳化钠、松节油、苯、金属粉末
苯胺	硝酸、过氧化氢（双氧水）、氯
氧化钙（石灰）	水
活性炭	次氯酸钙（漂白粉）、硝酸
铜	乙炔、过氧化氢

（2）在密闭体系中进行蒸馏、回流等加热操作。

（3）在加压或减压实验中使用不耐压的玻璃仪器，气体钢瓶减压阀失灵。

（4）反应过于激烈而失去控制。

（5）易燃易爆气体如煤气、有机蒸汽，以及氢气、乙炔等气体烃类等大量逸入空气，引起爆燃。

（6）一些本身容易爆炸的化合物，如硝酸盐类、硝酸酯类、三碘化氮、芳香族多硝基化合物、乙炔及其重金属盐、重氮盐、叠氮化物、有机过氧化物（如过氧乙醚和过氧酸）等，受热或被敲击时会爆炸。强氧化剂与一些有机化合物接触，如乙醇和浓硝酸混合时会发生猛烈的爆炸反应。

爆炸的毁坏力极大，必须严格加以防范。凡有爆炸危险的实验，在教材中都有安全指导，应严格执行。此外，平时应该遵守以下事项：

①取出的试剂药品不得随便倒回贮备瓶中，也不能随手倾入污物缸。在做高压或减压实验时，应使用防护屏或戴防护面罩。

③不得让气体钢瓶在地上滚动，不得撞击钢瓶表头，更不得随意调换表头。搬运钢瓶时应使用钢瓶车。

④在使用和制备易燃、易爆气体时，如氢气、乙炔等，必须在通风橱内进行，并不得在其附近点火。

⑤煤气灯用完后或中途煤气供应中断时，应立即关闭煤气龙头。若遇煤气泄漏，必须停止实验，立即报告教师检修。

二、化学药品的取用

（一）实验室药品取用规则

1. 三不原则　不能用手接触药品、不要把鼻孔凑到容器口去闻药品的气味、不得尝任何药品的味道。

2. 节约原则　注意节约药品。应该严格按照实验规定的用量取用药品。如果没有说明用量，一般应该按最少量（1 ~ 2 mL）取用液体。固体只需盖满试管底部。

3. 处理原则　“三不一要”，实验剩余的药品既不能放回原瓶，也不要随意丢弃，更不要拿出实验室，要放入指定的容器内。

（二）固体药品的取用

1. 固体药品通常保存在广口瓶里。

2. 固体粉末一般用药匙或纸槽取用。操作时先使试管倾斜，把药匙小心地送至试管底部，然后使试管直立。（一倾、二送、三直立）

3. 块状药品一般用镊子夹取。操作时先横放容器，把药品或金属颗粒放入容器口以后，再把容器慢慢竖立起来，使药品或金属颗粒缓缓地滑到容器的底部，以免打破容器。（一横、二放、三慢竖）

4. 用过的药匙或镊子要立刻用干净的纸擦拭干净。

（三）液体药品的取用

1. 液体药品通常盛放在细口瓶中　广口瓶、细口瓶等都经过磨砂处理，目的是增大容器的气密性。

2. 取用不定量（较多）液体——直接倾倒　使用时的注意事项：

（1）细口瓶的瓶塞必须倒放在桌面上，防止药品腐蚀实验台或污染药品。

（2）瓶口必须紧挨试管口，并且缓缓地倒，防止药液损失。

（3）细口瓶贴标签的一面必须朝向手心处，防止药液洒出腐蚀标签。

（4）倒完液体后，要立即盖紧瓶塞，并把瓶子放回原处，标签朝向外面，防止药品潮解、变质。

3. 取用不定量（较少）液体——使用胶头滴管 使用时的注意事项：

（1）应在容器的正上方垂直滴入；胶头滴管不要接触容器壁，防止沾污试管或污染试剂。

（2）取液后的滴管，应保持橡胶胶帽在上，不要平放或倒置，防止液体倒流，沾污试剂或腐蚀橡胶胶帽。

（3）用过的试管要立即用清水冲洗干净；但滴瓶上的滴管不能用水冲洗，也不能交叉使用。

4. 取用一定量的液体——使用量筒 使用时的注意事项：

（1）当向量筒中倾倒液体接近所需刻度时，停止倾倒，余下部分用胶头滴管滴加药液至所需刻度线。

（2）读数时量筒必须放平，视线要与量筒内液体的凹液面的最低处保持水平，再读出液体的体积，仰视偏小，俯视偏大。

三、实验室废弃物的处理

实验室实际上是一类典型的小型污染源。实验室“三废”通常指实验过程所产生的一些废气、废液、废渣。这些废弃物中许多是有毒有害物质，其中有些还是剧毒物质和强致癌物质，虽然在数量与强度方面不及工业企业单位，但是如果不进行处理而随意排放，将会污染空气和水源，造成环境污染，危害人体健康，甚至会影响实验分析结果。实验室也必须加强对废弃物的处理和管理。以下汇集一些实验室常见废弃物的处理方法。

（一）实验室“三废”处理的原则

1. 一般原则 根据实验室“三废”排放的特点和现状，遵循国家有关规定，充分强调“谁污染，谁治理”的原则。

为防止实验室污物扩散、污染环境，应根据实验室“三废”的特点，对其进行分类收集、存放、集中处理。在实际工作中，应科学选择实验研究技术路线、控制化学试剂使用量、采用替代物，尽可能减少废物产生量，减少污染。应本着适当处理、回收利用的原则，来处理实验室“三废”。尽可能采用回收、固化，以及焚烧等方法处理；处理方法简单，易操作，处理效率高，不需要很多投资。

2. 废气 对少量的有毒气体可通过通风设备（通风橱或通风管道）经稀释后排至室外，通风管道应有一定高度，使排出的气体易被空气稀释。

大量的有毒气体必须经过处理如吸收处理或与氧充分燃烧，然后才能排到室外，如氮、硫、磷等酸性氧化物气体，可用导管通入碱液中，使其被吸收后排出。

3. 废液 废液应根据其化学特性选择合适的容器和存放地点，密闭存放，禁止混合贮存；容器要防渗漏，防止挥发性气体逸出而污染环境；容器标签必须标明废物种类和贮存

时间，且贮存时间不宜太长，贮存数量不宜太多；存放地要有良好通风。剧毒、易燃、易爆药品的废液，其贮存应按危险品管理规定办理。

一般废液可通过酸碱中和、混凝沉淀、次氯酸钠氧化处理后排放。有机溶剂废液应根据其性质尽可能回收；对于某些数量较少、浓度较高确实无法回收使用的有机废液，可采用活性炭吸附法、过氧化氢氧化法处理，或在燃烧炉中供给充分的氧气使其完全燃烧。对高浓度废酸、废碱液要经中和至近中性（pH = 6 ~ 9）时方可排放。

（二）实验室废弃物的处理方法

含汞、铬、铅、镉、砷、酚、氰、铜的废液必须经过处理达标后才能排放，对实验室内小量废液的处理可参照以下方法。

1. 含汞废弃物的处理　若不小心将金属汞洒落在实验室里（如打碎压力计、温度计或极谱分析操作不慎将汞洒落在实验台、地面上等）必须及时清除。可用滴管、毛笔或用在 $Hg(NO_3)_2$ 的酸性溶液中浸过的薄铜片、粗铜丝将洒落的汞收集于烧杯中，并用水覆盖。洒落在地面难以收集的微小汞珠应立即撒上硫黄粉，使其化合成毒性较小的硫化汞，或喷上用盐酸酸化过的 $KMnO_4$ 溶液（每升 $KMnO_4$ 溶液中加 5 mL 浓盐酸），过 1 ~ 2 小时后再清除，或喷上 20% $FeCl_3$ 的水溶液，干后再清除干净。应当指出的是，$FeCl_3$ 水溶液为对汞具有乳化性能并同时可将汞转化为不溶性化合物的一种非常好的去汞剂，但金属器件（铅质除外）不能用 $FeCl_3$ 水溶液除汞，因金属本身会受这种溶液的作用而损坏。

如果室内的汞蒸汽浓度超过 0.01 mg/m^3 可用碘净化，即将碘加热或自然升华，碘蒸汽与空气中的汞及吸附在墙上、地面上、天花板上和器物上的汞作用生成不易挥发的碘化汞，然后彻底清扫干净。实验中产生的含汞废气可导入高锰酸钾吸收液内，经吸收后排出。

含汞废液可采用硫化物共沉淀法处理，即用酸、碱先将废液调至 pH 值为 8 ~ 10，加入过量 Na_2S，使其生成 HgS 沉淀。再加入 $FeSO_4$ 作为共沉淀剂，与过量的 Na_2S 生成 FeS_2，生成的 HgS 沉淀将悬浮在水中难以沉降的 HgS 微粒吸附而共沉淀，然后静置、沉淀分离或经离心过滤，上清液可直接排放，沉淀用专用瓶贮存，待收集至一定量后可用焙烧法或电解法回收汞或制成汞盐。

2. 含铅、镉废液的处理　镉在 pH 值高的溶液中能沉淀下来，对含铅废液的处理通常采用混凝沉淀法、中和沉淀法。因此可用碱或石灰乳将废液 pH 值调至 9，使废液中的 Pb^{2+}、Cd^{2+} 生成 $Pb(OH)_2$ 和 $Cd(OH)_2$ 沉淀，加入 $FeSO_4$ 作为共沉淀剂，沉淀物可与其他无机物混合进行烧结处理，清液可排放。

3. 含铬废液的处理　铬酸洗液经多次使用后，Cr^{6+} 逐渐被还原为 Cr^{3+} 同时洗液被稀释，酸度降低，氧化能力逐渐降低至不能使用。此废液可在 110 ~ 130 ℃下不断搅拌，加热浓缩，除去水分，冷却至室温，边搅拌边缓缓加入 $KMnO_4$ 粉末，直至溶液呈深褐色或微紫色（1 L 加入约 10 g 左右 $KMnO_4$），加热至有 MnO_2 沉淀出现，稍冷，用玻璃砂芯漏斗过滤，除去 MnO_2 沉淀后即可使用。

含铬废液：采用还原剂（如 Fe 粉、Zn 粉、$NaHSO_3$、$FeSO_4$、SO_2 或水合肼等），在酸性条件下将 Cr^{6+} 还原为 Cr^{3+}，然后加入碱（如 NaOH、$Ca(OH)_2$、Na_2CO_3、石灰等），调节废液 pH 值，生成低毒的 $Cr(OH)_3$ 沉淀，分离沉淀，清液可排放。沉淀经脱水干燥后或综合利用，或用焙烧法处理，使其与煤渣和煤粉一起焙烧，处理后的铬渣可填埋。一般认

为，将废水中的铬离子形成铁氧体（使铬镶嵌在铁氧体中），则不会有二次污染。

4. 含砷废液的处理 在含砷废液中加入氯化钙或消石灰，调节并控制废液的 pH 值为 8~9，生成砷酸钙和亚砷酸钙沉淀，再加入 $FeCl_3$，因有 Fe^{3+} 存在时可起共沉淀作用。也可将含砷废液 pH 值调至 10 以上，加入硫化钠，与 As 反应生成难溶、低毒的硫化物沉淀。有少量含砷气体产生的实验，应在通风橱中进行，使毒害气体及时排出室外。

5. 含酚废液的处理 低浓度的含酚废液可加入 NaClO 或漂白粉，使酚氯化成邻苯二酚、邻苯二醌、顺丁烯二酸而被破坏，处理后废液汇入综合废水桶。高浓度的含酚废液可用乙酸丁酯萃取，再用少量 NaOH 溶液反萃取。经调节 pH 值后，进行重蒸馏回收，提纯（精制）即可使用。

6. 含氰废液的处理 处理低浓度的氰化物废液可直接加入氢氧化钠调节 pH 值为 10 以上，再加入 $KMnO_4$ 粉末（约 3%），使氰化物氧化分解。

如氰化物浓度较高，可用氯碱法氧化分解处理。先用 NaOH 将废液 pH 值调至 10 以上，加入次氯酸钠（或液氯、漂白粉、二氧化氯），经充分搅拌调 pH 值呈弱碱性（pH 约为 8.5），氰化物被氧化分解为 CO_2 和 N_2，放置 24 小时，经分析达标即可排放。应特别注意含氰化物的废液切勿随意乱倒或误与酸混合，否则发生化学反应，生成挥发性的氰化氢气体逸出，造成中毒事故。

7. 含苯废液的处理 含苯废液可回收利用，也可采用焚烧法处理。对于少量的含苯废液，可将其置于铁器内，放到室外空旷地方点燃；但操作者必须站在上风向，持长棒点燃，并监视至完全燃尽为止。

8. 含铜废液的处理 酸性含铜废液，以 $CuSO_4$ 废液和 $CuCl_2$ 废液为常见，一般可采用硫化物沉淀法进行处理（pH 调节约为 6），也可用铁屑还原法回收铜。

碱性含铜废液，如含铜铵腐蚀废液等，其浓度较低和含有杂质，可采用硫酸亚铁还原法处理，其操作简单、效果较佳。

9. 综合废液的处理 综合废液以委托有资质、有处理能力的化工废水处理站或城镇污水处理厂处理为佳。少量的综合废液也可以自行处理。

对已知且互不作用的废液可根据其性质采用物理化学法进行处理，如铁粉处理法：将废液 pH 调节为 3~4，再加入铁粉，搅拌 30 分钟，用碱调 pH 值至 9 左右，继续搅拌 10 分钟，加入高分子混凝剂进行混凝沉淀，清液可排放，沉淀物以废渣处理。废酸、废碱液可用中和法处理。

（三）废有机溶剂的回收与提纯

从实验室的废弃物中直接进行回收是解决实验室污染问题的有效方法之一。实验过程中使用的有机溶剂，一般毒性较大、难处理，从保护环境和节约资源来看，应该采取积极措施回收利用。回收有机溶剂通常先在分液漏斗中洗涤，将洗涤后的有机溶剂进行蒸馏或分馏处理加以精制、纯化，所得有机溶剂纯度较高，可供实验重复使用。由于有机废液的挥发性和有毒性，整个回收过程应在通风橱中进行。为准确掌握蒸馏温度，测量蒸馏温度用的温度计应正确安装在蒸馏瓶内，其水银球的上缘应和蒸馏瓶支管口的下缘处于同一水平，蒸馏过程中使水银球完全为蒸汽包围。

1. 三氯甲烷 将三氯甲烷废液依顺序用蒸馏水、浓硫酸（三氯甲烷量的 1/10）、蒸馏

水、盐酸羟胺溶液（0.5% AR）洗涤。用重蒸馏水洗涤 2 次，将洗好的三氯甲烷用无水氯化钙脱水干燥，放置几天，过滤、蒸馏。蒸馏速度为每秒 1 ~ 2 滴，收集沸点为 60 ~ 62 ℃的蒸馏液，保存于棕色带磨口塞子的试剂瓶中待用。

如果三氯甲烷中杂质较多，可用自来水洗涤后预蒸馏一次，除去大部分杂质，然后再按上法处理。对于蒸馏法仍不能除去的有机杂质可用活性炭吸附纯化。

2. 四氯化碳

含二硫腙的四氯化碳：先用硫酸洗涤一次，再用蒸馏水洗涤两次，除去水层，加入无水氯化钙干燥、过滤、蒸馏，水浴温度控制 90 ~ 95 ℃，收集 76 ~ 78 ℃的馏出液。

含铜试剂的四氯化碳：只需用蒸馏水洗涤两次后，经无水氯化钙干燥后过滤、蒸馏。

含碘的四氯化碳：在四氯化碳废液中滴加三氯化钛至溶液呈无色，用纯水洗涤两次，弃去水层，用无水氯化钙脱水，过滤、蒸馏。

3. 石油醚　先将废液装于蒸馏烧瓶中，水浴恒温蒸馏，温度控制在 81 ℃ ±2 ℃，时间控制在 15 ~20 分钟。馏出液通过内径 25 mm、高 750 mm 玻璃柱，内装下层硅胶高 600 mm，上面覆盖 50 mm 厚氧化铝（硅胶 60 ~ 100 目，氧化铝 70 ~ 120 目，于 150 ~ 160 ℃活化 4 小时）以除去芳烃等杂质。重复第一个步骤再进行一次分馏，视空白值确定是否进行第二次分离。经空白值（$n=20$）和透光率（$n=10$）测定检验，回收分离后石油醚能满足质控要求，与市售石油醚无显著性差异。

4. 乙醚　先用水洗涤乙醚废液 1 次，用酸或碱调节 pH 至中性，再用 0.5% 高锰酸钾洗涤至紫色不褪，经蒸馏水洗后用 0.5% ~1% 硫酸亚铁铵溶液洗涤以除去过氧化物，最后用蒸馏水洗涤 2 ~3 次，弃去水层，经氯化钙干燥、过滤、蒸馏，收集 33.5 ~ 34.5 ℃馏出液，保存于棕色带磨口塞子的试剂瓶中待用。由于乙醚沸点较低，乙醚的回收应避开夏季高温为宜。

实验室废弃物虽数量较少，但危害很大，必须引起人们的足够重视。各实验室对实验过程中产生的废弃物，必须对其进行有效的处理后方能排放，要防患于未然，杜绝污染事故的发生。

四、一般伤害的预防与急救

化学药品的危险性除了易燃易爆外，还在于它们具有腐蚀性、刺激性、对人体的毒性，特别是致癌性。使用不慎会造成中毒或化学灼伤事故。特别应该指出的是，实验室中常用的有机化合物，其中绝大多数对人体都有不同程度的毒害。

（一）化学中毒和化学灼伤事故的预防

1. 化学中毒主要是由下列原因引起

（1）由呼吸道吸入有毒物质的蒸汽。

（2）有毒药品通过皮肤吸收进入人体。

（3）吃进被有毒物质污染的食物或饮料，品尝或误食有毒药品。

2. 化学灼伤则是因为皮肤直接接触强腐蚀性物质、强氧化剂、强还原剂，如浓酸、浓碱、氢氟酸、钠、溴等引起的局部外伤。

预防措施如下：

(1) 最重要的是保护好眼睛。在化学实验室里应该一直佩戴护目镜（平光玻璃或有机玻璃眼镜），防止眼睛受刺激性气体熏染，防止任何化学药品特别是强酸、强碱、玻璃屑等异物进入眼内。

(2) 禁止用手直接取用任何化学药品，使用毒品时除用药匙、量器外必须佩戴橡皮手套，实验后马上清洗仪器用具，立即用肥皂洗手。

(3) 尽量避免吸入任何药品和溶剂蒸汽。处理具有刺激性的，恶臭的和有毒的化学药品时，如 H_2S、NO_2、Cl_2、Br_2、CO、SO_2、SO_3、HCl、HF、浓硝酸、发烟硫酸、浓盐酸等，必须在通风橱中进行。通风橱开启后，不要把头伸入橱内，并保持实验室通风良好。

(4) 严禁在酸性介质中使用氰化物。

(5) 禁止口吸吸管移取浓酸、浓碱，有毒液体，应该用洗耳球吸取。禁止冒险品尝药品试剂，不得用鼻子直接嗅气体，而是用手向鼻孔扇入少量气体。

(6) 不要用乙醇等有机溶剂擦洗溅在皮肤上的药品，这种做法反而增加皮肤对药品的吸收速度。

(7) 实验室里禁止吸烟进食，禁止赤膊穿拖鞋。

（二）中毒和化学灼伤的急救

1. 眼睛灼伤或掉进异物 一旦眼内溅入任何化学药品，立即用大量水缓缓彻底冲洗。实验室内应备有专用洗眼水龙头。洗眼时要保持眼皮张开，可由他人帮助翻开眼睑，持续冲洗 15 分钟。忌用稀酸中和溅入眼内的碱性物质，反之亦然。对因溅入碱金属、溴、磷、浓酸、浓碱或其他刺激性物质的眼睛灼伤者，急救后必须迅速送往医院检查治疗。

玻璃屑进入眼睛内是比较危险的。这时要尽量保持平静，绝不可用手揉擦，也不要试图让别人取出碎屑，尽量不要转动眼球，可任其流泪，有时碎屑会随泪水流出。用纱布，轻轻包住眼睛后，将伤者急送医院处理。

若系木屑、尘粒等异物，可由他人翻开眼睑，用消毒棉签轻轻取出异物，或任其流泪，待异物排出后，再滴入几滴鱼肝油。

2. 皮肤灼伤

(1) 酸灼伤 先用大量水冲洗，以免深度受伤，再用稀 $NaHCO_3$ 溶液或稀氨水浸洗，最后用水洗。

氢氟酸能腐烂指甲、骨头，滴在皮肤上，会形成痛苦的，难以治愈的烧伤。皮肤若被灼烧后，应先用大量水冲洗 20 分钟以上，再用冰冷的饱和硫酸镁溶液或 70% 酒精浸洗 30 分钟以上，或用大量水冲洗后，用肥皂水或 2% ~5% $NaHCO_3$ 溶液冲洗，用 5% $NaHCO_3$ 溶液湿敷。局部外用可的松软膏或紫草油软膏及硫酸镁糊剂。

(2) 碱灼伤 先用大量水冲洗，再用 1% 硼酸或 2% HAc 溶液浸洗，最后用水洗。在受上述灼伤后，若创面起水泡，均不宜把水泡挑破。

3. 中毒急救 实验中若感觉咽喉灼痛、嘴唇脱色，胃部痉挛或恶心呕吐、心悸头痛等症状时，则可能系中毒所致。视中毒原因，施以下述急救后，立即送医院治疗，不得延误。

(1) 固体或液体毒物中毒 有毒物质尚在嘴里的立即吐掉，用大量水漱口。误食碱者，先饮大量水再喝些牛奶。误食酸者，先喝水，再服 $Mg(OH)_2$ 乳剂，最后饮些牛奶。不要用催吐药，也不要服用碳酸盐或碳酸氢盐。

（2）重金属盐中毒者，喝一杯含有几克 $MgSO_4$ 的水溶液，立即就医。不要服催吐药，以免引起危险或使病情复杂化。砷和汞化物中毒者，必须紧急就医。

（3）吸入气体或蒸汽中毒者　立即转移至室外，解开衣领和纽扣，呼吸新鲜空气。对休克者应施以人工呼吸，但不要用口对口法，立即送医院急救。

（4）烫伤、割伤等外伤　在烧熔和加工玻璃物品时最容易被烫伤，在切割玻管或向木塞、橡皮塞中插入温度计、玻管等物品肘最容易发生割伤。玻璃质脆易碎，对任何玻璃制品都不得用力挤压或造成张力。在将玻管、温度计插入塞中时，塞上的孔径与玻管的粗细要吻合。玻管的锋利切口必须在火中烧圆，管壁上用几滴水或甘油润湿后，用布包住用力部位轻轻旋入，切不可用猛力强行连接。

4. 外伤急救方法

（1）割伤　先取出伤口处的玻璃碎屑等异物，用水洗净伤口，挤出一点血，涂上红汞水后用消毒纱布包扎。也可在洗净的伤口上贴上“创可贴”，可立即止血，且易愈合。

若严重割伤大量出血时，应先止血，让伤者平卧，抬高出血部位，压住附近动脉，或用绷带盖住伤口直接施压，若绷带被血浸透，不要换掉，再盖上一块施压，即送医院治疗。

（2）烫伤　一旦被火焰、蒸汽、红热的玻璃、铁器等烫伤时，立即将伤处用大量水冲淋或浸泡，以迅速降温避免深度烧伤。若起水泡不宜挑破，用纱布包扎后送医院治疗。对轻微烫伤，可在烫伤处涂些鱼肝油或烫伤油膏或万花油后包扎。

5. 实验室医药箱　医药箱内一般有下列急救药品和器具。

（1）医用酒精、碘酒、红药水、紫药水、止血粉，创可贴、烫伤油膏（或万花油）、鱼肝油，1%硼酸溶液或2%醋酸溶液，1% $NaCO_3$ 溶液、20%硫代硫酸钠溶液等。

（2）医用镊子、剪刀、纱布、药棉、棉签、绷带等。医药箱专供急救用，不允许随便挪动，平时不得动用其中器具。

第二节　食品理化分析实验室设置与管理

扫码“学一学”

一、食品理化实验室设置

食品理化分析实验室建设时注重采光充足，通风良好，水、电供应充足，气路、排风、下水路布局合理畅通。实验室布局上应分为样品储存室、办公室和实验室。实验室分为微生物实验室和理化实验室两大部分。依据检测方法和仪器使用情况，理化实验室又分为色谱—质谱实验室（以有机分析为主，涉及农药残留、兽药残留、食品添加剂、营养成分及组成分析）、光谱实验室（以金属元素为主，还包括：分子光谱）和常规理化实验室三部分。

实验室总体布局和办公室布局符合实验流程，尽量减少往返迂回，减少污染，方便操作。实验区域和非实验区域隔开，降低潜在危害；安全设施齐备，每房间放置灭火器，区域设置淋洗器、洗眼器和急救药箱。理化实验室要求恒温恒湿，设置标准溶液配制间、天平间（万分之一和十万分之一的精密天平，需要设置缓冲区）、试剂间、洗刷室（或洗刷区域）。理化实验室中的光谱、色谱实验室仪器操作间和前处理室隔开，常规理化实验室设置感官实验室。

二、食品理化实验室管理

（一）食品理化分析实验室安全管理

1. 化学分析和前处理实验涉及有机溶剂和挥发性气体时，应在通风柜中操作。应关注分析仪器所产生的废气、废液，及时排出或收集。

2. 应遵守国家危险化学品安全管理的相关规定，严格控制实验室内易燃易爆、有毒有害试剂的存放量，剧毒试剂应存放在保险柜内，统一管理，登记领用。使用有毒有害或腐蚀性试剂和标准品时，应戴防护手套或防护面具。

3. 高压气瓶应固定放置，使用时应经常检查是否漏气或是否存在不安全因素。

4. 在使用带有辐射源的仪器设备时要严格按照放射防护规定进行。

5. 实验室应保持整齐清洁，做完实验后及时清除实验废弃物，及时清洗用过的物品、器具、仪器设备，做好环境卫生工作。实验用玻璃器皿应按程序进行清洁处理

6. 工作区域应设安全卫生责任人，负责责任区内的安全与卫生。

7. 实验室人员应学会各种安全装置和消防器材的使用方法，以便在紧急情况下能正确使用，应定期检查安全装置和消防器材的有效性。

（二）学生实验室安全守则

1. 实验前应认真预习，了解实验中的安全操作规定。实验前，学生应明确实验内容、实验目的和实验步骤；实验中提醒学生爱护仪器，节约药品，注意操作安全，做好实验记录；实验后，督促学生整理好实验仪器，写好实验报告。

2. 严禁在实验室内吃零食，不得把餐具带进实验室；学生进入实验室要遵守纪律，不追逐打闹。保持室内安静和清洁。实验完毕应把手洗净后再离开实验室。

3. 使用电器时，要严防触电。不要用湿手接触电器。用电结束后应拔掉电源的插座。

4. 加热或倾倒液体时，切勿府视容器，防液滴飞溅造成伤害。

5. 使用易燃试剂时，一定要注意远离火源。

6. 稀释浓酸，特别是浓硫酸，应将酸缓缓注入水中，轻轻搅匀，切勿将水注入浓酸中。

7. 有毒品，不得接触伤口或沾在手上。剩余废液不能随便倒入下水道。汞洒落在地上应尽量收集起来，并用硫粉盖在洒落地方。

8. 嗅闻气体用“招气入鼻”的方式，不可用鼻子凑在容器上闻气味。

9. 使用试剂必须按实验规定用量取用试剂，不得随意增减，绝不允许将试剂任意混合，不准用手直接取试剂，固体试剂要用洁净的药匙或镊子取用，液体试剂从试剂中倾倒出后，要随即塞好瓶塞。

10. 取出的试剂未用完时不能倒回原瓶中，应倾倒在指定的容器中。用滴管或移液管取用试剂时，不能用未经洗净的同一滴管或移液管取回其他试剂。

11. 实验完毕必须检查实验室，关好门窗，断开电闸，关好水龙头。

（三）学生实验规则

1. 实验室是进行实验教学和学生实验操作的场所，必须保持安静、整洁。学生进入实验室后应按指定位置就座，不得大声喧哗及自行摆弄仪器装置。

2. 学生在实验课前，应认真预习实验内容，上课时认真听教师讲解实验目的、要求、

步骤及注意事项。

3. 实验前，学生应对实验所需的仪器、药品、器材进行认真清点，发现问题及时报告教师。各组仪器未经教师许可，不得随意移动。共用仪器，用后立即放回原处。

4. 实验时，学生应以严谨的科学态度，在教师的指导下规范操作，细心观察实验现象，如实做好实验记录。积极思考，认真分析实验结果，按要求写好实验报告。

5. 严格遵循实验安全操作规程，爱护仪器设备，爱惜药品和实验材料。学生在实验中出现意外事故或损坏仪器应及时向教师报告。

6. 增强环保意识，废液、废纸、火柴梗等杂物不得倒入水槽中或随地乱抛，应分别倒入指定的废液缸或垃圾箱内，保持实验场所的清洁卫生。

7. 实验完毕，学生应整理仪器装置，关闭电源、水源。玻璃器皿清洗后放回原位。填写好实验室记录，并经教师检查无误后方可离开实验室。

（四）实验室设备管理

1. 实验仪器设备要按统一要求分类、编号、入账，建立资产账、明细账、低值易耗品账，做到账与物相符，仪器与仪器柜卡记录相符。

2. 仪器存放应定柜定位，做到分类科学、取用方便、整齐美观。要按仪器性能注意做好防尘、防压、防蛀、防潮、防霉、防锈、防震、防磁及避光等工作。仪器、药品室应配备合适的消防器材。

3. 对具有危险性的实验仪器、辐射材料、有毒有害物品、易燃易爆物品，应当建立健全使用和管理制度，设置警示标志，存放于安全地点，指定专人保管。

4. 贵重精密仪器，要熟悉其性能和使用方法后才能启用，并做好使用、维修记录。贵重、普通仪器设备的技术资料都要存档管理。

5. 各种仪器设备要定期维护保养，使其处于完好状态。

6. 各通电设备在使用完毕后，应切断电源，以保证安全。

7. 设备使用人及时填写设备使用记录，使用完毕后及时清理台面，关闭仪器，罩好防尘罩。

8. 微生物实验后，实验室须立即收拾整洁、干净。如有菌液污染须用3%来苏水液或5%苯酚液覆盖污染区半小时后擦去（含芽孢类菌液污染应延长消毒时间）。带菌工具（如吸管、玻璃棒等）在洗涤前须用3%来苏水液浸泡消毒。

（五）化学药品剧毒物品安全管理

1. 学校要建好化学药品、毒品库，凡是有易燃、易爆、有毒害等危险性质，在一定条件下能起火燃烧、爆炸或中毒等导致破坏财产和人身伤亡故事的化学危险品，都应存入专柜保管。储藏有毒药品的场所应保持干燥、通风、阴凉。

2. 对化学药品、毒品按特性分类保管，做到防光、防晒、防潮、防冻、防高温、防氧化，经常检查。对氧化剂、自燃品、遇水燃烧品、易燃液体、易燃固体、毒害品、腐蚀品要严格管理，谨慎使用。要绝对避免因混放（如氧化剂和易燃物混放）而诱发爆炸、燃烧等事故的发生。严禁室内明火，禁止在化学药品、毒品仓库内存放食品或吸烟。

3. 易燃、易爆、剧毒药品的存放应贴好标签，标明名称、浓度、存量、进货日期、有效期或配制日期。无标签药品，必须经鉴定合格后才能使用，否则以报废处理。有毒废物

（液）的处理要符合环保要求，不得随意倾倒。

4. 要按科学要求取用药品，严格控制易燃易爆有毒物品的存放总量。

5. 剧毒药品须实行双人双锁保管制度，切实做好安全防盗工作，领用要严格签名登记。如化学危险品、剧毒品被盗，要立即报告上报。

6. 易燃、易爆、剧毒药品存放的场所应配备足够数量的消防器材及其他应急物资。

表2-3　实验室常用危险药品和剧毒物品名称

类别	种类	化学药品名称
实验室常用危险药品	易燃液体	二硫化碳、汽油、乙醛、丙酮、苯、乙酸乙酯、甲苯、乙醇、二氯乙烷、己烷、二甲苯、原油、煤油等。
	易燃固体	红（赤）磷、硫粉、镁条、铝粉、黄（白）磷、钠、钾、碳化钙（电石）等。
	氧化剂	过氧化钠、氯酸钾、高锰酸钾、硝酸铵、硝酸钾、硝酸钠、重铬酸铵、重铬酸钾、硝酸汞、硝酸银、硝酸铜等。
	腐蚀品	硝酸、发烟硫酸、硫酸、过氧化氢、溴、三氯化铝、盐酸、磷酸、甲酸、冰乙酸、乙酸、氢氧化钾、氢氧化钠、氨水、氧化钙（生石灰）、硫化钠、氢氧化钙、碱石灰、苯酚、甲醛等。
实验室常用剧毒物品	剧毒物品	二氯化钡、氢氧化钡、四氯化碳、三氯甲烷、乙酸铅、溴乙烷、乙二酸、黄（白）磷（又是易燃品）、苯酚等。
实验室不常用的危险品和剧毒品		苦味酸、氰化物、磷化锌、碳酰氯等

案例讨论

案例：2008年以来，先后有十几所大学的实验室发生爆炸、起火，造成实验人员死亡，多人受伤的情况。

问题：1. 实验室为何容易发生火灾事故？

2. 当实验室火灾发生时，如何自救和灭火？

思考题

1. 实验室用电过程中必须严格遵守哪些操作规程？
2. 实验室药品取用的规则是什么？
3. 实验室有机废液处理的方法有哪些？
4. 学生实验室安全守则和规则包括哪些内容？
5. 化学灼伤事故的预防措施有哪些？

扫码“练一练”

（李晓华）

第三章　白酒的分析

知识目标

1. **掌握**　感观分析的主要方法；酒精度的测定原理和检验方法。
2. **熟悉**　感观分析的基本要求；感观分析的注意事项。
3. **了解**　白酒的定义、分类及主要标准；感观分析的优缺点。

能力目标

1.熟练掌握感观分析技术。
2.学会密度瓶、酒精计法和数字密度计的操作，会正确选择并运用国家标准方法。

第一节　概　论

扫码“学一学”

一、白酒的定义

白酒又称蒸馏酒，是以富含淀粉或糖类成分的粮谷为主要原料，以大曲、小曲或麸曲及酒母等为糖化发酵剂，经蒸煮、糖化、发酵、蒸馏而制成的一种无色透明、酒度较高的饮料。

二、白酒的分类

主要按原料、生产工艺、发酵剂、香型和酒精度对白酒进行分类。

1. 按原料分　依据 GB 2757—2012 食品安全国家标准《蒸馏酒及其配制酒》，蒸馏酒是以粮谷、薯类、水果、乳类等为主要原料，经发酵、蒸馏、勾兑而成的饮料酒。按原料分，白酒分为粮食酒、薯类酒和代用原料酒。

2. 按生产工艺分　依据 GB/T 26761—2011《小曲固态法白酒》、GB/T 20821—2007《液态法白酒》和 GB/T 20822—2007《固液法白酒》，按生产工艺分，白酒分为固态法白酒、液态法白酒和固液法白酒。

3. 按发酵剂分　按不同的糖化发酵剂，白酒分为大曲酒、小曲酒和麸曲酒。

4. 按香型分　依据 GB/T 33405—2016《白酒感官品评术语》、GB/T 20823—2017《特香型白酒》和 GB/T 16289—2018《豉香型白酒》，关于白酒香气的术语共有 29 种。

5. 按酒精度分　分为高度酒（酒精度≥40% vol）和低度酒（酒精度<40% vol）。

三、白酒的检验

GB/T 10346—2006《白酒检验规则和标志、包装、运输、贮存》、GB/T 10345—2007

《白酒分析方法》和GB/T 5009.48—2003《蒸馏酒与配制酒卫生标准的分析方法》中规定了白酒的出厂检验，并对影响白酒质量的各项卫生指标的分析方法进行了介绍，检验项目涉及感官分析、酒精度、香型特征、固形物、醇类、酯类等。本章主要对白酒的感官分析、酒精度检验进行阐述。

扫码“学一学”

第二节　白酒的感官分析

案例讨论

案例：2018年山东白酒感官质量鉴评大会在淄博隆重举行。此次大会，国家级、省级白酒评委及专业技术人员通过观色、闻味、品尝三个步骤对所有参选产品进行感官质量鉴评，分别就色香味对各参选产品进行打分并写下评语。

问题：对白酒如何进行感官分析？

感官分析是利用人体的感觉器官（眼睛、耳朵、鼻子、口、手）的感觉，即通过视觉、听觉、嗅觉、味觉和触觉等，对检测对象的色、香、味、形和质等进行综合性评价的一种检验方法。感官分析简便易行、直观实用，是食品消费、食品生产和质量控制过程中不可缺少的一种简便检查方法。

一、感官分析的定义及意义

1. 定义　依据GB/T 10345—2007《白酒分析方法》、GB/T 33404—2016《白酒感官品评导则》和GB/T 33405—2016《白酒感官品评术语》，白酒的感官品评是指评酒者通过眼、鼻、口等感觉器官，对白酒样品的色泽、香气、口味及风格特征进行分析评价。

2. 意义

（1）品评是检验白酒质量的重要手段，感官指标是白酒质量的重要指标，它是由感官品评的方法来检验的。

（2）感官品评可以了解白酒中存在的优缺点，是对生产过程进行有效质量控制的重要方法。

（3）通过感官品评不仅可以发现生产中的弊病，还能及时发现问题，改进工艺操作和配料，可为企业提高产品质量或开发新产品提供重要的信息。

二、感官分析的基本要求

感官分析既受客观条件，也受主观条件的影响。依据GB/T 33404—2016《白酒感官品评导则》和GB/T 10345—2007《白酒分析方法》，白酒感官分析对品酒环境、设施用具、评酒者、样品的准备等均有一定要求，以保证感官分析结果的准确性、可靠性和重现性。

（一）对品酒环境的要求

1. 位置和分区

（1）品评地点应远离震动噪声、异常气味，保证环境安静舒适。

（2）应具备用于制备样品的准备室和感官品评工作的品评室。两室应有效隔离，避免空气流通造成气味污染。

（3）评酒者在进入或离开品评室时不应穿过准备室。

2. 温度和湿度　品评室以温度为 16 ~ 26 ℃，湿度 40% ~ 70%。

3. 气味和噪声　品评室建筑材料和内部设施应不吸附和不散发气味；室内空气流动清新，不应有任何气味，品评期间噪声宜控制在 40 dB 以下。

4. 颜色和照明

（1）品评室墙壁的颜色和内部设施的颜色宜使用乳白色或中性浅灰色，颜色太深影响人的情绪。地板和椅子可适当使用暗色。

（2）照明可使用自然光线和人工照明相结合的方式，若利用室外日光要求无直射的散射光，光线应充足、柔和、适宜。若自然光线不能满足要求，应提供人工均匀、无影、可调控的照明设备，灯光的色温宜采用 6500 K。

（二）对设施用具的要求

1. 评酒桌（台）

（1）评酒室内应设有专用评酒桌，宜一人一桌，布局合理，使用方便。

（2）桌面颜色宜为中性浅灰色或乳白色，高度 72 ~ 76 cm，长度 90 ~ 100 cm，宽度 60 ~ 80 cm。

（3）桌与桌之间留有 100 cm 左右的距离间隔或增设高度 30 cm 以上的挡板，保证评酒者舒适且不受相互影响。

（4）评酒桌的配套座椅高低合适，桌旁应设置水池，以备吐漱口水用。

2. 品酒杯　品酒杯的大小、形状、质量和盛酒量的多少等因素，对酒样的色、香、味有着直接影响。为了保证评酒的准确性，品酒杯应为无色透明，无花纹的脚高（或无杯脚）、肚大、口小、杯体光洁、厚薄均匀、容量 50 ~ 55 mL，最大液面处容量为 15 ~ 20 mL 的郁金香型酒杯。同时，应按样品数量准备统一的品酒杯。

（三）对评酒者的基本要求

1. 评酒者身体健康，视觉、嗅觉、味觉正常，具有较高的感官灵敏度。
2. 经过专业训练与考核，掌握正确的品评规程及品评方法。
3. 熟悉白酒的感官品评用语，具备准确、科学的表达能力。
4. 了解白酒的生产工艺和质量要求，熟悉相关香型白酒的风味特征。
5. 不易受个人情绪和外界影响，判断评价客观公正。
6. 评酒者处于感冒、疲劳等影响品评准确性的状态不宜进行品酒。
7. 品评前不宜食量过饱，不宜吃刺激性强和影响品评结果的食物等。
8. 不能使用带有气味的化妆品、香水、香粉等。衣服、手、身体洁净，衣服上无汗味或有其他环境中带入的强刺激性气味。
9. 评酒过程中不能抽烟。
10. 保持良好的身心健康。

（四）样品的准备

1. 样品数量　每种样品应该有足够的数量，保证有三次以上的品尝次数，以提高实验结果的可靠性。

2. 样品温度 为避免酒样温度对品评产生影响，各轮次的酒样温度应尽可能保持一致，以20～25 ℃为宜。可将酒样水浴或提前放置于品评环境中平衡温度。

3. 编组与编码

（1）根据品评酒样的类型不同，可按照酒样的酒精度、香型、糖化发酵剂、质量等级等因素编组，也可采用随机编组。每组酒样按轮次呈酒，每轮次品评酒样的数量均不宜超过6杯。

（2）酒样编码可按照轮次或顺序习惯，也可采用三位或四位随机数字编码。

4. 倒酒与呈送

各酒杯中倒酒量应保持一致，每杯约15～20 mL。若准备时间距评酒开始时间过长，可使用锡箔纸或平皿覆盖杯口以减少风味物质损失。

5. 样品的摆放 将样品呈送给评酒者时，应注意让样品在每个位置上出现的概率相同，或采用圆形摆放法。

6. 其他 在样品准备过程中，应为评酒者准备温水，用于漱口，以便除去口中样品的余味，在接着品尝下一个样品。

（五）品评规范

1. 品评时间 品酒时间应在上午9：00－11：00及下午14：00－17：00最为适宜。为避免人员疲劳，每轮次中间应休息10～20分钟。

2. 组织方式 根据品评的目的，可选择合适的品评方式，包括明酒明评、暗酒明评及暗评等（具体定义见GB/T 33405—2016《白酒感官评述语》）。明酒明评有助于评酒者准确品评酒样；暗酒明评可以避免酒样信息影响品评结果；暗评可用于考核品评人员或客观评价产品。

三、感官分析方法

感官分析（评定）就是通过眼观其色、鼻闻其香、口尝其味，并综合色、香、味三个方面感官的印象，确定其风格的方法。依据GB/T 33404—2016《白酒感官品评导则》，酒样品评的主要方法如下：

1. 色泽 白酒色泽的评定是通过人的眼睛来确定的。将酒杯拿起，以白色评酒桌或白纸为背景，采用正视、俯视及仰视方式，观察酒样有无色泽及色泽深浅，并做好记录。然后轻轻摇动，观察酒样澄清度、有无悬浮物和沉淀物。根据观察，对照标准，打分并做出鉴评结论。

白酒的正常色泽应是无色透明，无悬浮物和沉淀物的液体。将白酒注入品酒杯中，杯壁上不得出现环状不溶物。将品酒杯倒置，在光线中观察酒体，不得有悬浮物、浑浊和沉淀。冬季如有沉淀可用水浴加热到30～40 ℃，沉淀消失则为正常。

2. 香气 白酒的香气是通过鼻子判断确定的。检查香气的一般方法是将酒杯举起，置于鼻下10～20 mm左右微斜30°，头略低，采用匀速舒缓的吸气方式嗅闻其静止香气，再轻轻摇动酒杯，增大香气挥发聚集，然后嗅闻，记录其香气特征。

对某种（杯）酒要作细微辨别或确定名次的极微差异时可采用以下特殊方法进行嗅闻。

（1）滤纸法 用一块滤纸，滴一定量的酒样放鼻孔处细闻，然后将滤纸放置半小时左右再闻香，确定放香的时间和大小。

（2）手握法　将酒样滴入手心，手握成拳靠近鼻子从大拇指和食指的间隙闻香，鉴别香气是否正确。

（3）手背法　将少许酒样注在手背（或手心）上，然后双手或背互相擦动，让其挥发，嗅其气味，判断酒香的真假和留香长短。

（4）空杯法　将酒样倒空，放置一段时间后嗅闻空杯留香。

3. 口味　白酒的口味是通过人的味觉器官——舌头对酒样的反映来实现的。品尝时，使舌尖、舌边首先接触酒液，并通过舌的搅动，使酒液平铺于舌面和舌根部，以及充分接触口腔内壁，酒液在口腔内停留时间以3～5秒为宜，仔细感受酒质并记下各阶段口味及口感特征。最后可将酒液咽下或吐出，缓慢张口吸气，使酒气随呼吸从鼻腔呼出，判断酒的后味（余味、回味）。

通常每杯酒品尝约2～3次，每个酒样品尝完后可用清水漱口，休息片刻后再品评下一杯。

4. 风格特征　酒体的总反映，各种香型的名优白酒都有自己独特的风格。它是酒中各种微量香味物质达到一定比例及含量后的综合阈值的物理特征的具体表现。

风格特征是通过酒样的香气、口味、口感等的综合分析，判断该产品是否具备典型风格，或独特风格（个性）。

四、感官分析的特点

1. 优点　白酒的感官指标是衡量其质量的重要指标。白酒的风格特征，取决于酒中成分的数量、比例，以及相互之间的影响，目前还不能用仪器定量评价。而人的感官分析可以区分这种错综复杂、相互作用的结果，是分析仪器无法取代的。感官分析具有简便易行、快速灵敏等特点，不需要特殊器材和试剂。

2. 缺点　由于感官分析是通过经培训的检验者的感觉器官来实现的，具有一定的主观性，因此判断的准确性与检验者感觉器官的敏锐程度和实践经验密切相关。

检验者的主观因素（如健康状况、生活习惯、文化素养、情绪等），以及环境条件（如光线、声响等）都会对分析的结果产生一定的影响。

感官分析的结果一般是以文字表达的，难以用具体准确的数字来表达。

五、感官分析的注意事项

1. 香气判定时

（1）鼻子和酒杯的距离要一致。

（2）吸气量不要忽大忽小，吸气不要过猛。

（3）嗅闻时，只能对酒吸气，不要呼气。

2. 口味品评时

（1）每次入口酒量应保持一致，一般保持在0.5～2.0 mL，可根据酒精度和个人习惯调整。

（2）每杯酒品尝次数不宜过多，一般不超过3次。

（3）每组（轮）酒样不宜过多，一般不超过5杯，每品尝一杯酒后可用清水漱口，休

息片刻后再品评下一杯。

3. 其他

（1）品酒时间应在上午9：00－11：00及下午14：00－17：00为最适宜。为避免人员疲劳，每轮次中间应休息10～20分钟。

（2）各轮次的酒样温度应保持一致，以20～25 ℃为宜。

（3）评酒员一定要休息好，保证正常睡眠时间，做到精力充沛，感官器官灵敏，有效的参加评酒。

（4）评酒期间，评酒员不得使用带有气味的化妆品、香水、香粉等。评酒室不得带入具有强刺激性气味的食品、化妆品和用具。

（5）评酒期间不能饮食过饱，不能抽烟，不吃刺激性强和影响品评效果的食物，如辣椒、姜、生葱，以及过甜、过咸、油腻大的食品。

（6）评酒员应注意防止评酒期间的顺序效应影响。

扫码“学一学”

第三节　酒精度的测定

案例： 市场上白酒种类繁多，度数也多种多样，比如36度、52度、68度等。

问题： 1. 白酒的度数是指什么？

2. 白酒的度数是如何测量的？

酒精度是指酒中含乙醇的体积百分比，通常是以20 ℃时的体积比表示的。依据GB 5009.225—2016食品安全国家标准《酒中乙醇浓度的测定》，测定酒精度的主要方法有密度瓶法、酒精计法、气相色谱法和数字密度计法。由于气相色谱法适用于葡萄酒、果酒和啤酒中酒精度的测定，本节主要介绍密度瓶法、酒精计法和数字密度计法测定白酒中的酒精度。

一、密度瓶法

（一）测定原理

以蒸馏法去除样品中的不挥发性物质，用密度瓶法测出试样（酒精水溶液）20 ℃时的密度，查表A［酒精水溶液密度与常见酒精度（乙醇含量）对照简表（20 ℃）］，求得在20 ℃时乙醇含量的体积分数，即为酒精度。

（二）适用范围

密度瓶法是国家标准的第一法，除蒸馏酒外，还适用于发酵酒和配制酒中酒精度的测定。

（三）样品测定

1. 试样制备　用一洁净、干燥的100 mL容量瓶，准确量取样品（液温20 ℃）100 mL于500 mL蒸馏瓶中，用50 mL水分三次冲洗容量瓶，洗液并入500 mL蒸馏瓶中，加几颗沸石（或玻璃珠），连接蛇形冷凝管，以取样用的原容量瓶作接收器（外加冰浴），开启冷却

水（冷却水温度宜低于 15 ℃），缓慢加热蒸馏，收集馏出液。当接近刻度时，取下容量瓶，盖塞，于 20 ℃水浴中保温 30 分钟，再补加水至刻度，混匀，备用。

2. 试样溶液的测定

（1）将密度瓶洗净并干燥，带温度计和侧孔罩称量。重复干燥和称重，至前后两次质量差不超过 2 mg，即为恒重。

（2）取下带温度计的瓶塞，将煮沸冷却至 15 ℃的水注满已恒重的密度瓶中，插上带温度计的瓶塞（瓶中不得有气泡），立即浸入 20.0 ℃ ±0.1 ℃的恒温水浴中，待内容物温度达 20 ℃并保持 20 分钟不变后，用滤纸快速吸去溢出侧管的液体，使侧管的液面和侧管管口齐平，立即盖好侧孔罩，取出密度瓶，用滤纸擦干瓶外壁上的水液，立即称量。

将水倒出，先用无水乙醇，再用乙醚冲洗密度瓶，吹干（或于烘箱中烘干），用试样馏出液反复冲洗密度瓶 3 ~5 次，然后装满，称量，计算结果。

（四）结果计算与数据处理

样品在 20 ℃的密度（ρ_{20}^{20}）按式 3 －1 进行计算，空气浮力校正值按式 3 －2 进行计算：

$$\rho_{20}^{20} = \rho_0 \times \frac{m_2 - m + A}{m_1 - m + A} \qquad (3-1)$$

$$A = \rho_u \times \frac{m_1 - m}{997.0} \qquad (3-2)$$

式中，ρ_{20}^{20}为样品在 20 ℃的密度，g/L；ρ_0为 20 ℃时蒸馏水的密度（998.20 g/L）；m_2为 20 ℃时密度瓶和试样的质量，g；m 为密度瓶的质量，g；A 为空气浮力校正值；m_1为 20 ℃时密度瓶和水的质量，g；ρ_u为干燥空气在 20 ℃、1013.25 hPa 时的密度（约 1.2 g/L）；997.0——在 20 ℃时蒸馏水与干燥空气密度值之差，g/L。

根据试样的密度，查表 A，求得酒精度，以体积分数“% vol”表示。

以重复性条件下获得的两次独立测定结果的算术平均值表示，结果保留至小数点后一位。

（五）注意事项

1. 蒸馏温度只要一直保持沸腾状态即可。
2. 密度瓶使用前要干燥至恒重。
3. 密度瓶每次装液体时要完全装满至刻度，无气泡。
4. 密度瓶装好液体后称重前瓶身需擦干，盖上侧孔罩再称量。
5. 被测物需浸泡在冰水混合物中以保持被测物在 15 ℃以下，减少挥发。
6. 拿取已恒温 20.0 ℃ ±0.1 ℃的密度瓶时，不得接触球部，以免液体受热膨胀而流出。
7. 水浴中的水必须清洁无油污。
8. 天平室的温度不得高于 20 ℃，否则液体会膨胀溢出。

二、酒精计法

（一）测定原理

以蒸馏法去除样品中不挥发性物质，用酒精计测得酒精体积分数示值，按表 B［酒精计温度与 20 ℃常见酒精度（乙醇含量）换算表］进行温度校正，求得 20 ℃时乙醇含量的

体积分数，即为酒精度。

（二）适用范围

酒精计法是国家标准的第二法，除蒸馏酒外，还适用于发酵酒和配制酒（除啤酒外）中酒精度的测定。

（三）样品测定

1. 试样制备　同本节密度瓶法。

2. 试样溶液的测定　将制备好的白酒样品注入洁净、干燥的100 mL或200 mL量筒中，静置数分钟，待酒中气泡消失后，放入洁净、擦干的酒精计，再轻轻按一下，同时插入温度计，平衡约5分钟，水平观测，读取与弯月面相切处的刻度示值，同时记录温度。

（四）结果计算与数据处理

根据测得的酒精计示值和温度，查表B，换算成20 ℃时样品的酒精度，以体积分数“% vol”表示。

以重复性条件下获得的两次独立测定结果的算术平均值表示，结果保留至小数点后一位。

（五）注意事项

1. 酒精计在使用前必须全部清洗擦干。

2. 经过清洗干净的酒精计，手不能拿在分度的刻线部分，不能横拿，应垂直拿，以防折断。

3. 测定时酒精计不得接触量筒的壁或底部，待测试样溶液中不得有气泡。

4. 在测量酒精度的同时要用温度计测量试样溶液的温度。

5. 读数时视线应与液面保持在同一水平上。

三、数字密度计法

（一）测定原理

将试样注入U形管，通过在20 ℃时与两个标准的振动频率比较而求得其密度，计算出样品在20 ℃时乙醇含量的体积分数，即酒精度。

（二）适用范围

数字密度计法是国家标准的第四法，适用于白兰地、威士忌、伏特加等蒸馏酒中酒精度的测定。

（三）样品测定

1. 试样制备　同本节密度瓶法。

2. 试样溶液的测定

（1）根据仪器说明书对仪器进行校正。在20.00 ℃ ±0.02 ℃下观察和记录洁净、干燥的U形管中空气的“T”值。将注射器与U形管上端出口处的塑料管连上，把U形管下方入口处的塑料管浸入新煮沸、冷却、膜过滤后重蒸水中，将U形管中注满水。当水温达到恒定温度20.00 ℃ ±0.02 ℃时，显示“T”值在2~3分钟内不变化时，读数、记录。

装置的α和β常数按式3-3和式3-4进行计算：

$$\alpha = T_{水}^{2} - T_{空气}^{2} \tag{3-3}$$

$$\beta = T_{空气}^{2} \tag{3-4}$$

式中，α 为仪器校正过程的常数；β 为仪器校正过程的常数；T 为振荡周期。

将常数 α 和 β 输入仪器的记忆单元，重新将开关置于 ρ（密度）档，检查水的密度读数。倒出 U 形管中的水，干燥后，检查空气密度。其值应分别为 1.0000（水的密度）和 0.0000（空气的密度）。若显示的数值在小数点后第 5 位差值大于 1，则需要重新检查恒温水浴的温度和水、空气的“T”值。

（2）将试样蒸馏液注满 U 形管，直到试样液温度与水浴温度达到平衡（2～3 分钟）时，记录试样的密度。

（四）结果计算与数据处理

根据仪器测定的密度，查附录 1 中的表 A，求得样品在 20 ℃时酒精度，以体积分数“% vol”表示。

以重复性条件下获得的两次独立测定结果的算术平均值表示，结果保留至小数点后一位。

（五）注意事项

1. 数字密度计使用前需要校正。

2. U 形管中注入水和试样蒸馏液时不得有气泡。

拓展阅读

气相色谱法测定酒精度

依据 GB 5009.225—2016，酒精度的测定方法还有气相色谱法，适用于葡萄酒、果酒和啤酒等。由于气相色谱法灵敏度高，对酒去除二氧化碳或进行蒸馏后，可以根据酒精度进行适当稀释再进行制备。其测定原理是试样进入气相色谱仪中的色谱柱时，由于在气固两相中吸附系数不同，而使乙醇与其他组分得以分离，利用氢火焰离子化检测器进行检测，与标样对照，根据保留时间定性，利用内标法定量。本法对啤酒和葡萄酒样品选用的内标物分别是正丁醇和 4－甲基－2－戊醇。

内标法定量要注意的是制备后的样品和标准系列溶液中均要加入等量的内标物。乙醇标准溶液应当天配制与使用。

第四节　白酒中总酸和总酯的测定

扫码“学一学”

国家食品安全标准 GB/T 10345—2007《白酒分析方法》及 GB 12456—2021《食品中总酸的测定》，规定了白酒中总酸和总酯的测定方法，以保证分析结果的准确性、可靠性和重现性。

一、白酒中总酸的测定

总酸度是指食品中所有酸性成分的总量。它包括未离解的酸的浓度和已离解的酸的浓度，其大小可借酸碱滴定法来测定，故总酸度又可称为“可滴定酸度”，以食品中主要的有

机酸表示。有效酸度是指被测液中 H^+ 的浓度，准确地说应是溶液中 H^+ 的活度，所反映的是已离解的那部分酸的浓度，常用 pH 值表示。其大小可借酸度计（即 pH 计）来测定。挥发酸是指食品中易挥发的有机酸，如甲酸、乙酸（醋酸）及丁酸等低碳链的直链脂肪酸。其大小可通过蒸馏分离，再借标准碱液滴定来测定。一种食品的挥发酸含量是一定的，挥发酸的含量是某些食品的质量控制指标之一。

食品中的酸类物质不仅可作为酸味成分改变食品的口感及风味，而且在食品的加工、贮运及品质管理等方面被认为是重要的指标，测定食品中的酸度具有十分重要的意义。

（一）碱酸指示剂滴定法

1. 测定原理 根据酸碱中和原理，用碱液滴定试液中的酸，以酚酞为指示剂确定滴定终点。按碱液的消耗量计算食品中的总酸含量。白酒中的有机酸，以酚酞为指示剂，采用氢氧化钠溶液进行中和滴定，以消耗氢氧化钠标准滴定溶液的量计算总酸的含量。

2. 试剂和溶液

（1）酚酞指示剂（10 g/L） 按 GB/T 603 配制。称取 1 g 酚酞，溶于乙醇（95%），用乙醇（95%）稀释至 100 mL。

（2）无二氧化碳水的制备 将水注入烧瓶中，煮沸 10 分钟。立即用装有钠石灰管的胶塞塞紧，放置冷却，如图 3－1 所示。或将水煮沸 15 分钟以逐出二氧化碳，冷却、密闭

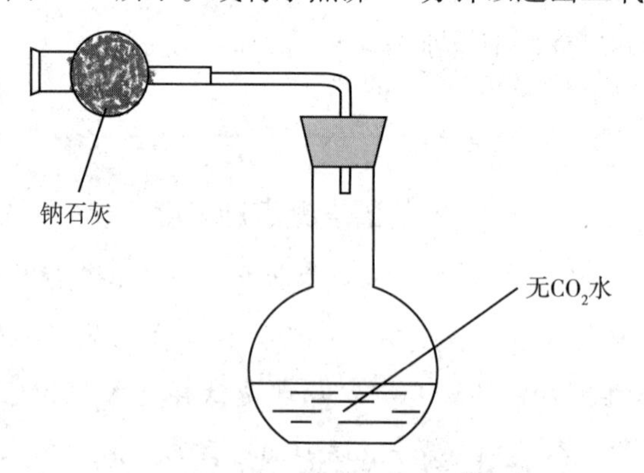

图 3－1 无二氧化碳水的制备装置图

（3）氢氧化钠标准滴定溶液［C（NaOH）= 0.1 mol/L］ 按按 GB/T 5009.1 的要求配制和标定，或购买经国家认定并授予标准物质证书的标准滴定溶液。

配制：称取 110 g 氢氧化钠，溶于 100 mL 无二氧化碳水中，摇匀，注入聚乙烯容器中，密闭放置至溶液清亮。按表 3－1 的规定，用塑料管量取饱和氢氧化钠上层清液 5.4 mL，用无二氧化碳的水稀释至 1000 mL，摇匀，待标定。

表 3－1 氢氧化钠标准溶液的配制

氢氧化钠标准滴定溶液的浓度［C（NaOH）mol/L］	氢氧化钠溶液的体积 V（mL）
1	54
0.5	27
0.1	5.4

标定：按表 3－2 的规定称取于 105～1100 ℃电烘箱中干燥至恒重的工作基准试剂邻苯二甲酸氢钾，加无二氧化碳的水溶解，加 2 滴酚酞指示剂，用配好的氢氧化钠标准溶液滴

定至呈粉红色，并保持 30 秒，同时做空白实验。

表 3－2　基准试剂溶液的配制

氢氧化钠标准滴定溶液的浓度［C（NaOH）mol/L］	工作基准试剂邻苯二甲酸氢钾的质量 m（g）	无二氧化碳水的体积 V（mL）
1	7.5	80
0.5	3.6	80
0.1	0.75	50

氢氧化钠标准滴定溶液［C（NaOH）］，数值以摩尔每升（mol/L）表示，按式 3－5 计算：

$$C=\frac{m\times1000}{(V_1-V_2)\times204.2} \qquad (3-5)$$

式中，C 为 NaOH 标准溶液的浓度，mol/L；m 为基准邻苯二甲酸氢钾的质量，g；V_1 为标定时所耗用 NaOH 标准溶液的体积，mL；V_2 为空白实验中所耗用 NaOH 标准溶液的体积，mL；204.2 为 $KHC_8H_4O_4$ 的摩尔质量，g/mol。

3. 试液制备　吸取白酒样品 25.0 mL 于 250 mL 容量瓶中，用无二氧化碳的水定容至刻度，摇匀。

4. 样品测定　吸取白酒试液 50.0 mL 于 250 mL 三角瓶中，加入酚酞指示剂 2 滴，以 0.01 mol/L 或 0.05 mol/L 氢氧化钠标准溶液滴定至微红色 30 秒不褪色，记录消耗氢氧化钠标准滴定溶液体积数值。

5. 空白试验　用同体积无二氧化碳的水代替试液做空白试验，记录消耗氢氧化钠标准滴定溶液体积数值。

6. 结果计算与数据处理　白酒样品中的总酸含量按式 3－6 计算：

$$X=\frac{[c\times(V_1-V_2)\times k\times F]}{m}\times100 \qquad (3-6)$$

式中，X 为试样中总酸的含量，g/kg 或 g/L；c 为空白试验时消耗氢氧化钠标准滴定溶液的体积，mol/L；V_1 为测定试液时消耗氢氧化钠标准滴定溶液的体积，mL；V_2 为空白试验时消耗氢氧化钠的标准滴定，溶液的体积，mL；k 为 0.060（以乙酸计）；F 为试液的稀释倍数；m 为吸取样品的体积，mL。

计算结果以重复性条件下获得的两次独立测定结果的算术平均值表示，结果保留到小数点后两位。在重复性条件下获得的两次独立测定结果的绝对差值，不得超过算术平均值的 10%。

（二）pH 电位滴定法

1. 测定原理　根据酸碱中和原理，用氢氧化钠标准滴定溶液滴定试液中的酸，中和试样溶液至 pH 为 8.2，确定为滴定终点。按碱液的消耗量计算白酒中的总酸含量。

2. 试剂和溶液　方法中所用试剂，除另有规定外，均为分析纯，水为 GB/T 6682 规定的二级水。

pH 8.0 缓冲溶液：取磷酸氢二钾 5.59 g 和磷酸二氢钾 0.41 g，用水定容至 1000 mL。

其余试剂同酸碱指示剂滴定法测定白酒总酸。

3. 仪器 pH 计：精度 ±0.1（pH）；磁力搅拌器。

4. 试液制备 同酸碱指示剂滴定法测定白酒总酸。

5. 样品测定 吸取试液 50.0 mL 于 150 mL 烧杯中，将酸度计电源接通，稳定后，根据使用的 pH 计校正规程或用 pH 8.0 缓冲溶液校正 pH 计。将盛有试液的烧杯放到磁力搅拌器上，浸入酸度计电极。按下 pH 读数开关，开动搅拌器，迅速用 0.01 mol/L 或 0.05 mol/L 氢氧化钠标准滴定溶液滴定，随时观察溶液 pH 变化。接近滴定终点时，放慢滴定速度。一次滴加半滴（最多一滴），直至溶液的 pH 达到终点，记录消耗氢氧化钠标准滴定溶液的体积的数值（白酒滴定终点的 pH 为 8.2）。

6. 空白试验 用无二氧化碳的水代替试液做空白试验，记录消耗氢氧化钠标准滴定溶液的体积数值。

7. 结果计算 同酸碱指示剂滴定法测定白酒总酸。

（三）自动电位滴定法

1. 测定原理 根据酸碱中和原理，用氢氧化钠标准滴定溶液滴定试液中的酸，中和试样溶液至 pH 为 8.2，确定为滴定终点。按碱液的消耗量计算白酒中的总酸含量。

2. 试剂和溶液 同酸碱指示剂滴定法测定白酒总酸。

3. 仪器 电位滴定仪；搅拌器。

4. 试液制备 同酸碱指示剂滴定法测定白酒总酸。

5. 样品测定 吸取试液 50.0 mL 于 150 mL 烧杯中。将盛有试液的烧杯放到搅拌器上，浸入 pH 玻璃电极和加液管路。启动全自动电位滴定仪，开动搅拌器，迅速用 0.01 mol/L 或 0.05 mol/L 氢氧化钠标准滴定溶液滴定，直至溶液的 pH 达到终点时，记录消耗氢氧化钠标准滴定溶液的体积数值。

6. 空白试验 用无二氧化碳的水代替试液做空白试验，记录消耗氢氧化钠标准滴定溶液的体积数值。

7. 结果计算 同酸碱指示剂滴定法测定白酒总酸。

二、白酒中总酯的测定

总酯是白酒中多种酯的总称，它是白酒中重要的呈香、呈味物质，主要包括乙酸乙酯、乳酸乙酯、己酸乙酯、戊酸乙酯等多种成分。总酯分析是白酒中重要的检测项目，是判定白酒合格与否的重要指标之一。乳酸乙酯、乙酸乙酯、己酸乙酯是白酒中的三大主要酯类，其含量占总酯的 90% 以上。总酯越高，白酒越香。

（一）指示剂法

1. 原理 用碱中和样品中的游离酸，再准确加入一定量的碱，加热回流使酯类皂化。通过消耗碱的量计算出总酯的含量。

第一次加入氢氧化钠标准滴定溶液是中和样品中的游离酸：

$$RCOOH + NaOH \rightarrow RCOONa + H_2O$$

第二次加入氢氧化钠标准滴定溶液是与样品中的酯起皂化反应：

$$RCOOR' + NaOH \rightarrow RCOONa + R'OH$$

加入硫酸标准滴定溶液是中和皂化反应完全后剩余的碱：

$$H_2SO_4 + 2NaOH \rightarrow Na_2SO_4 + 2H_2O$$

2. 试剂和溶液　方法中所用试剂，除另有规定外，均为分析纯，水为 GB/T 6682 规定的二级水。

（1）氢氧化钠标准滴定溶液［C（NaOH）=0.1 mol/L］同总酸测定。

（2）氢氧化钠标准溶液［C（NaOH）=3.5 mol/L］按 GB/T 601 配制。用塑料管量取饱和氢氧化钠上层清液 18.9 mL，用无二氧化碳的水稀释至 100 mL，摇匀。

（3）硫酸标准滴定溶液$\left[C\left(\frac{1}{2}H_2SO_4\right)=0.1\ mol/L\right]$按 GB/T 601 配制与标定。按表 3－3 的规定量取 3 mL 硫酸，缓缓注入 1000 mL 水中，冷却，摇匀，待标定。

表 3－3　硫酸标准溶液配制

硫酸标准滴定溶液的浓度$\left[C\left(\frac{1}{2}H_2SO_4\right)\right]$/（mol/L）	硫酸的体积 V（mL）
1	30
0.5	15
0.1	3

标定：

按表 3－4 的规定称取于 2700～3000 ℃高温炉中灼烧至恒重的工作基准试剂无水碳酸钠，溶于 50 mL 水中，加 10 滴溴甲酚绿－甲基红指示液，用配好的硫酸溶液滴定至溶液由绿色变为暗红色，煮沸 2 分钟，冷却后继续滴定至溶液再呈暗红色。同时做空白试验。

表 3－4　基准试剂溶液配制

硫酸标准滴定溶液的浓度$\left[C\left(\frac{1}{2}H_2SO_4\right)\right]$/（mol/L）	工作基准试剂无水碳酸钠的质量 m（g）
1	1.9
0.5	0.95
0.1	0.2

硫酸标准滴定溶液的浓度$\left[C\left(\frac{1}{2}H_2SO_4\right)\right]$，数值以摩尔每升（mol/L）表示，按式 3－8 计算：

$$C=\frac{m\times 100}{(V_1-V_2)\times M} \tag{3-8}$$

式中，m 为无水碳酸钠的质量的准确数值，g；V_1为硫酸溶液的体积的数值，mL；V_2为空白试验硫酸溶液的体积的数值，mL；M 为$\left[M\left(\frac{1}{2}Na_2CO_3\right)=52.994\right]$，无水碳酸钠的摩尔质量的数值，g/mol。

（4）乙醇（无酯）溶液［40%（体积分数）］ 量取95%乙醇600 mL于1000 mL回流瓶中，加入3.5 mol/L氢氧化钠标准溶液5 mL，加热回流皂化1小时。然后移入蒸馏器中重蒸，再配成40%（体积分数）的乙醇溶液。

（5）酚酞指示剂（10 g/L） 同总酸测定。

3. 仪器

（1）全玻璃蒸馏器 500 mL。

（2）全玻璃回流装置 回流瓶1000 mL、50 mL（冷凝管不短于45 cm）。

（3）碱式滴定管 25 mL或50 mL。

（4）酸式滴定管 25 mL或50 mL。

4. 样品测定 吸取酒样50.0 mL于250 mL锥形瓶中，加2滴酚酞指示剂，以氢氧化钠标准滴定溶液滴定至粉红色（切勿过量），记录消耗氢氧化钠标准滴定溶液的毫升数（也可作为总酸含量计算）。再准确加入氢氧化钠标准滴定溶液25.00 mL（若样品总酯含量高时，可加入50.00 mL），摇匀，放入几颗沸石或玻璃珠，装上冷凝管（冷却水温度宜低于15 ℃），于沸水浴上回流30分钟（溶液沸腾时，冷凝管滴下第一滴冷凝液开始计时），取下，冷却。然后，用硫酸标准滴定溶液进行滴定，使微红色刚好完全消失为其终点，记录消耗硫酸标准滴定溶液的体积。同时吸取乙醇（无酯）溶液50.0 mL，按上述方法同样操作做空白试验，记录消耗硫酸标准滴定溶液的体积。

5. 结果计算与数据处理 样品中的总酯含量按式3-9计算：

$$X=\frac{C\times(V_0-V_1)\times 88}{50.0} \tag{3-9}$$

式中，X为样品中总酯的质量浓度（以乙酸乙酯计），g/L；C为硫酸标准滴定溶液的实际浓度，mol/L；V_0为空白试验样品消耗硫酸标准滴定溶液的体积，mL；V_1为样品消耗硫酸标准滴定溶液的体积，mL；88为［M（$CH_3COOC_2H_5$）=88］，乙酸乙酯的摩尔质量的数值，g/mol；50.0为吸取样品的体积，mL。

所得结果应表示至两位小数，在重复性条件下获得的两次独立测定结果的绝对差值，不应超过平均值的2%。

（二）电位滴定法

1. 测定原理 用碱中和样品中的游离酸，再加入一定量的碱，回流皂化。用硫酸溶液进行中和滴定，当滴定接近等电点时，利用pH变化指示终点。

2. 试剂和溶液 同指示剂法。

3. 仪器

（1）全玻璃蒸馏器 500 mL。

（2）全玻璃回流装置 回流瓶1000 mL、250 mL（冷凝管不短于45 cm）。

（3）碱式滴定管 25 mL或50 mL。

（4）酸式滴定管 25 mL或50 mL。

（5）电位滴定仪（或酸度计）精度为2 mV。

4. 样品测定 按使用说明书安装调试仪器，根据液温进行校正定位。吸取样品50 mL于250 mL回流瓶中，加两滴酚酞指示剂，以氢氧化钠标准滴定溶液滴定至粉红色（切勿过

量)，记录消耗氢氧化钠标准滴定溶液的毫升数（也可作为总酸含量计算）。再准确加入氢氧化钠标准滴定溶液25.00 mL（若样品总酯含量高时，可加入50.00 mL)，摇匀，放入几颗沸石或玻璃珠，装上冷凝管（冷却水温度宜低于15 ℃)，于沸水浴上回流30分钟，取下，冷却。将样液移入100 mL小烧杯中，用10 mL水分次冲洗回流瓶，洗液并入小烧杯。插入电极，放入一枚转子，置于电磁搅拌器上，开始搅拌，初始阶段可快速滴加硫酸标准滴定溶液，当样液pH 9.00后，放慢滴定速度，每次滴加半滴溶液，直至pH 8.70为其终点，记录消耗硫酸标准滴定溶液的体积。同时吸取乙醇（无酯）溶液50.00 mL，按上述方法同样操作做空白试验，记录消耗硫酸标准滴定溶液的体积。

5. 结果计算与数据处理　样品中的总酯含量按式3-9计算：

$$X=\frac{C\times(V_0-V_1)\times 88}{50.0} \tag{3-9}$$

式中，X为样品中总酯的质量浓度（以乙酸乙酯计)，g/L；C为硫酸标准滴定溶液的实际浓度，mol/L；V_0为空白试验样品消耗硫酸标准滴定溶液的体积，mL；V_1为样品消耗硫酸标准滴定溶液的体积，mL；88为［M（$CH_3COOC_2H_5$）=88］，乙酸乙酯的摩尔质量的数值，g/mol；50.0为吸取样品的体积，mL。

所得结果应表示至两位小数，在重复性条件下获得的两次独立测定结果的绝对差值，不应超过平均值的2%。

扫码“学一学”

第五节　白酒中固形物的测定

一、概述

白酒检测的一项重要理化指标是固形物的含量。白酒固形物是白酒经过蒸发、烘干、恒重后残留在坩埚中的不挥发性物质。白酒中的固形物超标，会使酒水出现浑浊、沉淀和失光等现象，这不仅影响了产品的外观，也严重影响了产品的质量，从而使生产厂家的声誉受损，影响经济效益。因而分析白酒固形物超标的原因，并提出合理有效的预防措施对切实保证产业的整体发展尤为重要。

二、白酒中固形物的测定

依据国家食品安全标准GB/T 10345—2007《白酒分析方法》，对白酒固形物进行测定。

（一）测定原理

白酒经蒸发、烘干后，不挥发性物质残留于皿中，用称量法测定。

（二）仪器

1. 电热干燥箱　控温精度±2 ℃。
2. 分析天平　感量0.1 mg。
3. 瓷蒸发皿　100 mL。

（三）样品测定

吸取样品50.0 mL，注入已烘干至恒重的100 mL瓷蒸发皿内，置于沸水浴上，蒸发至干，然后将蒸发皿放入103 ℃ ±2 ℃电热干燥箱内，2 小时，取出，置于干燥器内30 分钟，称量。再放入103 ℃ ±2 ℃电热干燥箱内，烘1 小时，取出，置于干燥器内30 分钟，称量。重复上述操作，直至恒重。

（四）结果计算与数据处理

样品中的固形物含量按式3-10 计算：

$$X = \frac{m - m_1}{50.0} \tag{3-10}$$

式中，X 为样品中固形物的质量浓度，g/L；m 为固形物和蒸发皿的质量，g；m_1 为蒸发皿的质量，g；50.0 为吸取样品的体积，mL。

所得结果应表示至两位小数，在重复性条件下获得的两次独立测定结果的绝对差值，不应超过平均值的2%。

扫码“学一学”

第六节　白酒中甲醇的快速检测

甲醇是白酒卫生标准中的重要指标之一，为白酒中有害成分。甲醇可在人体内氧化为甲醛、甲酸，其产物毒性更胜于甲醇。甲醛有使蛋白质凝固的作用，甲酸有很强的腐蚀性，甲醇在体内累计能引起慢性中毒，如头痛恶心、视力模糊、严重时失明，更为甚者导致死亡。因此，严格控制白酒中甲醇的含量是质量监督检测部门的一项重要任务。KJ 201912《白酒中甲醇的快速检测》规定了白酒中甲醇的快速检测方法。本方法第一法适用于白酒（酒精度18% vol~68% vol）中甲醇的快速检测，第二法适用于白酒（酒精度34% vol~68% vol）中甲醇的快速检测。

一、变色酸法

本方法适用于白酒（酒精度18% vol~68% vol）中甲醇的快速检测。

（一）测定原理

样品中的甲醇在磷酸溶液中，被高锰酸钾氧化为甲醛，用偏重亚硫酸钠除去过量的高锰酸钾。甲醛在硫酸条件下与变色酸反应生成蓝紫色化合物。通过与甲醇对照液比较，对样品中甲醇含量进行判定。

（二）试剂和溶液

方法中所用试剂，除另有规定外，均为分析纯，水为GB/T 6682 规定的三级水。

1. 5%乙醇（体积分数）　吸取乙醇5 mL，置于100 mL 容量瓶，加水稀释至刻度。

2. 高锰酸钾-磷酸溶液（30 g/L）　称取3.0 g 高锰酸钾，溶于100 mL 磷酸-水（15+85）溶液。

3. 偏重亚硫酸钠溶液（100 g/L）　称取10.0 g 偏重亚硫酸钠，溶于100 mL 水。

4. 变色酸显色剂　称取0.1 g 变色酸钠溶于25 mL 水中，缓慢加入75 mL 硫酸，并用玻璃棒不断搅拌，放冷至室温。

5. 参考物质　甲醇参考物质中文名称、英文名称、CAS 登录号、分子式、相对分子质

量见表3-5，纯度≥99%。

表3-5 甲醇中文名称、英文名称、CAS登录号、分子式、相对分子质量

中文名称	英文名称	CAS登录号	分子式	相对分子质量
甲醇	methanol	67-56-1	CH_3OH	32.04

6. 甲醇标准溶液（1 g/L） 称取0.1 g（精确至0.001 g）甲醇参考物质于100 mL容量瓶中，用5%乙醇稀释至刻度，混匀。

7. 甲醇快速检测试剂盒 适用基质为白酒（酒精度18% vol～68% vol），需在阴凉、干燥、避光条件下保存。

（三）仪器

1. 酒精计 分度值为1% vol。

2. 涡旋振荡器。

（四）待测液制备

1. 酒精度的测定 取洁净、干燥的100 mL量筒，注入100 mL样品，静置数分钟，待酒中气泡消失后，放入洁净、擦干的酒精计，轻轻按一下，不应接触量筒，平衡约5分钟，水平观测，读取与弯月面相切处的刻度示值。

2. 样品稀释 根据酒精计示值吸取对应体积的样品，置于10 mL比色管中，补水至10 mL（参见表3-6），混匀。

表3-6 不同酒精度样品吸取体积表

酒精计示值（% vol）	样品吸取体积（mL）	补水体积（mL）
18～22	2.5	7.5
23～27	2.0	8.0
28～32	1.7	8.3
33～36	1.5	8.5
37～41	1.3	8.7
42～45	1.2	8.8
46～53	1.0	9.0
54～60	0.9	9.1
61～68	0.8	9.2

3. 显色 吸取稀释后的样品溶液1.0 mL，置于10 mL比色管中，加入高锰酸钾-磷酸溶液0.5 mL，混匀，密塞，静置15分钟。加入0.3 mL偏重亚硫酸钠溶液，混匀，使试液完全褪色。沿比色管壁缓慢加入5 mL变色酸显色剂，密塞，混匀，置于70℃水浴中，显色20分钟后取出，迅速冷却至室温，即得待测液。每批测试应吸取1 mL 5%乙醇同上述“加入高锰酸钾-磷酸溶液0.5 mL”起操作，随行全试剂空白试验。

（五）甲醇对照液制备

根据待测样品的分类（粮谷类或其他类），吸取对应体积（参见表3-7）的甲醇标准溶液，置于10 mL比色管中，补5%乙醇至10 mL，混匀。吸取上述溶液1.0 mL，置于10 mL比色管中，同显色操作中“加入高锰酸钾-磷酸溶液0.5 mL”起操作，制得甲醇对照液。

表 3-7　标准溶液吸取体积表

待测样品分类	标准溶液吸取体积（mL）
粮谷类	0.3
其他类	1.0

（六）判读

将待测液与甲醇对照液进行目视比色，10 分钟内判读结果。应进行平行试验，且两次判读结果应一致。

（七）结果判定要求

观察待测液颜色，与甲醇对照液比较判读样品中甲醇的含量。颜色深于对照液者为阳性，浅于对照液者为阴性。为尽量避免出现假阴性结果，判读时遵循就高不就低的原则。

（八）性能指标

1. 检测限　0.4 g/L（以 100% 酒精度计）。

2. 判定限　粮谷类：0.6 g/L（以 100% 酒精度计）；其他类：2.0 g/L（以 100% 酒精度计）。

3. 灵敏度　≥95%。

4. 特异性　≥85%。

5. 假阴性率　≤5%。

6. 假阳性率　≤15%。

注：性能指标计算方法见表 3-8。

表 3-8　性能指标计算表

样品情况[a]	检测结果[b]		总数
	阳性	阴性	
阳性	N11	N12	N1. = N11 + N12
阴性	N21	N22	N2. = N21 + N22
总数	N.1 = N11 + N21	N.2 = N12 + N22	N = N1. + N2. 或 N.1 + N.2
显著性差异（χ^2）	χ^2 = (｜N12 - N21｜ - 1)^2/(N12 + N21)，自由度（df）= 1		
灵敏度（p+，%）	p+ = N11/N1.		
特异性（p-，%）	P- = N22/N2.		
假阴性率（pf-，%）	pf- = N12/N1. = 100 - 灵敏度		
假阳性率（pf+，%）	pf+ = N21/N2. = 100 - 特异性		
相对准确度，%[c]	(N11 + N22)/(N1. + N2.)		

注：[a] 由参比方法检验得到的结果或者样品中实际的公议值结果；

[b] 由待确认方法检验得到的结果。灵敏度的计算使用确认后的结果。

N：任何特定单元的结果数，第一个下标指行，第二个下标指列。例如：N11 表示第一行、第一列，N1. 表示所有的第一行，N.2 表示所有的第二列；N12 表示第一行、第二列。

[C] 为方法的检测结果相对准确性的结果，与一致性分析和浓度检测趋势情况综合评价。

（九）其他

本方法所述试剂及操作步骤等是为给方法使用者提供方便，在使用本方法时不作限定。方法使用者在使用替代试剂或操作步骤前，须对其进行考察，应满足本方法规定的各项性

能指标。

本方法的参比方法为 GB 5009.266《食品安全国家标准 食品中甲醇的测定》。

为减少乙醇量对显色的干扰，本方法中待测液和对照液的乙醇量为5%。

本方法中采用的高锰酸钾－磷酸溶液、变色酸显色剂久置会变色失效，建议方法使用者考察稳定性或临用新配。

采用本方法，酒精度为非整数的样品，为避免出现假阴性结果，建议参照表2吸取酒精度整数部分对应体积。

当目视不能判定颜色深浅时，可采用分光光度计测定待测液与甲醇对照液 570 nm 处的吸光度进行比较判定。

二、乙酰丙酮法

本方法适用于白酒（酒精度 34% vol～68% vol）中甲醇的快速检测。

（一）测定原理

样品中的甲醇在磷酸溶液中，被高锰酸钾氧化为甲醛，用草酸除去过量的高锰酸钾。甲醛在过量铵盐条件下与乙酰丙酮反应生成黄色化合物。通过与甲醇对照液比较，对样品中甲醇含量进行判定。

（二）试剂和溶液

方法中所用试剂，除另有规定外，均为分析纯，水为 GB/T 6682 规定的三级水。

1. 高锰酸钾－磷酸溶液（30 g/L） 称取 3.0 g 高锰酸钾，溶于 100 mL 磷酸－水（15＋85）溶液。

2. 50%乙醇（体积分数） 量取乙醇（3.1.6）50 mL，置于 100 mL 容量瓶，加水稀释至刻度。

3. 草酸溶液（50 g/L） 称取 5.0 g 无水草酸或 7.0 g 含2分子结晶水的草酸，溶于 100 mL 水。

4. 乙酰丙酮溶液 称取乙酸铵 25.0 g，加水 70 mL 使溶解，加冰乙酸 3 mL 及乙酰丙酮 0.25 mL，加水稀释至 100 mL，用力摇匀。临用现配。

5. 参考物质 同变色酸法。

6. 甲醇标准溶液（1 g/L） 称取 0.1 g（精确至 0.001 g）甲醇参考物质于 100 mL 容量瓶中，用 50%乙醇稀释至刻度，混匀。

7. 甲醇快速检测试剂盒 适用基质为白酒（酒精度 34 vol～68% vol），需在阴凉、干燥、避光条件下保存。

（三）仪器

同变色酸法。

（四）待测液制备

1. 酒精度的测定 同变色酸法。

2. 显色 根据酒精计示值吸取对应体积的样品，置于 10 mL 比色管中，补乙醇和水至 2.0 mL（参见表 3－9），混匀。加入高锰酸钾－磷酸溶液 1.0 mL，混匀，密塞，静置 30 分

钟。加入草酸溶液1.0 mL，混匀，密塞，置沸水浴中使其褪色，取出冷却至室温。加入乙酰丙酮溶液2.0 mL，混匀，密塞，置沸水浴中，显色30分钟后取出，迅速冷却至室温，即得待测液。每批测试应吸取2 mL 50%乙醇同上述“加入高锰酸钾－磷酸溶液1.0 mL”起操作，随行全试剂空白试验。

表3－9　不同酒精度样品吸取体积表

酒精计示值（% vol）	样品吸取体积（mL）	补乙醇体积（mL）	补水体积（mL）
34～35	1.5	0.5	0.0
36～40	1.3	0.5	0.2
41～44	1.2	0.5	0.3
45～52	1.0	0.5	0.5
53～58	0.9	0.5	0.6
59～65	0.8	0.5	0.7
66～68	0.7	0.5	0.8

（五）甲醇对照液制备

根据待测样品的分类（粮谷类或其他类），吸取对应体积（参见表3－10）的甲醇标准溶液，补50%乙醇至2.0 mL，混匀后同显色操作中“加入高锰酸钾－磷酸溶液1.0 mL”起操作，制得甲醇对照液。

表3－10　标准溶液吸取体积表

待测样品分类	标准溶液吸取体积（mL）
粮谷类	0.6
其他类	2.0

（六）判读

将待测液与甲醇对照液进行目视比色，10分钟内判读结果。应进行平行试验，且两次判读结果应一致。

（七）结果判定要求

同变色酸法。

（八）性能指标

1. 检测限　0.6 g/L（以100%酒精度计）

2. 判定限　粮谷类：0.6 g/L（以100%酒精度计）；其他类：2.0 g/L（以100%酒精度计）。

3. 灵敏度　≥95%。

4. 特异性　≥85%。

5. 假阴性率　≤5%。

6. 假阳性率　≤15%。

注：性能指标计算方法见表3－8（同变色酸法）。

（九）其他

本方法所述试剂及操作步骤等是为给方法使用者提供方便，在使用本方法时不作限定。方法使用者在使用替代试剂或操作步骤前，须对其进行考察，应满足本方法规定的各项性

能指标。

本方法的参比方法为 GB 5009. 266《食品安全国家标准 食品中甲醇的测定》。

为减少乙醇量对显色的干扰，本方法中待测液和对照液的乙醇量为 50%。

采用本方法，酒精度为非整数的样品，为避免出现假阴性结果，建议参照表 3 - 9 吸取酒精度整数部分对应体积。

当目视不能判定颜色深浅时，可采用分光光度计测定待测液与甲醇对照液 415 nm 处的吸光度进行比较判定。

拓展阅读

甲醇测定的其他方法

白酒中甲醇测定按照 GB 5009. 226—2016《食品安全国家标准 食品中甲醇的测定》运用气相色谱法进行常规检测。本方法规定了酒精、蒸馏酒、配制酒及发酵酒中甲醇的测定方法。本方法适用于酒精、蒸馏酒、配制酒及发酵酒中甲醇的测定。

思考题

1. 如何对白酒进行感官分析?
2. 在对白酒进行感官分析时，对评酒者有哪些基本要求?
3. 密度瓶法测定酒精度要注意哪些事项?
4. 酒精计法测定酒精度要注意哪些事项?
5. 受某白酒生产厂的委托，请从感官分析、酒精度测定两方面为其制定一份白酒质量检测的方案。

扫码“练一练”

（陈海玲　张笔觅）

第四章　饮料的分析

知识目标

1. 掌握　饮用水色度、浊度、pH、余氯、四氯化碳、三氯甲烷、溴酸盐及糖的测定原理及检测方法。
2. 熟悉　饮料中防腐剂苯甲酸和山梨酸的快速检测方法。
3. 了解　饮料的分类。

能力目标

1. 熟练掌握饮用水色度、浊度、pH、余氯、四氯化碳、三氯甲烷、溴酸盐及糖的检测技术。
2. 学会饮用水检测过程中仪器设备等的操作；会正确选择并运用国标方法。

扫码“学一学”

第一节　概　论

一、饮料的定义

根据2016年4月1日实施的国标GB/T 10789—2015《饮料通则》中定义饮料即饮品，经加工制成的适于供人或者牲畜饮用的液体。它是经过定量包装的，供直接饮用或按一定比例用水冲调或冲泡饮用的，乙醇含量（质量分量）不超过0.5%的制品，饮料也可分为饮料浓浆或固体形态，它的作用是解渴、提供营养或提神。

最早的饮料生产是谷物造酒。中国古代的酿酒技术已有相当高的水平。公元前350年的中国东周辞书《尔雅》中已有茶和茶树栽培的记载着。世界饮料工业从20世纪初起已达到相当大的生产规模。60年代以后，饮料工业开始大规模集中生产和高速发展。矿泉水、碳酸饮料、果汁、蔬菜汁、奶等都已形成大规模和自动化生产体系。饮料品种繁多，按生产工艺分为酒精饮料和非酒精饮料两大类。酒精饮料是以高粱、大麦、稻米或水果等为原料，经发酵酿成或再经蒸馏而成，包括各种酒和调配酒。非酒精饮料是以水果、蔬菜、植物的根、茎、叶、花或动物的乳汁等为原料，经压榨或浸渍抽提等方法取汁后加工而成，包括软饮料、热饮料和乳。粗粮饮料是以五谷杂粮为原料，经过严格加工，多道程序杀菌后加工而成，如小米乳、红豆乳、绿豆乳、黑豆乳等多个品种。茶作为一种家庭饮料，其产销和饮茶之风在唐代已盛行。世界各国的茶都是从中国引进的。13世纪茶在日本已成为流行的饮料，茶道流传不息。咖啡起源于埃塞俄比亚，最早被人工栽培的品种是阿拉伯小果咖啡，后传入多个国家。1878年J. 桑伯恩和C. 蔡斯首先采用马口铁罐装咖啡，逐渐成为一种流行饮料。

二、饮料的分类

按照 GB/T 10789—2015《饮料通则》的分类，我国饮料可分为：碳酸饮料（汽水）类、果汁和蔬菜汁类、蛋白饮料类、饮用水类、茶饮料类、咖啡饮料类、植物饮料类、风味饮料类、特殊用途饮料类、固体饮料类，以及其他饮料类十一大类。

碳酸饮料类是指在一定条件下充入二氧化碳气的饮料，包括：可乐型、果汁型、果味型，以及苏打水、姜汁汽水等。

果汁和蔬菜汁类是指用水果和（或）蔬菜等为原料，经加工或发酵制成的饮料，包括100%果汁（蔬菜汁）、果汁和蔬菜汁饮料、复合果蔬汁（浆）及其饮料、果肉饮料、发酵型果蔬汁饮料等。其中果汁和蔬菜汁饮料的果汁或蔬菜汁含量须在10%以上；水果饮料果汁含量须在5%以上。

蛋白饮料类是指以乳或乳制品，还有含有一定蛋白含量的植物的果实、种子或种仁等为原料，经加工制成的饮料，包括含乳饮料、植物蛋白饮料、复合蛋白饮料。其中，含乳饮料又包括配制型含乳饮料和发酵型含乳饮料，这两类含乳饮料中乳蛋白质含量须在1%以上；含乳饮料也包括乳酸菌饮料，乳酸菌饮料中的乳蛋白质含量须在0.7%以上。植物蛋白饮料包括豆奶（浆）、豆奶饮料、椰子汁、杏仁露、核桃露、花生露等，其蛋白质含量须在0.5%以上。

饮用水类是指密封于容器中的可直接饮用的水，包括：饮用天然矿泉水、饮用天然泉水、其他天然饮用水、饮用纯净水、饮用矿物质水及其他饮用水（如调味水）。

茶饮料类是指以茶叶的水提取液或其浓缩液、茶粉等为原料，经加工制成的饮料，包括茶饮料（茶汤）、调味茶饮料、复（混）合茶饮料等。其中调味茶又分为：果汁（味）茶饮料、奶（味）茶饮料、碳酸茶饮料。

咖啡饮料类是指以咖啡的水提取液或其浓缩液、速溶咖啡粉为原料，经加工制成的饮料，包括浓咖啡饮料、咖啡饮料、低咖啡因咖啡饮料。

植物饮料类是指以植物或植物抽提物（水果、蔬菜、茶、咖啡除外）为原料，经加工制成的饮料，包括食用菌饮料、藻类饮料、可可饮料、谷物饮料、凉茶饮料等。

风味饮料类是指以食用香精（料）、食糖和（或）甜味剂、酸味剂等作为调整风味的主要手段，经加工制成的饮料，包括果味饮料、乳味饮料、茶味饮料、咖啡味饮料等。

特殊用途饮料类是指通过调整饮料中营养素的成分和含量，或加入具有特定功能成分的适应某些特殊人群需要的饮料，包括运动饮料、营养素饮料、能量饮料等。

固体饮料类是指食品原料、食品添加剂等加工制成粉末状、颗粒状或块状等固态料的供冲调饮用的制品，如果汁粉、豆粉、茶粉、咖啡粉（速溶咖啡）、果味型固体饮料、固态汽水（泡腾片）、姜汁粉、蛋白型固体饮料等。

三、饮料的检验程序

下面以果（蔬）汁饮料为例。

1. 生产工艺

（1）以浓缩果（蔬）汁（浆）为原料见图4-1。

（2）以果（蔬）为原料　果（蔬）汁饮料产品的检验程序具体见图4-2。

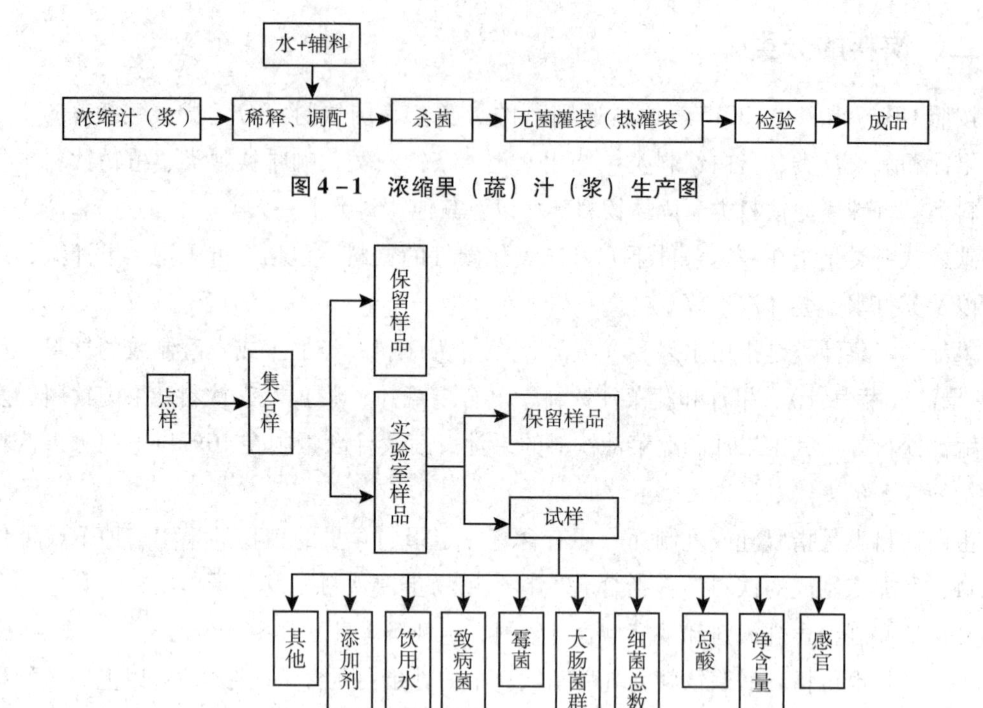

图 4－1　浓缩果（蔬）汁（浆）生产图

图 4－2　果（蔬）汁饮料的检验程序

四、饮料的检验项目

饮料的检验项目根据其种类不同而不同。饮料所含成分大不相同，因此检测项目也不相同。一般糖分、蛋白质等成分需要检验，微生物是必检项目。饮料产品检测指标体系包括感官指标、理化指标及卫生指标。

感官指标通过感官检验，依靠人的视觉、嗅觉、味觉、触觉和听觉来鉴别饮料的外观形态、色泽、气味、滋味、硬度（稠度）、透明度或浑浊度、液面高度，鉴别包装容器的清洁度、瓶盖封口是否良好、商标是否规范、是否有杂质等。

理化指标和卫生指标就是利用各种仪器及化学试剂来检验软饮料的品质成分和卫生指标。

以果（蔬）汁及果（蔬）汁饮料为例，检验项目重点是涉及产品卫生安全以及影响产品特性的重要指标。发证检验项目、监督检验项目及企业出厂检验按照表 4－1 中列出的相应检验项目进行。

表 4－1　果（蔬）汁及果（蔬）汁饮料产品质量检验项目表

序号	检验项目	发证	监督	出厂	备注
1	感官	√	√	√	
2	净含量	√	√	√	
3	总酸	√	√	√	
4	可溶性固形物	√	√	√	
5	※原果汁含量	√	√	*	
6	砷	√	√	*	

续表

序号	检验项目	发证	监督	出厂	备注
7	铅	√	√	*	
8	铜	√	√	*	
9	细菌总数	√	√	√	
10	大肠菌群	√	√	√	
11	致病菌	√	√	*	
12	霉菌	√	√	*	
13	酵母	√	√	*	
14	添加剂	√	√	*	
15	标签	√	√		

注：出厂检验项目注有“*”标记的，企业每年应当进行两次检验。带※的项目为橙、柑、橘汁及其饮料的测定项目。

本章主要简述饮用水色度、浊度、pH、余氯、四氯化碳、三氯甲烷及溴酸盐的测定原理及检测方法，以及饮料中防腐剂苯甲酸和山梨酸的快速检测方法。

第二节　饮用水色度、浊度的测定

扫码“学一学”

水是人体赖以生存的基本物质，也是饮料生产中的主要原料。不同种类的饮料，水分含量差别很大。在日常的各种饮料中，85%以上的成分是水。水质的好坏直接影响着饮料的质量，制约着饮料生产企业的生存和发展。

饮料用水的来源来自于：地下水、地表水、自来水。地下水：经过地层的渗透、过滤，进入地层并存积在地层中的天然水，主要包括深井水、泉水和自流井水。地表水：地球表面所存积的天然水，包括江水、河水、湖水、水库水、池塘水等。自来水：地表水经过适当的水处理工艺，水质达到一定要求并储存在水塔中的水。此外对水中的总硬度、酸度、浊度及色度也有一定的要求。

总硬度是指水中 Ca^{2+}、Mg^{2+} 的总量，它包括暂时硬度和永久硬度。水中 Ca^{2+}、Mg^{2+} 以酸式碳酸盐形式的部分，因其遇热即形成碳酸盐沉淀而被除去，故称为暂时硬度；而以硫酸盐、硝酸盐和氯化物等形式存在的部分，因其性质比较稳定，故称为永久硬度。

碱度是指水样中含有能与强酸发生中和作用的物质的总量，主要表示水样中存在的碳酸盐、重碳酸盐及氢氧化物。

浊度是表现水中悬浮物对光线透过时所发生的阻碍程度。也就是说，由于水中有不溶解物质的存在，使通过水样的部分光线被吸收或被散射，而不足直线穿透。因此，混浊现象是水样的一种光学性质。浊度与色度虽然都是水的光学性质，但它们是有区别的。

色度是由水中的溶解物质所引起的，而浊度则是由于水中不溶解物质引起的。所以，有的水样色度很高但并不混浊，反之亦然。一般说来，水中的不溶解物质愈多，浊度愈高，但两者之间并没有直接的定量关系。因为浊度是一种光学效应，它的大小不仅与不溶解物质的数量、浓度有关，而且还与这些小溶解物质的颗粒大小、形状和折射指数等性质有关。在水质分析中，浊度的测定通常仅用于天然水、饮用水和部分工业用水。由于工业废水中含有大量的悬浮状污染物质，因而大多是相当混浊的，这种水样一般只作悬浮固体的测定而不作浊度的测定。在污水处理中经常通过测定浊度选择最经济有效的混凝剂，并达到随时调整所投加化学药剂的量，获得好的出水水质的目的。

透明度是指水样的澄清程度，洁净的水是透明的。水中悬浮物和胶体颗粒物越多，透明度就越低。通常地下水的透明度较高。透明度是与水的颜色和浊度两者综合影响有关的水质指标。

一、饮用水色度的测定

铂钴比色法参照采用国际标准 ISO 7887—1985《水质颜色的检验和测定》。铂钴比色法适用于清洁水、轻度污染并略带黄色调的水，比较清洁的地面水、地下水和饮用水等。

（一）定义

本标准定义取自国际照明委员会第 17 号出版物（CIE publication No. 17），通常采用下述几条。

1. 水的颜色 改变透射可见光光谱组成的光学性质。

2. 水的表观颜色 由溶解物质及不溶解性悬浮物产生的颜色，用未经过滤或离心分离的原始样品测定。

3. 水的真实颜色 仅由溶解物质产生的颜色。用经 0.45 μm 滤膜过滤器过滤的样品测定。

4. 色度的标准单位 度。在每升溶液中含有 2 mg 六水合氯化钴（Ⅳ）和 1 mg 铂［以六氯铂（Ⅳ）酸的形式］时产生的颜色为 1 度。

（二）铂钴比色法

1. 测定原理 用氯铂酸钾和氯化钴配制颜色标准溶液，与被测样品进行目视比较，以测定样品的颜色强度，即色度。样品的色度以与之相当的色度标准溶液的度值表示。

2. 试剂 除另有说明外，测定中仅使用光学纯水及分析纯试剂。

（1）光学纯水 将 0.2 μm 滤膜（细菌学研究中所采用的）在 100 mL 蒸馏水或去离子水中浸泡 1 小时，用它过滤 250 mL 蒸馏水或去离子水，弃去最初的 250 mL，以后用这种水配制全部标准溶液并作为稀释水。

（2）色度标准储备液 相当于 500 度，将（1.245 ± 0.001）g 六氯铂（Ⅳ）酸钾（K_2PtCl_6）及（1.000 ± 0.001）g 六水氯化钴（Ⅳ）（$CoCl_2 \cdot 6H_2O$）溶于约 500 mL 水中，加 100 ± 1 mL 盐酸（$\rho = 1.18$ g/mL）并在 1000 mL 的容量瓶内用水稀释下标线。将溶液放在密封的玻璃瓶中，存放在暗处，温度不能超过 30 ℃，溶液至少能稳定 6 个月。

（3）色度标准溶液 在一组 250 mL 的容量瓶中，用移液管分别加入 2.50、5.00、7.50、10.00、12.50、15.00、17.50、20.00、30.00、35.00 mL 储备液，并用水稀释至标线。溶液色度分别为：5、10、15、20、25、30、35、40、50、60、70 度。

溶液放在严密性好的玻璃瓶中，存放于暗处。温度不能超过 30 ℃。这些溶液至少可稳定1 个月。

3. 仪器

（1）具塞比色管　50 mL，规格一致，光学透明玻璃底部无阴影。

（2）pH 计　精度 ±0.1 pH 单位。

（3）容量瓶　250 mL。

4. 采样和样品　所用与样品接触的玻璃器皿都要用盐酸或表面活性剂溶液加以清洗，最后蒸馏水或去离了水洗净、沥干。将样品采集在容积至少为1 L 的玻璃瓶内，在采样后要尽早进行测定。如果必须贮存，则将样品贮于暗处。在有些情况下还要避免样品与空气接触。同时要避免温度的变化。

5. 步骤

（1）试料　将样品倒入 250 mL（或更大）量筒中，静置 15 分钟，倾取上层液体作为试料进行测定。

（2）测定　将一组具塞比色管用色度标准溶液充至标线。将另一组具塞比色管用试料充至标线。将具塞比色管放在白色表面上，比色管与该表面应呈合适的角度，使光线被反射自具塞比色管底部向上通过液柱。垂直向下观察液柱，找出与试料色度最接近的标准溶液。如色度≥70 度，用光学纯水将试料适当稀释后，使色度落入标准溶液范围之中再行测定。另取试料测定 pH 值。

6. 结果的表示　以色度的国际标准单位报告与试料最接近的标准溶液的值，在 0 ~ 40 度（不包括 40 度）的范围内，准确到 5 度；40 ~ 70 度范围内，准确到 10 度。在报告样品色度的同时报告 pH 值。

稀释过的样品色度（A_0），以度计，按式 4 - 1 计算：

$$A_0 = \frac{V_1}{V_2}A_1 \qquad (4-1)$$

式中，V_1为样品稀释后的体积，mL；V_0为样品稀释前的体积，mL；A_1为稀释样品色度的观察值，度。

二、饮用水浊度的测定

浊度作为水质监测中最重要的测量参数已经将近 100 年了。随着国家对饮用水水质安全严格法规的建立，准确的测量低浊度水样的系统技术必须逐渐改善。为保证饮用水管网末梢浊度满足 2006 年颁布《生活饮用水卫生标准 GB 5749—2006》1NTU 以下的要求，水厂出厂水的浊度应控制在 0.5NTU 左右。很多城市供水企业将出厂水内控指标控制在 0.1NTU 以下，以保证饮用水的微生物学安全。

浊度是一种光学效应，是光线与溶液中（最常见的是水）的悬浮颗粒相互作用的结果。悬浮固体，例如泥沙、黏土、藻类、有机物质，以及其他的微生物机体，会对通过水样的光线造成散射现象。这种水溶液由于悬浮颗粒而对光线产生的散射现象就产生了浊度，它表征出光线透过水层时受到阻碍的程度。而光线在水溶液中的散射是一种非常简单的水质的物理参数。浊度是描述液体里的悬浮固体，但是并不是直接测量它，浊度测量的是样品

的散射光的量，散射光强度越大，表征水溶液的浊度越大。水是由水分子组成，光线与水分子之间的相互作用，会产生强度非常低的散射光。由于分子的散射作用，即使是最理想纯度的水也不会有浊度为零的情况。不含杂质的水的浊度约为 0.010NTU 或 0.012NTU。浊度值是水样中存在的所有的物质作用的结果。从这种意义上讲，浊度是一种定性的测量方式。浊度测量在低浊度区间有很好的线性性能，通过使用标准样品的对比和标准化的分析方法，浊度测量完全可以成为定量分析。

测定饮用水中浊度的方法目前主要有目视比浊法、分光光度计法和浊度计法（散射法）。

（一）散射法

浊度计是应用光的散射原理制成的。在一定条件下，将水样的散射光强度与相同条件下的标准参比悬浮液（硫酸肼与六次甲基四胺聚合，生成的白色高分子聚合物）的散射光强度相比较，即得水样的浊度。浊度仪要定期用标准浊度溶液进行校正。用浊度法测得的浊度单位是 NTU。目前普遍用的测量浊度的仪器为散射浊度仪，它可以实现水样浊度的在线监测。测量方法根据国标 GB/T 5750.4—2006《生活饮用水标准检验方法》。本法适用于测定生活饮用水及其水源水的浑浊度。

1. 测定原理 在同样条件下用福尔马肼标准混悬液散射的光的强度和在一定条件下水样散射光强度进行比较。散射光的强度越大，表示浑浊度越高。

2. 试剂

（1）1%硫酸肼溶液 称取 1.0000 g 硫酸肼，溶于纯水中，并定容至 100 mL；

（2）10%六次甲基四胺溶液 称取 10.00 g 六次甲基四胺溶于纯水中，并定容至 100 mL；

（3）将 5.0 mL 硫酸肼溶液与 5.0 mL 10%六次甲基四胺溶液于 100 mL 容量瓶中混匀，于 25 ℃ ±3 ℃反应 24 小时，冷后加纯水至刻度，成为 400 度的浑浊度标准贮备液，即福尔马肼标准混悬液备用，本溶液可使用约一个月。

3. 仪器 散射式浊度仪。

4. 步骤 按仪器使用说明书进行操作，浑浊度超过 40NTU 时，可用无浊度精制水稀释后测定。

5. 计算 根据仪器测定时所显示的浑浊度读数乘以稀释倍数，计算结果。

（二）目视比色法

1. 测定原理 将水样与用硅藻土配制的浊度标准液进行比较，规定相当于 1 mg 一定粒度的硅藻土在 1000 mL 水中所产生的浊度为 1 度。

2. 仪器 一般实验室仪器和 100 mL 具塞比色管 250 mL 无色具塞玻璃瓶，玻璃质量及直径均需一致。

3. 试剂 除非另有说明，分析时均使用符合国家标准或专业标准分析纯试剂，去离子水或同等纯度的水。

（1）浊度标准液 称取 10 g 通过 0.1 mm 筛孔的硅藻土于研钵中，加入少许水调成糊状并研细，移至 1000 mL 量筒中，加水至标线。充分搅匀后，静置 24 小时。用虹吸法仔细将上层 800 mL 悬浮液移至第二个 1000 mL 量筒中，向其中加水至 1000 mL，充分搅拌，静置 24 小时。

吸出上层含较细颗粒的800 mL悬浮液弃去，下部溶液加水稀释至1000 mL。充分搅拌后，贮于具塞玻璃瓶中，其中含硅藻土颗粒直径大约为400 μm。

取50.0 mL上述悬浊液置于恒重的蒸发皿中，在水浴上蒸干，于105 ℃烘箱中烘2小时，置干燥器冷却30分钟，称重。重复以上操作，即烘1小时，冷却，称重，直至恒重。求出1 mL悬浊液含硅藻土的重量（mg）。

（2）浊度250度的标准液　吸取含2850 mg硅藻土的悬浊液，置于1000 mL容量瓶中，加水至标线，摇匀。此溶液浊度为250度。

（3）浊度100度的标准液　吸取100 mL浊度为250度的标准液于250 mL容量瓶中，用水稀释至标线，摇匀。此溶液浊度为100度。于各标准液中分别加入氯化汞以防菌类生长。

4. 分析步骤

（1）浊度低于10度的水样

①分别吸取浊度为100度的标准液0、1.0、2.0、3.0、4.0、5.0、6.0、7.0、8.0、9.0、10.0 mL于100 mL比色管中，加水稀释至标线，混匀，配制成浊度为0、1.0、2.0、3.0、4.0、5.0、6.0、7.0、8.0、9.0、10.0度的标准液。

②取100 mL摇匀水样于100 mL比色管中，与上述标准液进行比较。可在黑色底板上由上向下垂直观察，选取与水样产生相近视觉效果的标液，记下其浊度值。

（2）浊度为10度以上的水样

①分别吸取浊度为250度的标准液0、10、20、30、40、50、60、70、80、90、100 mL置于250 mL容量瓶中，加水稀释至标线，混匀。即得浊度为0、10、20、30、40、50、60、70、80、90、100度的标准液，将其移入成套的250 mL具塞玻璃瓶中，每瓶加入1 g氯化汞，以防菌类生长。

②取250 mL摇匀水样置于成套250 mL具塞玻璃瓶中，瓶后放一有黑线的白纸板作为判别标志。从瓶前向后观察，根据目标的清晰程度选出与水样产生相接近视觉效果的标准液，记下其浊度值。

水样浊度超过100度时，用无浊度水（将蒸馏水通过0.2 μm滤膜过滤，收集于用滤过水荡洗两次的烧瓶中）稀释后测定。

5. 分析结果的表达　水样浊度可参考图4－3直接读数。

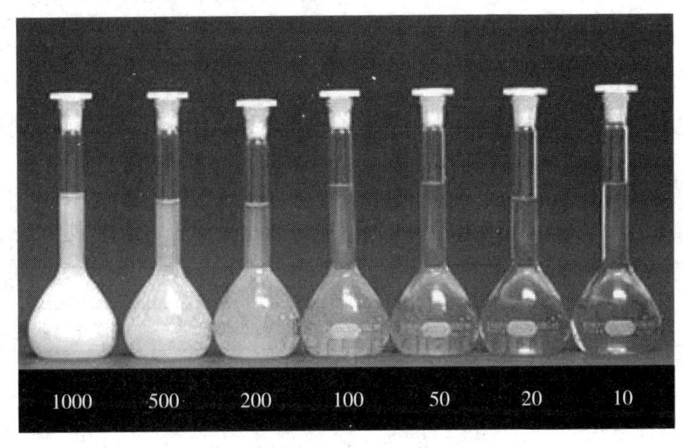

图4－3　水样浊度

拓展阅读

分光光度法测水中浊度

在适当温度下，一定的硫酸肼与六次甲基四胺聚合，生成白色高分子聚合物，以此作参比浊度标准液，在一定条件下与水样浊度比较。规定1 L溶液中含有0.1 mg硫酸肼和1 mg六次甲基四胺为1度。

测定时将硫酸肼和六次甲基四胺配成的浊度标准贮备液逐级稀释成系列浊度标准液，在仪器上测定浊度值。

分光光度法适用于测定天然水、饮用水和高浊度水，最低检测浊度3度。所测得浊度单位NTU。

扫码“学一学”

第三节　饮用水pH的测定

pH是最常用的水质指标之一，天然水的pH多在6～9范围内；饮用水pH值要求在6.5～8.5之间；某些工业用水的pH应保证在7.0～8.5之间，否则将对金属设备和管道有腐蚀作用。pH和酸度、碱度既有区别又有联系。pH表示水的酸碱性的强弱，而酸度或碱度表示水中所含酸或碱物质的含量。水质中pH的变化预示了水污染的程度。

水的pH测定方法有玻璃电极法和标准溶液比色法。

一、玻璃电极法

1. 实验目的　掌握玻璃电极法测定pH的原理；熟悉其实验步骤；了解测定注意事项。

2. 测定原理　pH是水中氢离子活度倒数的对数值。以玻璃电极为指示电极，饱和甘汞电极为参比电极，插入溶液中组成原电池。当氢离子浓度发生变化时，玻璃电极和饱和甘汞电极之间的电动势也随之变化，在25 ℃时，每单位pH标度相当于59.1 mV电动势变化值，在仪器上直接以pH的读数表示。在仪器上温度差异有补偿装置。

玻璃电极法测pH准确、快速，受水体色度、浊度、胶体物质、氧化剂、还原剂及盐度等因素的干扰少。

3. 试剂

（1）邻苯二甲酸氢钾标准缓冲溶液。

（2）混合磷酸盐标准缓冲溶液。

（3）四硼酸钠标准缓冲溶液。

标准缓冲溶液在不同温度时的pH，如表4－2所示。

表4－2　pH标准缓冲溶液在不同温度时的pH

温度（℃）	标准缓冲溶液pH		
	邻苯二甲酸氢钾缓冲溶液	混合磷酸盐缓冲溶液	四硼酸钠缓冲溶液
0	4.00	6.98	9.46
5	4.00	6.95	9.40
10	4.00	6.92	9.33

续表

温度（℃）	标准缓冲溶液 pH		
	邻苯二甲酸氢钾缓冲溶液	混合磷酸盐缓冲溶液	四硼酸钠缓冲溶液
15	4.00	6.90	9.18
20	4.00	6.88	9.22
25	4.01	6.86	9.18
30	4.02	6.85	9.14
35	4.02	6.84	9.10
40	4.04	6.84	9.07

注：配制上述缓冲溶液所用纯水均为新煮沸并放冷的蒸馏水，配成的溶液应储存在聚乙烯瓶或硬质玻璃瓶内，此类溶液可以保持稳定 1 ~ 2 个月。

4. 仪器

（1）酸度计或离子计。

（2）玻璃电极、饱和甘汞电极。

（3）塑料烧杯 50 mL。

5. 实验步骤

（1）采样　按采样要求，采取具有代表性的水样。

（2）玻璃电极在使用前应放入纯水中浸泡 24 小时以上。

（3）仪器校正　仪器开启 30 分钟后，按仪器使用说明书操作。

（4）pH 计定位　根据待测水样的酸碱性，采用两点校准法进行校准。当水样 pH < 7.0 时，通常选用 pH = 4.00 和 pH = 6.86 的缓冲溶液对电极进行校正；如果水样 pH > 7.0 时，则用 pH = 6.86 和 pH = 9.18 的缓冲溶液对电极进行校正。重复定位 1 ~ 2 次。

（5）用洗瓶以纯水缓缓淋洗电极数次，再以水样淋洗 6 ~ 8 次，然后插入水样中，1 分钟后（电位值稳定后）直接从仪器上读出 pH。

6. 数据处理与计算　书写结果报告，记录数据。

7. 注意事项

（1）用本实验中玻璃电极法测定 pH 可精确到 0.01。水中的色度、浑浊度、游离氯、氧化剂、还原剂、较高含盐量均不干扰测定，但在较强的碱性溶液中，当有大量的钠离子存在时会产生误差，使读数偏低。

（2）使用前，检查玻璃电极及其前端的球泡。正常情况下，电极应透明且无裂纹；球泡内要充满溶液，不能有气泡存在。玻璃电极在使用前先放入蒸馏水中浸泡 24 小时以上。

（3）玻璃电极表面受到污染时，需进行处理。如果是附着无机盐结垢，可用温稀盐酸溶解；对钙镁等难溶性结垢，可用 EDTA 二钠溶液溶解，沾有油污时，可用丙酮清洗。电极按上述方法处理后，应在蒸馏水中浸泡一昼夜再使用。严禁在脱水性介质如无水乙醇、重铬酸钾等中使用。

二、标准溶液比色法

1. 测定原理　酸碱指示剂在其特定 pH 范围的水溶液中产生不同颜色，向标准缓冲溶液中加入指示剂，将生成的颜色作为标准比色管，与加入同一种指示剂的水样显色管目视

比色，可测出水样的 pH。本法适用于色度和浊度很低的天然水、饮用水等。如水样有色、浑浊或含较高的游离余氯、氧化剂、还原剂，均干扰测定。

2. 试剂和溶液 下列试剂均用新煮沸放冷的水配制。

（1）0.1 mol/L 邻苯二甲酸氢钾溶液。

（2）0.1 mol/L 磷酸二氢钾溶液。

（3）0.1 mol/L 硼酸和 0.1 mol/L 氯化钾溶液。

（4）氯酚红指示液。

（5）溴百里酚蓝指示液。

（6）酚红指示液。

（7）百里酚蓝指示液。

（8）0.1000 mol/L 氢氧化钠标准溶液。称取 30 g 氢氧化钠，溶于 50 mL 纯水中，倾入 150 mL 锥形瓶内，冷却后用橡皮塞塞紧，静置 4 天以上，使碳酸钠沉淀。小心吸取上清液约 10 mL，用纯水定容至 1000 mL。此溶液浓度为 c（NaOH）= 0.1 mol/L，其准确浓度用苯二甲酸氢钾标定，方法如下：

将苯二甲酸氢钾（$KHC_8H_4O_4$）置于 105 ℃烘箱内烘至恒量，称取 0.5 g，精确到 0.1 mg，共称 3 份，分别置于 250 mL 锥形瓶中，加入 100 mL 纯水，使苯二甲酸氢钾完全溶解，然后加入 4 滴酚酞指示剂，用氢氧化钠溶液滴定至淡红色 30 秒内不褪为止。滴定时应不断振摇，但滴定时不宜太久，以免空气中二氧化碳进入溶液而引起误差。标定时需同时滴定一份空白溶液，并从滴定苯二甲酸氢钾所用的氢氧化钠溶液毫升数中减去此数值，按式 4 - 2 计算出氢氧化钠原液的准确浓度。

$$C_1(\mathrm{NaOH}) = \frac{m}{(V - V_0) \times 0.2042} \quad (4-2)$$

式中，C_1（NaOH）为氢氧化钠溶液浓度，mol/L；m 为苯二甲酸氢钾的质量，g；V 为滴定苯二甲酸氢钾所用氢氧化钠溶液体积，mL；V_0 为滴定空白溶液所用氢氧化钠溶液体积，mL；0.2042 为与 1.00 mL 氢氧化钠标准溶液［C（NaOH）= 1.000 mol/L］所相当的苯二甲酸氢钾的质量。

根据氢氧化钠原液的浓度，按式 4 - 3 计算配制 0.100 mol/L 的氢氧化钠溶液所需原液体积，并用纯水定容至所需体积。

$$V_1 = \frac{V_2 \times 0.100}{C_1(\mathrm{NaOH})} \quad (4-3)$$

式中，V_1 为原液体积，mL；V_2 为稀释后体积，mL；C_1（NaOH）为原液浓度，mol/L。

3. 仪器

（1）氢离子浓度测定比色计一套。可自制，用内径 15 mm 的硬质试管拉成高度 60 mm 的安瓿管封装标准比色溶液。

（2）比色管 内径 15 mm，高度 60 mm 的硬质试管，其玻璃质量及厚度与安瓿管一致。

（3）玛瑙或瓷乳钵。

4. 步骤

（1）pH 标准比色系列的制备　按表 4－3、4－4、4－5 中各种溶液用量，将邻苯二甲酸氢钾溶液或磷酸二氢钾溶液或硼酸－氯化钾溶液，与氢氧化钠溶液混合，配成各种 pH 的标准缓冲溶液。

表 4－3　标准缓冲溶液（pH4.8～5.8）

pH	0.1 mol/L 邻苯二甲酸氢钾溶液（mL）	0.1000 mol/L 氢氧化钠标准溶液（mL）	加水定容至总体积（mL）
4.8	50	16.5	100
5.0	50	22.6	100
5.2	50	28.8	100
5.4	50	34.1	100
5.6	50	38.8	100
5.8	50	42.3	100

表 4－4　标准缓冲溶液（pH6.0～8.0）

pH	0.1 mol/L 磷酸二氢钾溶液（mL）	0.1000 mol/L 氢氧化钠标准溶液（mL）	加水定容至总体积（mL）
6.0	50	5.6	100
6.2	50	8.1	100
6.4	50	11.6	100
6.6	50	16.4	100
6.8	50	22.4	100
7.0	50	29.1	100
7.2	50	34.7	100
7.4	50	39.1	100
7.6	50	42.4	100
7.8	50	44.5	100
8.0	50	46.1	100

表 4－5　标准缓冲溶液（pH8.0～9.6）

pH	0.1 mol/L 硼酸和 0.1 mol/L 氯化钾溶液（mL）	0.1000 mol/L 氢氧化钠标准溶液（mL）	加水定容至总体积（mL）
8.0	50	3.9	100
8.2	50	6.0	100
8.4	50	8.6	100
8.6	50	11.8	100
8.8	50	15.8	100
9.0	50	20.8	100
9.2	50	26.4	100
9.4	50	32.1	100
9.6	50	36.9	100

吸取10.0 mL配好的各种pH的标准缓冲溶液，分别注入洗净、烘干的、内径一致的硬质安瓿管中。向pH4.8～6.4的标准缓冲溶液中，各加入0.5 mL氯酚红指示液；向pH6.0～7.6的标准缓冲溶液中，各加入0.5 mL溴百里酚蓝指示液；向pH6.8～8.4的标准缓冲溶液中，各加入0.5 mL酚红指示液；向pH8.0～9.6的标准缓冲溶液中，各加入0.5 mL百里酚蓝指示液。然后，用喷灯迅速封口。将封口严密的pH比色安瓿管装在铁丝筐内，于敞口沸水浴中，灭菌30分钟，每隔24小时灭菌一次，共三次，置暗处存放，可使用近10年。

（2）水样测定　吸取10 mL澄清水样于比色管中，加0.5 mL指示液（指示剂种类与标准色列相同），混合均匀后，与标准比色管目视比色，记录与水样颜色相近的标准管pH值，估计至小数点后1位。

扫码“学一学”

第四节　饮用水中余氯的测定

余氯是指水经过加氯消毒，接触一定时间后，水中所余留的有效氯。其作用是保证持续杀菌，以防止水受到再污染。余氯有三种形式：

1. 总余氯　包括HOCl、OCl^-和$NHCl_2$等；

2. 化合性余氯　包括NH_2Cl、$NHCl_2$及其他氯胺类化合物；

3. 游离性余氯　括HOCl及OCl^-等。

我国生活饮用水卫生标准中规定集中式给水出厂水的游离性余氯含量不低于0.3 mg/L，管网末梢水不得低于0.05 mg/L。

余氯的测定常采用下述两种方法，N，N－二乙基对苯二胺（DPD）分光光度法和3，3’,5，5’－四甲基联苯胺比色法，前者可测定游离余氯和各种形态的化合性余氯，后者可分别测定总余氯及游离余氯。

一、N，N－二乙基对苯二胺法

本标准规定了N，N－二乙基对苯二胺（DPD）分光光度法测生活饮用水及水源水的游离余氯。本法适用于经氯化消毒后的生活饮用水及其水源水中游离余氯和各种形态的化合性余氯的测定。

本法最低检测质量为0.1 μg，若取10 mL水样测定，则最低检测质量浓度为0.01 mg/L。

高浓度的一氯胺对游离余氯的测定有干扰，可用亚砷酸盐或硫代乙酰胺控制反应以除去干扰。氧化锰的干扰可通过做水样空白扣除。铬酸盐的干扰可用硫代乙酰胺排除。

1. 测定原理　N，N－二乙基对苯二胺（DPD）与水中游离余氯迅速反应而产生红色。在碘化物催化下，一氯胺也能与DPD反应显色。在加入DPD试剂前加入碘化物时，一部分三氯胺与游离余氯一起显色，通过变换试剂的加入顺序可测得三氯胺的浓度。本法可用高锰酸钾溶液配制永久性标准系列。

2. 试剂

（1）碘化钾晶体。

（2）碘化钾溶液（5 g/L）。

（3）磷酸盐缓冲溶液（pH6.5）。

（4）N，N－二乙基对苯二胺（DPD）溶液（1 g/L）　称取1.0 g盐酸N，N－二乙基对苯二胺，或1.5 g硫酸N，N－二乙基对苯二胺，溶解于含8 mL硫酸溶液（1+3）和0.2 g Na_2－EDTA的无氯纯水中，并稀释至1000 mL。储存于棕色瓶中，在冷暗处保存。

注：DPD溶液不稳定，一次配制不宜过多，储存中如溶液颜色变深或褪色，应重新配制。

（5）亚砷酸钾溶液（5.0 g/L）。

（6）硫代乙酰胺溶液（2.5 g/L）注：硫代乙酰胺是可疑致癌物，切勿接触皮肤或吸入。

（7）无需氯水　在无氯纯水中加入少量氯水或漂粉精溶液，使水中总余氯浓度约为0.5 mg/L。加热煮沸除氯。冷却后备用。

注：使用前可加入碘化钾用本标准检验其总余氯。

（8）氯标准储备溶液ρ（Cl_2）=1000 μg/mL）　称取0.8910 g优级纯高锰酸钾（$KMnO_4$），用纯水溶解并稀释至1000 mL。

注：用含氯水配制标准溶液，步骤繁琐且不稳定。经试验，标准溶液中高锰酸钾量与DPD和所标示的余氯生成的红色相似。

（9）氯标准使用溶液ρ（Cl_2）=1 μg/mL。

3. 仪器

（1）分光光度计。

（2）具塞比色管10 mL。

4. 分析步骤

（1）标准曲线绘制　吸取0、0.1、0.5、2.0、4.0、8.0 mL氯标准使用溶液置于6支10 mL具塞比色管中，用无需氯水稀稀释至刻度。各加入0.5 mL磷酸盐缓冲溶液，0.5 mL DPD溶液，混匀，于波长515 nm的1 cm比色皿中，以纯水为参比，测定吸光度，绘制标准曲线。

（2）吸取10 mL水样置于10 mL比色管中加入0.5 mL磷酸盐缓冲溶液，0.5 mL DPD溶液，混匀，立即于515 nm波长的1 cm比色皿中，以纯水为参比，测量吸光度，记录读数为A，同时测量样品空白值，在读数中扣除。

注：如果样品中一氯胺含量过高，水样可用亚砷酸盐或硫代乙酰胺进行处理。

（3）继续向上述试管中加入一小粒碘化钾晶体（约0.1 mg），混匀后，再测量吸光度，记录读数B。

注：如果样品中二氯胺含量过高，可加入0.1 mL新配制的碘化钾溶液（1 g/L）。

（4）再向上述试管加入碘化钾晶体（约0.1 g），混匀，2分钟后，测量吸光度，记录读数为C。

（5）另取两支10 mL比色管，取10 mL水样于其中一支比色管中，然后加入一小粒碘化钾晶体（约0.1 mg），混匀，于第二支比色管中加入0.5 mL磷酸缓冲溶液和0.5 mL DPD溶液，然后将此混合液倒入第一管中，混匀。测量吸光度，记录读数为N。

5. 计算

表4-6 游离余氯和各种氯胺

读数	不含三氯胺的水样	含三氯胺的水样
A	游离余氯	游离余氯
B-A	一氯胺	一氯胺
C-B	二氯胺	二氯胺+50%三氯胺
N	—	游离余氯+50%三氯胺
2(N-A)	—	三氯胺
C:N	—	二氯胺

根据表4-6中读数从标准曲线查出水样中游离余氯和各种化合性余氯的含量，按式4-4计算水样中余氯的含量。

$$\rho_{(Cl_2)}=\frac{m}{v} \tag{4-4}$$

式中，$\rho_{(Cl_2)}$为水样中余氯的质量浓度，mg/L；m为从标准曲线上查的余氯的质量，μg；V为水样体积，mL。

二、3，3’，5，5’-联苯胺比色法

国标规定了3，3’，5，5’-四甲基联苯胺比色法测生活饮用水及水源水的游离余氯。本法适用于经氯化消毒后的生活饮用水及其水源水中游离余氯和各种形态的化合性余氯的测定。

本法最低检测浓度为0.005 mg/L余氯。

浓度超过0.12 mg/L的铁和0.05 mg/L亚硝酸盐对本法有干扰。

1. 测定原理 在pH小于2的酸性溶液中，余氯与3，3’，5，5’-四甲基联苯胺（以下简称“四甲基联苯胺”）反应，生成黄色的醌式化合物，用目视比色法定量，还可用重铬酸钾-铬酸钾配制的永久性余氯标准溶液进行目视比色。

2. 试剂

（1）氯化钾-盐酸缓冲溶液（pH 2.2） 称取3.7 g经100～110 ℃干燥至恒重的氯化钾，用纯水溶解，再加0.56 mL盐酸（ρ=1.19 g/mL），用纯水稀释至1000 mL。

（2）盐酸溶液（1+4）。

（3）四甲基联苯胺3，3’，5，5’-四甲基联甲苯胺溶液（0.3 g/L） 称取0.03 g四甲基联苯胺，用100 mL盐酸溶液［c（HCl）=0.1 moL/L］分批加入并搅拌使试剂溶解（必要时可加温助溶），混匀，此溶液应无色透明，储存于棕色瓶中，在常温下可使用6个月。

（4）重铬酸钾-铬酸钾溶液 称取0.1550 g经120 ℃干燥至恒重的重铬酸钾及0.4650 g经120 ℃干燥至恒重的铬酸钾，溶于氯化钾-盐酸缓冲溶液中，并稀释至1000 mL。此溶液所产生的颜色相当于1 mg/L余氯与四甲基联苯胺所产生的颜色。

（5）Na_2-EDTA溶液（20 g/L）。

3. 仪器

（1）具塞比色管50 mL。

（2）棕色广口瓶100 mL。

4. 分析步骤

（1）永久性余氯标准比色管（0.005～1.0 mg/L）的配制　按表4－7所列用量分别吸取重铬酸钾－铬酸钾溶液注入50 mL具塞比色管中，用氯化钾－盐酸缓冲溶液稀释至50 mL刻度，在冷暗处保存可使用6个月。

表4－7　永久性余氯标准比色溶液配制表

余氯（mg/L）	重铬酸钾－铬酸钾溶液（mL）	余氯（mg/L）	重铬酸钾－铬酸钾溶液（mL）
0.005	0.25	0.40	20.00
0.010	0.50	0.50	25.00
0.030	1.50	0.60	30.00
0.050	2.50	0.70	35.00
0.100	5.00	0.80	40.00
0.200	10.00	0.90	45.00
0.300	15.00	10.00	50.00

注：若水样余氯大于1 mg/L时，可将重铬酸钾－铬酸钾溶液的浓度提高10倍，配成相当于10 mg/L余氯的标准色，配成1.0～10 mg/L的永久性余氯标准色列。

（2）于50 mL具塞比色管中，先放入2.5 mL四甲基联苯胺溶液，加入澄清水样至50 mL刻度，混合后立即比色，所得结果为游离余氯；放置10 min，比色所得结果为总余氯，总余氯减去游离余氯即为化合性余氯。

5. 注意事项

（1）pH值大于7的水样可先用盐酸溶液调节pH为4再行测定。

（2）水样中铁离子大于0.12 mg/L时，可在每50 mL水样中加1～2滴EDTA溶液，以消除干扰。

（3）水温低于20 ℃时，可先将水样放在温水浴中使温度提高到25～30 ℃，以加快反应速度。

（4）测试时，如显浅蓝色，表明显色液酸度偏低，可多加1 mL试剂，就出现正常颜色。如加试剂后，出现橘色，表示余氯含量过高，可改用1～10 mg/L的标准系列，并多加1 mL试剂。

拓展阅读

余氯危害

氯对细菌细胞杀灭效果好，对其他生物体细胞、人体细胞也有严重影响。添加氯作为一种有效的杀菌消毒手段，目前仍被世界上超过80%的水厂使用。但氯与水中的有机物反应生成的很多消毒副产物对人体有或多或少直接间接的伤害。消毒副产物中的卤乙酸已经被证实对啮齿类动物有致癌、致畸变、致突变作用。其致癌危害大大高于其他消毒副产物的总和，已被美国环境保护署（EPA）定义为人类潜在的致癌物。

因此市政自来水中必须保持一定量的余氯，以确保饮用水的微生物指标安全。但是超过一定量的氯，就会对人体产生许多危害，且带有难闻的气味，俗称“漂白粉味”。

扫码“学一学”

第五节　饮用水中四氯化碳、三氯甲烷的测定

三氯甲烷和四氯化碳是 GB 5749—2006《生活饮用水卫生标准》中重要的常规检测指标。1974 年美国科学家 Rook 和 Bellar 首先发现加氯消毒后，水中部分挥发性卤代烃含量会升高。另外工业上常用三氯甲烷、四氯化碳等作为原料和溶剂，这些都加重了三氯甲烷和四氯化碳对水质造成的污染。资料表明，三氯甲烷、四氯化碳具有致癌、致畸、致突变作用，长期接触将对人体产生严重影响。

根据 GB/T 5750.8—2006 生活饮用水标准检验方法——有机物指标中指定的方法进行检测。

一、填充柱气相色谱法

（一）测定原理

被测水样置于密封的顶空瓶中，在一定的温度下平衡一定时间，水中的四氯化碳、三氯甲烷逸至上部空间，并在气液两相中达到动态平衡，此时四氯化碳、三氯甲烷在气相中的浓度与它在液相中的浓度成正比。通过对气相中四氯化碳、三氯甲烷浓度的测定，可计算出水样中四氯化碳、三氯甲烷的浓度。

（二）适用范围

本方法适用于生活饮用水及其水源水中四氯化碳、三氯甲烷的测定，最低检测质量浓度为四氯化碳 0.3 μg/L，三氯甲烷 0.6 μg/L。

（三）试剂和仪器

1. 试剂

（1）载气高纯氮（99.999%）。

（2）配制标准样品和试样预处理时使用的试剂和材料。

①纯水　新鲜去离子水，色谱检验无被测组分。

②色谱标准物　四氯化碳（99.92%）、三氯甲烷（99.92%）。

2. 仪器

（1）气相色谱仪

①电子捕获检测器。

②记录仪或工作站。

③色谱柱。

色谱柱类型：U 型或螺旋型玻璃柱，长 2 m，内径 2 mm 或 3mm。

填充物：a 载体：Chromosorb W AW DMCS 60～80 目或 80～100 目，用前筛分，然后于 120 ℃烘烤 2 小时。

固定液及含量：15% DC－550（含 25% 苯基的聚甲基硅氧烷）。

涂渍固定液的方法：计算色谱柱体积，量取略多于所计算体积的载体并称其质量。根据载体的质量准确称取一定量的固定液，溶于丙酮溶剂中，待完全溶解后加入载体，此时液面应完全浸没载体。在室温下自然挥干溶剂（不能用玻璃棒搅拌），待溶剂完全挥干且无丙酮气味可装柱。

装柱方法：柱出口端接于真空泵（注意柱管内填堵好棉花），柱入口端接上小漏斗，固定相由此装入，采用边抽空边均匀敲柱的方法装柱。

色谱柱的老化：柱入口端接到色谱系统上，柱出口端放空，以 30 mL/min 的流速通 N_2。柱温从 60 ℃开始，以每 30 分钟升 10 ℃的升温速度升至 150 ℃后老化 16 小时。

（2）恒温水浴　精度为 ±2 ℃。

（3）微量注射器　50 μL。

（4）顶空瓶　血浆瓶，150 mL。使用前在 120 ℃烘烤 2 小时。

（四）样品

（1）样品的采集和储存　采样时先加 0.3 ~ 0.5 g 抗坏血酸于顶空瓶内，取水至满瓶，密封。采集后 24 小时内完成测定。

（2）样品的处理　在空气中不会含有卤代烷烃等有机气体的实验室，将水样倾倒出至 100 mL 刻度处，放在 40 ℃恒温水浴中平衡 1 小时。

（3）样品处理时，抽取顶空瓶内液体上方空间的气体，可平行测定 3 次。

（五）分析步骤

1. 调整仪器

（1）气化室温度　150 ℃。

（2）柱温　85 ℃。

（3）检测器温度　180 ℃。

（4）载气流量　40 mL/min。

2. 校准

（1）定量分析中的校准方法为外标法。

（2）标准储备液的制备

三氯甲烷：称 100 mL 容量瓶质量，加入一定量三氯甲烷，立即盖上瓶塞称量，以增量法得到三氯甲烷质量为 3.8391 g [ω（$CHCl_3$）= 99.92%]，用甲醇溶解并定容。此溶液为 ρ（$CHCl_3$）= 38.36 mg/mL。

四氯化碳：同上称量法，四氯化碳为 0.4143 g [ω（$CHCl_3$）= 99.92%]，同上配制。此溶液为 ρ（CCl_4）= 4.14 mg/mL。

混合标准液的制备：于 200 mL 容量瓶中加入 100 mL 甲醇，再分别加入 1.0 mL 的三氯甲烷、四氯化碳的单独标准液，然后加入甲醇定容。混合标准液中各组分浓度：ρ（CH_4Cl_3）= 191.8 μg/mL，ρ（CCl_4）= 20.7 μg/mL。

（3）标准使用液的制备　取 1.0 mL 混合标准液于 100 mL 容量瓶中，用纯水定容。

（4）工作曲线制作　取 5 个 200 mL 容量瓶依次加入标准使用液 0、0.50、1.00、2.00、4.00 mL 并用纯水稀释至刻度，混匀。再倒入 5 个顶空瓶至 100 mL 刻度处。加盖密封，于 40 ℃恒温水浴中平衡 1 小时，各取顶部空间气体 30 μL 注入色谱仪。标准使用液浓度根据表 4 - 8 配制。以峰高为纵坐标，浓度为横坐标绘制工作曲线。

表 4-8 标准使用液浓度配制

体积（mL）		0.50	1.00	2.00	4.00
组分名称及浓度（μg/L）	$CHCl_3$	12.2	24.7	48.5	97.0
	CCl_4	0.5	1.0	2.0	4.0

3. 试验

（1）进样　采用直接进样，进样量 30 μL，用干净的微量注射器抽取顶空瓶内液体上方空间的气体，反复几次得到均匀气样，将 30 μL 气样快速注入色谱仪中。

（2）记录　以标样核对，记录色谱峰的保留时间及对应的化合物。

（六）结果表示

1. 定性结果　利用保留时间定性法，即根据标准色谱图各组分的保留时间，确定样品中组分的数目和名称。

2. 定量结果　含量的表示方法，以 μg/L 表示。

（七）注意事项

设备或色谱柱不同，保留时间有所差别；标准样品为平行样，每个样品各做 3 次，相对标准偏差小于 10% 即为稳定；每批样品必须同时制备工作曲线。

二、毛细管柱气相色谱法

（一）测定原理

与填充柱气相色谱法相同。

（二）适用范围

适用于生活饮用水及其水源中四氯化碳、三氯甲烷的测定，最低检测质量浓度为四氯化碳 0.1 μg/L，三氯甲烷 0.2 μg/L。

（三）试剂和仪器

（1）载气　高纯氮（99.999%）。

（2）配制标准样品和试样预处理时使用的试剂和材料

①纯水　色谱检验无待测组分。

②甲醇　优级纯，色谱检验无被测组分。

③色谱标准物　四氯化碳（99.9%）、三氯甲烷（99.9%），均为色谱纯。

2. 仪器

（1）气相色谱仪

①电子捕获检测器。

②色谱柱。HP-5（30 m×0.32 mm×0.25 μm）高弹石英毛细管色谱柱，或者相同极性的毛细管色谱柱。

（2）恒温水浴箱　控制精度 ±2 ℃。

（3）微量注射器　50 μL。

（4）顶空瓶　容积 150 mL，带有 100 mL 刻度线（配带有聚四氟乙烯硅橡胶垫和塑料螺旋帽密封)，使用前在120 ℃烘烤2小时。

（四）样品

1. 样品的采集和储存　采样时先加0.3～0.5 g抗坏血酸于顶空瓶内，取水至满瓶，密封低温保存。采集后24小时内完成测定。

2. 样品的处理　在空气中不会含有卤代烷烃等有机气体的实验室，将水样倾倒出至100 mL刻度处，放在40 ℃恒温水浴中平衡1小时。

3. 样品的测定　抽取顶空瓶内液体上方空间的气体，可平行测定3次。

（五）分析步骤

1. 调整仪器

（1）气化室温度　200 ℃。

（2）柱温　60 ℃。

（3）检测器温度　200 ℃。

（4）载气流量　2 mL/min。

（5）分流比　10∶1。

（6）尾吹气流量　60 mL/min。

2. 校准

（1）定量分析中的校准方法为外标法。

（2）标准样品

①标准储备液的制备

三氯甲烷：准确称取0.8008 g三氯甲烷（99.9%），放入装有少许甲醇的100 mL容量瓶中，用甲醇定容至刻度，此溶液为ρ（CH_4Cl_3）=8.00 mg/mL。

四氯化碳：准确称取0.4004 g四氯化碳（99.9%），放入装有少许甲醇的100 mL容量瓶中，用甲醇定容至刻度，此溶液为ρ（CCl_4）=4.00 mg/mL。

混合标准液的制备：于200 mL容量瓶中加入约100 mL甲醇，再分别加入1.0 mL的三氯甲烷、四氯化碳的单独标准溶液，然后加入甲醇定容。混合标准液中各组分浓度：ρ（CH_4Cl_3）=40.0 μg/mL，ρ（CCl_4）=20.0 μg/mL。

②标准使用液的制备

取1.0 mL混合标准液于100 mL容量瓶中，用纯水定容。标准使用液的质量浓度分别为ρ（CH_4Cl_3）=0.4 μg/mL，ρ（CCl_4）=0.2 μg/mL。

③气相色谱中使用标准样品的条件

标准样品进样体积与试样进样体积相同，标准样品的响应值应接近试样的响应值；在工作范围内相对标准偏差小于10%即可认为处于稳定状态；每批样品必须同时制备工作曲线。

（3）工作曲线制作　取6个200 mL容量瓶依次加入标准使用液0、0.10、0.50、1.00、2.00、5.00 mL并用纯水稀释至刻度，混匀。配制后三氯甲烷的质量浓度为0、0.20、1.0、2.0、4.0、10 μg/L；四氯化碳的质量浓度为0、0.10、0.50、1.0、2.0、5.0 μg/L。再倒入6个顶空瓶至100 mL刻度处。加盖密封，于40 ℃恒温水浴中平衡1小时，各取顶部空间气体30 μL注入色谱仪。以峰高或峰面积为纵坐标，浓度为横坐标绘制工作曲线。

3. 试验

（1）进样　采用直接进样，进样量30 μL，用干净的微量注射器抽取顶空瓶内液体上方空间的气体，反复几次得到均匀气样，将30 μL气样快速注入色谱仪中。

（2）记录　以标样核对，记录色谱峰的保留时间及对应的化合物。

（3）色谱图的考察　图4－4为标准色谱图。

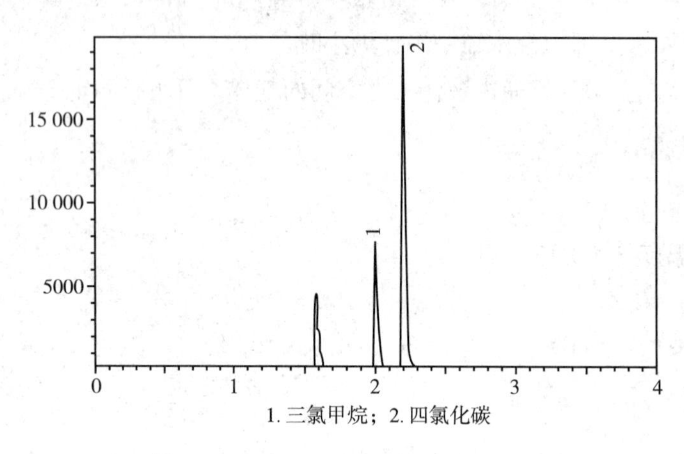

图4－4　三氯甲烷、四氯化碳标准色谱图

（六）结果表示

1. 定性结果　利用保留时间定性，即根据标准色谱图各组分的保留时间，确定样品中组分的数目和名称。

2. 定量结果　含量的表示方法：直接从标准曲线上查出水样中三氯甲烷、四氯化碳的质量浓度，以μg/L表示。

（七）注意事项

进样要快速；在工作范围内相对标准偏差小于10%即可认为检测结果处于稳定状态；每批样品必须同时制备工作曲线。

扫码"学一学"

第六节　饮用水中溴酸盐的测定

目前我国的自来水消毒多采用液氯、二氧化氯，大型设备对水消毒则以臭氧为主。臭氧化可有效地改善饮用水的气味及味道，具有脱色、氧化Fe^{2+}、Mn^{2+}等离子，杀死微生物的作用，因此被看作是一种很有前景的饮用水消毒方法。

然而，臭氧消毒过程也会将水体中普遍存在的溴化物（Br^-）氧化为对人体有害的溴酸盐（BrO_3^-）。以溴酸盐为代表的臭氧消毒的副产物已经成为国内外研究的热点。目前，已有研究证明溴酸盐能够致癌、致畸及致DNA损伤，并可导致肾病以及强烈的生殖性毒性。

世界卫生组织（WHO）规定水中溴酸盐含量的最大值为25 μg/L，美国国家环保署（EPA）规定水中溴酸盐含量的最大值为10 μg/L，我国规定的溴酸盐的最高容许浓度也为10 μg/L。

国内外控制饮用水中BrO_3^-浓度的方法，主要包括两大类：

（1）抑制臭氧氧化过程中 BrO_3^- 的生成，主要方法有：加氨、降低 pH、加过氧化氢、加自由基清除剂和加 HOBr 清除剂等。

（2）通过一些物理化学方法去除水中已生成的 BrO_{33}，如活性炭吸附、UV 辐射等。

饮用水中溴酸盐常用的检测方法主要有分光光度法、离子色谱法、电泳检测法等。目前，大多采用离子色谱法，主要包括离子色谱－电导检测法（IC－CD）、紫外－离子色谱法（IC－UV）、离子色谱－柱后衍生法（IC－PCR），以及离子色谱－质谱联用技术（ICP－MS）。

一、离子色谱－电导检测法（IC－CD）

离子色谱－电导检测法是检测饮用水中溴酸盐含量最常用、最广泛的方法之一。许多方法已被列为国际标准方法。离子色谱－电导检测法的不断改进，得益于新型的、高容量的分离柱（如 IonPac AS16、IonPac AS19）的应用。我国 2007 年正式实施的《生活饮用水标准检测方法：消毒副产物指标》（GB/T 5750.10—2006）中用离子色谱－电导检测法检测生活饮用水及饮用水水源中的溴酸盐。该标准以 IonPac AS19 为阴离子分离柱、氢氧根系统淋洗液（NaOH－KOH）通过直接进样（500 μL）得到溴酸盐的检出限为 5 μg/L，RSD 为 0.4% ~2.2%。

（一）测定原理

水样中的溴酸盐和其他阴离子随氢氧化钾（或氢氧化钠）淋洗液进入阴离子交换分离系统（由保护柱和分析柱组成）。根据分析柱对各离子亲和力不同进行分离，已分离的阴离子流经阴离子抑制系统转化成具有高电导率的强酸，而淋洗液则转化成低电导率的水，由电导检测器测量各种阴离子组分的电导率，以保留时间定性，峰面积或峰高定量。

（二）测定范围

适用于饮用水及其水源中溴酸盐的测定，最低检测质量浓度为 5 μg/L。

（三）试剂和仪器

1. 试剂

（1）溴酸盐标准储备液［ρ（BrO_3^-）=1.0 mg/mL］　准确称取 0.1180 g 溴酸钠（基准纯或优级纯），用纯水溶解，并定容到 100 mL 容量瓶中。密封后避光 4 ℃条件下保存，可保存 6 个月。

（2）溴酸盐标准中间溶液［ρ（BrO_3^-）=10.0 mg/L］　吸取 5.00 mL 溴酸盐标准储备溶液，置于 500 mL 容量瓶中，用纯水稀释至刻度，置于 4 ℃冰箱下避光密封保存，可保存 2 周。

（3）溴酸盐标准使用溶液［ρ（BrO_3^-）=1.00 mg/L］　吸取 10.0 mL 溴酸盐标准中间溶液，置于 100 mL 容量瓶中，用纯水稀释至刻度，此标准使用液需当天新配。

（4）乙二胺（EDA）储备溶液［ρ（EDA）=100 mg/mL］　吸取 2.8 mL 乙二胺，用纯水稀释至 25 mL，可保存一个月。

（5）氢氧化钾淋洗液　由 EG40 淋洗液自动电解发生器（或其他能自动产生淋洗液的设备）在线产生或手工配制氢氧化钾（或氢氧化钠）淋洗液。

2. 设备

（1）仪器　离子色谱仪、电导检测器、色谱工作站、辅助气体（高纯 N_2，纯度

99.99%)、进样器（2.5 ~10 mL 注射器）、0.45 μm 微孔滤膜过滤器。

（2）离子色谱仪器参数

阴离子保护柱：IonPac AG19（50 mm ×4 mm）或相当的保护柱。

阴离子抑制器：ASRS – ULTRA Ⅱ型抑制器或相当的抑制器。

抑制器电流：75 mA。

淋洗液流速：1.0 mL/min。

淋洗液梯度淋洗参考程序见表 4 –9。

表 4 –9　淋洗液梯度淋洗参考程序

时间（min）	氢氧化钾浓度（mmol/L）
0.0	10.0
10.0	10.0
10.1	35.0
18.0	35.0
18.1	10.0
23.0	10.0

（四）分析步骤

1. 水样采集与预处理　用玻璃瓶或塑料采样瓶采集水样，对于用二氧化氯和臭氧消毒的水样需通入惰性气体以除去二氧化氯和臭氧等活性气体（加氯消毒的水样可省略此步骤）。

2. 样品的保存　水样采集后密封，置于 4 ℃冰箱保存，需在一周内完成分析。采集水样后加入乙二胺溶液至水样中浓度为 50 mg/L，密封，摇匀，可置于 4 ℃冰箱保存 28 天。

3. 标准曲线的绘制　取 6 个 100 mL 容量瓶，分别加入溴酸盐标准使用液 0.50、1.00、2.50、5.00、7.50、10.00 mL，用纯水稀释至刻度。此系列标准曲线浓度为 5.00、10.0、25.0、50.0、75.0、100 μg/L，当天新配。将标准系列溶液分别进样，以峰高或峰面积（Y）对溶液的浓度（X）绘制校准曲线，计算回归方程。

4. 样品处理　水样经 0.45 μm 的水性微孔滤膜过滤后，对含有机物的水先经 C_{18} 柱过滤。

5. 上机检测　将预处理后的水样直接进样，进样体积 500 μL，记录保留时间、峰高或峰面积。

（五）计算

溴酸盐的质量浓度（μg/L）可以直接从校准曲线上查得。

（六）注意事项

1. 在使用不同仪器或色谱柱检测时，样品保留时间会有所不同，上文中的条件仅供参考。

2. 标准使用液现用现配。

3. 重复测定计算标准偏差，用回收率验证检测的准确性。

二、离子色谱 – 质谱联用技术

参考 DBS50/027—2016 食品安全地方标准《包装饮用水中溴酸盐的测定》。

（一）测定原理

样品经0.22 μm水性微孔滤膜过滤后，用高效液相色谱仪对溴的不同形态进行分离，并直接导入电感耦合等离子体质谱仪测定，与标准样品进行比较，外标法定量。

（二）适用范围

适用于包装饮用水中溴酸盐的测定。

（三）试剂和仪器

除非另有说明，在分析中所使用的试剂均为优级纯，用水为GB/T 6682规定的一级水。

1. 试剂

（1）硝酸铵　优级纯。

（2）50 mmol/L硝酸铵溶液　准确称取4.0 g硝酸铵用水溶解并定容至1000 mL。

（3）溴酸盐标准储备液（10 μg/mL）　准确移取溴酸盐标准溶液1.0 mL于100 mL容量瓶中，用水稀释至刻度。密封后避光4 ℃下保存，有效期为1个月。

（4）溴酸盐标准工作液　采用逐级稀释的方式将溴酸盐标准储备液配制成浓度为0.5、5.0、10.0、20.0、50.0 μg/L的标准使用溶液系列。

2. 仪器

（1）高效液相色谱仪（HPLC）。

（2）电感耦合等离子体质谱仪（ICP/MS）。

（3）分析天平　感量0.1 g。

（四）分析步骤

1. 样品准备　水样经0.22 μm水性微孔滤膜过滤，待测。

2. 测定条件

（1）高效液相色谱（HPLC）条件参见表4-10

色谱柱参数：Dionex IonPac AG 19阴离子保护柱（4 mm×50 mm）或相当者；Dionex IonPac AS 19阴离子分析柱（4 mm×250 mm）或相当者。

柱温：室温。

流动相：50 mmol/L硝酸铵溶液；流速：1.0 mL/min。

进样量：100 μL。

（2）电感耦合等离子体质谱（ICP/MS）参考条件（Thermo X series Ⅱ）

表4-10　ICP-MS工作参数

参数	参数值
射频功率/Forward Power	1350 W
驻留时间/Dwell Time	400.0 ms
采样深度/Sampling Depth	150 mm
冷却气流速/Cool Gas Flow	13.0 L/min
辅助气流速/Auxiliary Gas Flow	0.80 L/min
雾化气流速/Nebulize rGas Flow	0.90 L/min
采集质量数/Acquisition Symbol	^{79}Br

注：此处列出试验用仪器型号仅提供参考，并不涉及商业目的，鼓励标准使用者尝试不同厂家或型号的仪器。

3. 标准曲线的制作 在上述仪器条件下，将溴酸盐标准工作液依次进样，测定相应的峰面积，以标准工作液的浓度为横坐标，以峰面积为纵坐标，绘制标准曲线。在上述条件下，溴酸盐的保留时间约为4.3分钟。

4. 试样溶液的测定 在相同的测定条件下，将试样溶液注入仪器中，以保留时间定性，以试样峰面积与标准比较定量。

（五）分析结果表述

试样中溴酸盐（以BrO_3^-计）的含量按式4-5计算：

$$X=\frac{C\times f}{1000} \tag{4-5}$$

式中，X为试样中溴酸盐（以BrO_3^-计）的含量，mg/L；C为从标准曲线上查得的试样溶液中溴酸盐（以BrO_3^-计）浓度，μg/L；f为试样溶液稀释倍数。

计算结果保留两位有效数字。在重复性条件下获得的两次独立测定结果的绝对差值不得超过算术平均值的10%。

（六）注意事项

1. 本方法适用于包装饮用水中溴酸盐的测定。
2. 除非另有说明，在分析中所使用试剂均为优级纯，用水为GB/T 6682规定的一级水。
3. ICP-MS工作参数仅供参考，使用不同厂家或型号的仪器时需加以调整。
4. 使用Thermo Ultimate 3000高效液相色谱（HPLC）串联Thermo X series Ⅱ电感耦合等离子体质谱（ICP/MS）时，本方法的检出限为0.11 μg/L，定量限为0.50 μg/L。

拓展阅读

饮用水中溴酸盐测定的其他方法

饮用水中溴酸盐测定还有多种方法，如分光光度法、毛细管电泳法、电化学检测法等。

分光光度法具有快捷、简便、易推广和成本低等特点。该法主要是利用溴酸盐的还原性，使用品红、吩噻嗪、氯丙嗪、三氟拉嗪和亚甲基蓝检测饮用水中溴酸盐含量。

毛细管区带电泳广泛应用于大量离子种类的检测。已有研究表明应用阳离子高分子电解质和离子色谱-毛细管电泳可以有效分离饮用水中的无机离子。

电化学分析法也应用在溴酸盐定量分析中。如电流分析传感器和催化-吸附溶出伏安法。利用Mo（Ⅲ）-VMA复合物的还原反应检测溴酸盐浓度。该方法重复性好，精确度高，更容易实现对水体中溴酸盐离子进行在线监测。

扫码“学一学”

第七节　饮料中糖的测定

糖又称为碳水化合物，是人体必需的营养素。饮料中的糖除来自于食物本身外，还可能是一种额外添加的甜味剂。为改善口感，大部分的饮料都加入了糖。但长期摄过量糖可能会造成机体能量过高而肥胖，增加罹患心脏病的风险，诱发胰岛素抗性，导致糖尿病。

分子结构中含有还原基团（醛基或酮基）的糖叫还原糖。所有的单糖及大部分双糖都是还原糖，如葡萄糖、果糖、麦芽糖、乳糖。根据国标《食品中还原糖的测定》GB 5009. 7—2016 规定使用直接滴定法和高锰酸钾滴定法测定饮料中还原糖的含量。

饮料中其余糖类，可通过适当的方法分解成还原糖后，再按上述方法进行检测。

一、直接滴定法

直接滴定法也叫斐林试剂法。以甲基蓝作指示剂，在加热条件下滴定标定过的碱性酒石酸铜溶液，根据样品液消耗体积计算还原糖含量。

（一）测定原理

试样经除去蛋白质后，以亚甲蓝作指示剂，在加热条件下滴定标定过的碱性酒石酸铜溶液（已用还原糖标准溶液标定），根据样品液消耗体积计算还原糖含量。

（二）适用范围

适用于大多数食品中还原糖的测定。

（三）试剂和仪器

1. 试剂

（1）盐酸（1 +1）。

（2）氢氧化钠（40 g/L）。

（3）亚铁氰化钾（106 g/L）。

（4）菲林试剂甲液（碱性酒石酸铜甲液）　称取 69. 3 g 硫酸铜晶体（硫酸铜 15 g）和亚甲蓝 0. 05 g，溶于水中，并稀释至 1000 mL。

（5）菲林试剂乙液（碱性酒石酸铜乙液）　称取酒石酸钾钠 50 g 和氢氧化钠 75 g，溶解于水中，再加入亚铁氰化钾 4 g，完全溶解后，用水定容至 1000 mL，贮存于橡胶塞玻璃瓶中。

（6）乙酸锌溶液　称取乙酸锌 21. 9 g，加冰乙酸 3 mL，加水溶解并定容于 100 mL。

（7）次甲基蓝溶液　1 g 次甲基蓝溶于 100 mL 水。

（8）葡萄糖标准溶液（1. 0 mg/mL）　准确称取经过 98 ~ 100 ℃烘箱中干燥 2 小时后的葡萄糖 1 g，加水溶解后加入盐酸溶液 5 mL，并用水定容至 1000 mL。此溶液每毫升相当于 1. 0 mg 葡萄糖。

2. 仪器

（1）水浴锅。

（2）电子天平。

（3）可调温电炉。

（4）酸式滴定管。

（四）操作步骤

1. 酒精饮料　称取混匀后的试样 100 g（精确至 0. 01 g），置于蒸发皿中。用氢氧化钠溶液中和至中性，在水浴上蒸发至原体积的 1/4 后，移入 250 mL 容量瓶中，缓慢加入乙酸

锌溶液 5 mL 和亚铁氰化钾溶液 5 mL，加水至刻度，混匀，静置 30 分钟，用干燥滤纸过滤，弃去初滤液，取后续滤液备用。

2. 碳酸饮料 称取混匀后的试样 100 g（精确至 0.01 g）于蒸发皿中，在水浴上微热搅拌除去二氧化碳后，移入 250 mL 容量瓶中，用水洗涤蒸发皿，洗液并入容量瓶，加水至刻度，混匀后备用。

3. 斐林试剂溶液的标定 吸取碱性酒石酸铜甲液 5.0 mL 和碱性酒石酸铜乙液 5.0 mL，于 150 mL 锥形瓶中，加水 10 mL，加入玻璃珠 2～4 粒。从滴定管中加葡萄糖标准溶液约 9 mL，控制在 2 分钟内加热至沸，趁热以每 2 秒 1 滴的速度继续滴加葡萄糖，直至溶液蓝色刚好褪去为终点，记录消耗葡萄糖的总体积。同时平行操作 3 份，取其平均值，计算每 10 mL（碱性酒石酸甲、乙液各 5 mL）碱性酒石酸铜溶液相当于葡萄糖的质量（mg）。

注意：也可以按上述方法标定 4～20 mL 碱性酒石酸铜溶液（甲、乙液各半）来适应试样中还原糖的浓度变化。

4. 试样溶液预测 吸取碱性酒石酸铜甲液 5.0 mL 和碱性酒石酸铜乙液 5.0 mL 于 150 mL锥形瓶中，加水 10 mL，加入玻璃珠 2～4 粒，控制在 2 分钟内加热至沸，保持沸腾以先快后慢的速度，从滴定管中滴加试样溶液，并保持沸腾状态，待溶液颜色变浅时，以每 2 秒 1 滴的速度滴定，直至溶液蓝色刚好褪去为终点，记录样品溶液消耗的体积。

注：当样液中还原糖浓度过高时，应适当稀释后再进行正式测定，使每次滴定消耗样液的体积控制在与标定碱性酒石酸铜溶液时所消耗的还原糖标准溶液的体积相近，约 10 mL 左右，结果按式（4－6）计算；当浓度过低时则采取直接加入 10 mL 样品液，免去加水 10 mL，再用还原糖标准溶液滴定至终点，记录消耗的体积与标定时消耗的还原糖标准溶液体积之差相当于 10 mL 样液中所含还原糖的量，结果按式（4－7）计算。

5. 试样溶液测定 吸取碱性酒石酸铜甲液 5.0 mL 和碱性酒石酸铜乙液 5.0 mL，置于 150 mL 锥形瓶中，加水 10 mL，加入玻璃珠 2～4 粒，从滴定管滴加比预测体积少 1 mL 的试样溶液至锥形瓶中，控制在 2 分钟内加热至沸，保持沸腾继续以每 2 秒 1 滴的速度滴定，直至蓝色刚好褪去为终点。记录样液消耗体积，同法平行操作三份，得出平均消耗体积（V）。

（五）分析结果

试样中还原糖的含量计算公式：

$$X = \frac{m_1}{m \times F \times \frac{V}{250} \times 1000} \times 100 \qquad (4-6)$$

式中，X 为试样中还原糖的含量，g/100 g；m_1 为碱性酒石酸铜溶液（甲乙各半）相当于某种还原糖的质量，mg；m 为试样质量，g；F 为系数，1；V 为测定时平均消耗试样溶液体积，mL；250 为定容体积，mL；1000 为换算系数。

在重复性条件下获得的两次独立测定结果的绝对差值不得超过算术平均值的 5%。

当浓度过低时，试样中还原糖的含量（以某种还原糖计）按式 4－7 计算：

$$X = \frac{m_2}{m \times F \times \frac{10}{250} \times 1000} \times 100 \qquad (4-7)$$

式中，X 为试样中还原糖的含量（以某种还原糖计），g/100 g；m_2 为标定时体积与加入样品后消耗的还原糖标准溶液体积之差相当于某种还原糖的质量，mg；m 为试样质量，g；F 为系数，含淀粉食品为0.8，其余为1；10为样液体积，mL；250为定容体积，mL；1000为换算系数。

还原糖含量≥10 g/100 g时，计算结果保留三位有效数字；还原糖含量<10 g/100 g时，计算结果保留两位有效数字。

在重复性条件下获得的两次独立测定结果的绝对差值不得超过算术平均值的5%。

（六）注意事项

1. 乙酸锌及亚铁氰化钾作为蛋白质沉淀剂；

2. 碱性酒石酸铜甲、乙液应分别配制，分别贮存，不能事先混合贮存；

3. 测定中滴定速度、加热时间及热源稳定程度、锥瓶壁厚度对测定精密度影响很大，在预测及正式测定过程中试验条件应力求一致；

4. 整个滴定过程应保持在微沸状态下进行，继续滴至终点的体积应控制在0.5～1 mL之内，否则应重做；

5. 样品中还原糖的质量分数不宜过高及过低，需根据预测加以调节，以0.1%为宜；

6. 滴定至终点，指示剂被还原糖所还原，蓝色消失，呈淡黄色，稍放置，接触空气中的氧，指示剂被氧化，会重新变成蓝色，此时不应再滴定。

7. 配制标准液的葡萄糖应先在50～60 ℃条件下干燥30分钟，然后置于98～100 ℃烘箱中烘至恒重；

8. 碱性酒石酸铜的氧化能力较强，可将醛糖和酮糖都氧化，所以测得的是总还原糖的质量；

9. 本法对糖进行定量的基础是碱性酒石酸铜溶液中 Cu^{2+} 的量，所以样品处理时不能采用硫酸铜－氢氧化钠作为澄清剂，以免样液中误入 Cu^{2+}，得出错误的结果；

10. 在碱性酒石酸铜乙液中加入亚铁氰化钾，是为了使所生成的 Cu_2O 红色沉淀与之形成可溶性的无色络合物，使终点便于观察；

11. 次甲基蓝也是一种氧化剂，但在测定条件下其氧化能力比 Cu^{2+} 弱，故还原糖先与 Cu^{2+} 反应，待 Cu^{2+} 完全反应后，稍过量的还原糖才会与亚甲基蓝发生反应，溶液蓝色消失，指示到达终点。

二、高锰酸钾滴定法

（一）测定原理

试样经除去蛋白质后，其中还原糖把铜盐还原为氧化亚铜，加硫酸铁后，氧化亚铜被氧化为铜盐，经高锰酸钾溶液滴定氧化作用后生成的亚铁盐，根据高锰酸钾消耗量，计算氧化亚铜含量，再查表得还原糖量。

（二）试剂和仪器

1. 试剂

（1）盐酸（3 mol/L）。

（2）氢氧化钠（40 g/L）。

（3）高锰酸钾溶液（c（$1/5KMnO_4$）=0.1000 mol/L）。

2. 仪器

（1）水浴锅。

（2）电子天平。

（3）可调温电炉。

（4）酸式滴定管。

（5）真空泵。

（6）坩埚。

（三）样品处理

1. 酒精饮料 称取100 g（精确至0.01 g）混匀后的试样，置于蒸发皿中，用氢氧化钠溶液中和至中性，在水浴上蒸发至原体积的1/4后，移入250 mL容量瓶中。加水50 mL，混匀。加碱性酒石酸铜甲液10 mL及氢氧化钠溶液4 mL，加水至刻度，混匀。静置30分钟，用干燥滤纸过滤，弃去初滤液，取后续滤液备用。

2. 碳酸饮料 称取100 g（精确至0.001 g）混匀后的试样，试样置于蒸发皿中，在水浴上除去二氧化碳后，移入250 mL容量瓶中，并用水洗涤蒸发皿，洗液并入容量瓶中，再加水至刻度，混匀后，备用。

（四）试样溶液测定

吸取处理后的试样溶液50.0 mL，于500 mL烧杯内，加入碱性酒石酸铜甲液25 mL及碱性酒石酸铜乙液25 mL，于烧杯上盖一表面皿，加热，控制在4分钟内沸腾，再精确煮沸2分钟，趁热用铺好精制石棉的坩埚抽滤，并用60 ℃热水洗涤烧杯及沉淀，至洗液不呈碱性为止。将坩埚放回原500 mL烧杯中，加硫酸铁溶液25 mL、水25 mL，用玻棒搅拌使氧化亚铜完全溶解，以高锰酸钾标准溶液滴定至微红色为终点。

同时吸取水50 mL，加入与测定试样时相同量的碱性酒石酸铜甲液、乙液、硫酸铁溶液及水，按同一方法做空白试验。

（五）分析结果

试样中还原糖质量相当于氧化亚铜的质量，按式4-8计算：

$$X_0=(V-V_0)\times C\times 71.54 \tag{4-8}$$

式中，X_0为试样中还原糖质量相当于氧化亚铜的质量，mg；V为测定用试样液消耗高锰酸钾标准溶液的体积，mL；V_0为试剂空白消耗高锰酸钾标准溶液的体积，mL；C为高锰酸钾标准溶液的实际浓度，mol/L；71.54为1 mL高锰酸钾标准溶液相当于氧化亚铜的质量，mg。

根据式中计算所得氧化亚铜质量，查附表（相当于氧化亚铜质量的葡萄糖、果糖、乳糖、转化糖质量表）计算试样中还原糖含量，按下式4-9计算：

$$X=\frac{m_1}{m_2\times\frac{V}{250}\times 1000}\times 100 \tag{4-9}$$

式中，X为试样中还原糖的含量，g/100 g；m_1为查附表得还原糖质量，mg；m_2为试样质量

或体积，g 或 mL；V 为测定用试样溶液的体积，mL；250 为试样处理后的总体积，mL。

在重复性条件下获得的两次独立测定结果的绝对差值不得超过算术平均值的 5%。

（六）注意事项

1. 必须注意反应条件的控制，加入碱性酒石酸铜甲、乙液后必须控制在 4 分钟内煮沸，维持沸腾 2 分钟，时间要准确，否则会引起较大误差，重现性不好；

2. 煮沸过程中若发现溶液蓝色消失，说明糖度过高，需减少样品处理液的用量，重新操作，而不应增加碱性酒石酸铜溶液的用量；

3. 抽滤过程中应防止氧化亚铜沉淀暴露于空气中，需使沉淀始终在液面下避免氧化；

4. 样品处理中利用硫酸铜在碱性条件下作为澄清剂，除去蛋白质等成分。

第八节　饮料中防腐剂的快速检测

扫码“学一学”

食品防腐剂是能防止由微生物引起的腐败变质、延长食品保藏期的食品添加剂。但目前食品中过量使用、滥用食品防腐剂的现象仍经常发生。国家标准 GB 2760—2014《食品添加剂使用卫生标准》中对食品添加剂的使用范围及其限量做了明确规定。

在我国防腐剂被暂定为 30 个品种。根据来源、抗菌机理和用途可分为：

1. 酸型防腐剂，指能在水溶液中发生解离作用的酸及其盐类，其防腐效果主要靠未解离酸对微生物起作用。包括：苯甲酸及其钠盐、山梨酸及其钠盐、丙酸及其钠、钙盐，脱氧乙酸及其钠盐、双乙酸钠、二氧化碳共 11 种。

2. 非酸型酯型防腐剂，是指在水溶液中不会发生分子解离作用的一类有机酯类防腐剂。包括对羟基苯甲酸酯类及其钠盐（对羟基苯甲酸甲酯钠、对羟基苯甲酸乙酯及其钠盐、对轻基苯甲酸丙酯及其钠盐）和单辛酸甘油酯共 6 种。

3. 生物防腐剂又称抗生素，指由各种微生物天然产生的、具有选择性抗微生物活性的一类防腐剂。包括乳酸链球菌素和纳他霉素。

4. 果蔬保鲜剂是仅仅批准用于新鲜果蔬表面的一类食品保鲜剂。包括乙氧基喹、仲丁胺、桂酸、乙萘酯、联苯醚、2 - 苯基苯酯钠盐、4 - 苯基苯酚、2，4 - 二氯苯氧乙酸共 9 种。

5. 消毒剂指能用于杀灭传播媒介上病原微生物，使其达到无害化要求的制剂，不同于抗生素，在防病中的主要作用是将病原微生物消灭于人体之外，切断传染病的传播途径。包括稳定态二氧化氯。

6. 其他二甲基二碳酸盐，是一种巴氏杀菌饮料专用防腐剂。

对这些防腐剂的分析检测，已报道的检测方法包括高效液相色谱 - 紫外分光光度法、离子色谱法、毛细管电泳法、液相色谱 - 质谱法等。在上述测定方法中，以液相色谱法应用最为广泛。

一、饮料中苯甲酸、山梨酸的快速测定（高效液相色谱法）

（一）测定原理

样品经脱去二氧化碳，水性微孔滤膜过滤，采用液相色谱分离、紫外检测器检测，外标法定量。

（二）适用范围

碳酸饮料、果汁饮料等。

（三）试剂和仪器

1. 试剂

（1）苯甲酸或苯甲酸钠　纯度≥99.0%，或经国家认证并授予标准物质证书的标准物质。

（2）山梨酸或山梨酸钾　纯度≥99.0%，或经国家认证并授予标准物质证书的标准物质。

（3）磷酸二氢钾　纯度≥99.0%。

2. 仪器

（1）高效液相色谱仪　配有紫外检测器。

（2）C_{18}色谱柱　150 mm×4.6 mm I.D.，粒径5 μm填料。

（3）纯水系统。

（4）超声仪。

3. 标准溶液配制

准确称取100 mg（精确到0.01 mg）苯甲酸和山梨酸至两个10 mL容量瓶中，用甲醇：水（50：50，v/v）定容，配置成10 mg/mL标准储备溶液。取一个10 mL容量瓶，准确加入1 mL苯甲酸和1 mL山梨酸储备液，混匀后用水定容至10 mL，配制成浓度为1 mg/mL的混合标准储备液。用水逐级稀释混合标准储备液，配制成浓度为0.5、2、10、20、50 mg/L的混合标准溶液，所有标准溶液均置于4 ℃冰箱中避光保存。

（四）分析步骤

1. 样品前处理　碳酸饮料超声5～10分钟，脱去二氧化碳。准确称取脱气后的碳酸饮料或果汁饮料样品1 g（精确到0.01 g），置于10 mL容量瓶中，用50 mmol/L KH_2PO_4（pH 4.5）：乙腈（95：5，*V/V*）定容至10 mL，混匀，取试样适量过0.45 μm水性微孔滤膜，直接进行液相分析。

2. 色谱条件

色谱柱：C_{18}色谱柱（150 mm×4.6 mm I.D.，粒径5 μm或等效色谱柱）。

流动相A：50 mmol/L pH 4.5 KH_2PO_4。

流动相B：乙腈。

梯度洗脱程序：0～6分钟，5%～40% B。

流速：2 mL/min。

柱温：40 ℃。

进样体积：20 μL。

分析时间：6分钟。

平衡时间：4分钟。

检测波长：215 nm。

以保留时间定性，外标法定量。

3. 标准曲线的制作　将混合标准溶液分别注入液相色谱仪中，测定相应的峰面积，以

混合标准系列溶液的质量浓度为横坐标，以峰面积为纵坐标，绘制标准曲线。

4. 试样溶液的测定 将试样溶液注入液相色谱仪中，得到峰面积，根据标准曲线得到待测液中苯甲酸和山梨酸的质量浓度。

（五）分析结果

试样中苯甲酸和山梨酸的含量按式4-10计算：

$$X = \frac{\rho \times V}{m \times 1000} \tag{4-10}$$

式中，X为试样中待测组分的含量，g/kg；ρ为由标准曲线得出的试样液中待测物的质量浓度，mg/L；V为试样定容体积，mL；m为试样质量，g；1000为由mg/kg转换为g/kg的换算因子。

结果保留三位有效数字。

（六）精密度

在重复性条件下获得的两次独立测定结果的绝对差值不得超过算术平均值的10%。

（七）注意事项

色谱柱柱温设置为40℃（40℃柱温可适当降低2 mL/min引起的高柱压），可在6分钟内完成一次分析。加上4分钟梯度平衡时间，每个样品分析时间可缩短至10分钟，大大提高了样品测定效率。

二、气相色谱法测定饮料中的苯甲酸、山梨酸

（一）测定原理

试样经盐酸酸化后，用乙醚提取苯甲酸、山梨酸，采用气相色谱-氢火焰离子化检测器进行分离测定，外标法定量。

（二）试剂和仪器

1. 试剂

（1）基础试剂 乙醚、乙醇、正己烷、乙酸乙酯（色谱纯）、盐酸、氯化钠、无水硫酸钠（500℃烘8小时，于干燥器中冷却至室温后备用）。

（2）配置试剂

盐酸溶液（1+1） 取50 mL盐酸，边搅拌边慢慢加入到50 mL水中，混匀。

氯化钠溶液（40 g/L） 称取40 g氯化钠，用适量水溶解，加盐酸溶液2 mL，加水定容到1 L。

正己烷-乙酸乙酯混合溶液（1+1） 取100 mL正己烷和100 mL乙酸乙酯，混匀。

（3）标准品

苯甲酸 纯度≥99.0%，或经国家认证并授予标准物质证书的标准物质；

山梨酸 纯度≥99.0%，或经国家认证并授予标准物质证书的标准物质。

（4）标准溶液配制

苯甲酸、山梨酸标准储备溶液（1000 mg/L） 分别准确称取苯甲酸、山梨酸各0.1 g（精确到0.0001 g），用甲醇溶解并分别定容至100 mL。转移至密闭容器中，于-18℃贮

存，保存期为6个月。

苯甲酸、山梨酸混合标准中间溶液（200 mg/L）　分别准确吸取苯甲酸、山梨酸标准储备溶液各10.0 mL于50 mL容量瓶中，用乙酸乙酯定容。转移至密闭容器中，于-18 ℃贮存，保存期为3个月。

苯甲酸、山梨酸混合标准系列工作溶液　分别准确吸取苯甲酸、山梨酸混合标准中间溶液0、0.05、0.25、0.50、1.00、2.50、5.00、10.0 mL，用正己烷-乙酸乙酯混合溶剂（1+1）定容至10 mL，配制成质量浓度分别为0、1.00、5.00、10.0、20.0、50.0、100、200 mg/L的混合标准系列工作溶液。现用现配。

2. 仪器

（1）气相色谱仪　带氢火焰离子化检测器（FID）。

（2）分析天平　感量为0.001 g和0.0001 g。

（3）涡旋振荡器。

（4）离心机　转速>8000 r/min。

（5）氮吹仪。

（三）分析步骤

1. 试样制备　取多个预包装的饮料样品，直接混合，取其中的200 g装入洁净的玻璃容器中，密封，水溶液于4 ℃保存，其他试样于-18 ℃保存。

2. 试样提取　准确称取约2.5 g（精确至0.001 g）试样于50 mL离心管中，加0.5 g氯化钠、0.5 mL盐酸溶液（1+1）和0.5 mL乙醇，用15 mL和10 mL乙醚提取两次，每次振摇1分钟，于8000 r/min离心3分钟。每次均将上层乙醚提取液通过无水硫酸钠滤入25 mL容量瓶中。加乙醚清洗无水硫酸钠层并收集至约25 mL刻度，最后用乙醚定容，混匀。准确吸取5 mL乙醚提取液于5 mL具塞刻度试管中，用35 ℃氮吹至干，加入2 mL正己烷-乙酸乙酯（1+1）混合溶液溶解残渣，待气相色谱测定。

3. 仪器参考条件

色谱柱：聚乙二醇毛细管气相色谱柱，内径320 μm，长30 m，膜厚度0.25 μm，或等效色谱柱。

载气：氮气，流速3 mL/min；空气：400 L/min；氢气：40 L/min。

进样口温度：250 ℃；检测器温度：250 ℃；柱温程序：初始温度80 ℃，保持2分钟，以15 ℃/min的速率升温至250 ℃，保持5分钟。

进样量：2 μL。

分流比：10∶1。

4. 标准曲线制作　将混合标准系列工作溶液分别注入气相色谱仪中，以质量浓度为横坐标，以峰面积为纵坐标，绘制标准曲线。

5. 试样溶液的测定　将试样溶液注入气相色谱仪中，得到峰面积，根据标准曲线得到待测液中苯甲酸、山梨酸的质量浓度。

（四）分析结果

试样中苯甲酸、山梨酸含量按式4-11计算：

$$X = \frac{\rho \times V \times 25}{m \times 5 \times 1000} \tag{4-11}$$

式中，X 为试样中待测组分含量，g/kg；ρ 为由标准曲线得出的样液中待测物的质量浓度，mg/L；V 为加入正己烷－乙酸乙酯（1＋1）混合溶剂的体积，mL；25 为试样乙醚提取液的总体积，mL；m 为试样的质量，g；5 为测定时吸取乙醚提取液的体积，mL；1000 为由 mg/kg 转换为 g/kg 的换算因子。

结果保留三位有效数字。

（五）精密度

在重复性条件下获得的两次独立测定结果的绝对差值不得超过算术平均值的 10%。

（六）注意事项

除非另有说明，本方法所用试剂均为分析纯，水为 GB/T 6682 规定的一级水；山梨酸钾、苯甲酸钠含量可以根据山梨酸、苯甲酸含量按相对分子质量进行换算。

拓展阅读

饮料中防腐剂快速检测新方法
——全二维气相色谱－飞行时间质谱联用仪

饮料中防腐剂快速检测还有多种方法，如全二维气相色谱－飞行时间质谱联用仪，峰容量大、灵敏度高及分析速度快，可以达到更加准确的效果，可同时检测多种防腐剂成分。

全二维气相色谱是把将分离机理不同且互相独立的两根色谱柱，以串联方式连接，试样从进样口导入一维柱后，各化合物根据沸点不同进行第一维分离，然后经调制器聚焦，以脉冲升温方式进入二维柱，一维柱中因沸点相近而未分离的化合物再根据极性大小不同进行第二维分离。

思考题

1. 饮用水色度和浊度的测定方法有哪些？
2. 简述水中 pH 的测定方法？
3. 饮用水中余氯的测定方法？
4. 检测饮料中的防腐剂有哪些方法？各有哪些特点？
5. 某公司进了一批苹果浓缩汁饮料，假如你是该公司化验员，应该检测哪些理化指标？执行什么标准？需要哪些实验设备？

扫码“练一练”

（黄艳玲　提伟钢）

第五章 乳及乳制品的分析

知识目标

1. 掌握 乳及乳制品中脂肪、蛋白质、蔗糖、硝酸盐、亚硝酸盐等的检测原理和检测方法。
2. 熟悉 乳及乳制品中非乳脂固体和黄曲霉毒素的测定。
3. 了解 乳及其制品常见检测项目的测定意义。

能力目标

1.能熟练检测乳及乳制品中脂肪、蛋白质、蔗糖、硝酸盐、亚硝酸盐等。
2.能正确操作乳及乳制品检测中的仪器设备。

扫码“学一学”

第一节 概 论

一、乳及乳制品的分类

乳制品主要是以生鲜牛（羊）乳及其制品为主要原料，经加工制成的产品。依据国家发展和改革委员会2008年第35号公告《乳制品工业产业政策》，乳制品主要包括：液体乳类（杀菌乳、灭菌乳、酸牛乳、配方乳）；乳粉类（全脂乳粉、脱脂乳粉、全脂加糖乳粉和调味乳粉、婴幼儿配方乳粉、其他配方乳粉）；炼乳类（全脂无糖炼乳、全脂加糖炼乳、调味/调制炼乳、配方炼乳）；乳脂肪类（稀奶油、奶油、无水奶油）；干酪类（原干酪、再制干酪）；其他乳制品类（干酪素、乳糖、乳清粉等）。

二、乳及乳制品的检验程序

以乳粉为例，其检验程序具体见图5－1。

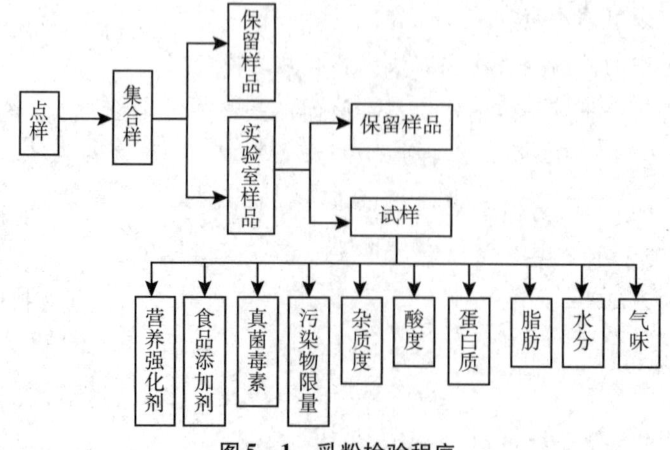

图5－1 乳粉检验程序

三、乳及乳制品的检验项目

乳及乳制品的检验项目根据其种类不同而各异。以乳粉为例，常见的检测指标有水分、脂肪、蛋白质、酸度、杂质度、污染物限量、真菌毒素、食品添加剂和营养强化剂等。

扫码“学一学”

第二节　乳及乳制品中脂肪的测定

☞ 案例讨论

案例： 目前市面上的牛奶种类较多，如全脂牛奶、半脱脂牛奶、全脱脂牛奶。不同种类牛奶及其制品脂肪含量不同。乳脂肪是乳的主要成分之一，不溶于水，呈微细的球状分散在乳中，形成乳浊液。其组成包括三酸甘油酯、甘油酸二酯、单酸甘油酯、脂肪酸、固醇、胡萝卜素（脂肪中的黄色物质）、维生素A、D、E、K和其余一些痕量物质。

问题： 1. 如何检测乳及乳制品中的脂肪？

2. 乳脂肪的检测与其他食品脂肪检测方法是否相同？

乳脂肪是乳的主要成分之一。在乳中的平均含量为3%～5%。不溶于水，呈微细的球状分散在乳中，形成乳浊液。乳脂肪组成包括：三酸甘油酯（主要组分）、甘油酸二酯、单酸甘油酯、脂肪酸、固醇、胡萝卜素（脂肪中的黄色物质）、维生素A、D、E、K和其余一些痕量物质。

目前，乳及乳制品、婴幼儿配方食品中脂肪的测定依据食品安全国家标准GB 5009.6—2016《食品中脂肪的测定》，主要有碱水解法和盖勃法。

一、碱水解法

（一）测定原理

用无水乙醚和石油醚抽提样品的碱（氨水）水解液，通过蒸馏或蒸发去除溶剂，测定溶于溶剂中的抽提物的质量。

（二）样品测定

1. 试样碱水解　称取充分混匀试样10 g（精确至0.0001 g）于抽提瓶中。加入2.0 mL氨水，充分混合后立即将抽脂瓶放入65 ℃ ±5 ℃的水浴中，加热15～20分钟，不时取出振荡。取出后，冷却至室温。静置30秒。

（1）巴氏杀菌乳、灭菌乳、生乳、发酵乳、调制乳　称取充分混匀试样10 g（精确至0.0001 g）于抽脂瓶中。加入2.0 mL氨水，充分混合后立即将抽脂瓶放入65 ℃ ±5 ℃的水浴中，加热15～20分钟，不时取出振荡。取出后，冷却至室温。静置30秒。

（2）乳粉和婴幼儿食品　称取混匀后的试样，高脂乳粉、全脂乳粉、全脂加糖乳粉和婴幼儿食品约1 g（精确至0.0001 g），脱脂乳粉、乳清粉、酪乳粉约1.5 g（精确至0.0001 g），其余操作同（1）。

①不含淀粉样品。加入 10 mL 65 ℃ ±5 ℃的水，将试样洗入抽脂瓶的小球，充分混合，直到试样完全分散，放入流动水中冷却。

②含淀粉样品。将试样（如磨牙棒）放入抽脂瓶中，加入约0.1 g的淀粉酶，混合均匀后，加入8～10 mL 45 ℃的水，注意液面不要太高。盖上瓶塞于搅拌状态下，置65 ℃ ±5 ℃水浴中2小时，每隔10分钟摇混1次。为检验淀粉是否水解完全可加入2滴约0.1 mol/L的碘溶液，如无蓝色出现说明水解完全，否则将抽脂瓶重新置于水浴中，直至无蓝色产生。抽脂瓶冷却至室温。其余操作同（1）。

（3）炼乳脱脂炼乳、全脂炼乳和部分脱脂炼乳　称取约3～5 g（高脂炼乳称取约1.5 g）（精确至0.0001 g），用10 mL水，分次洗入抽脂瓶小球中，充分混合均匀。其余操作同（1）。

（4）奶油、稀奶油　先将奶油试样放入温水浴中溶解并混合均匀后，称取试样约0.5 g（精确至0.0001 g），稀奶油称取约1 g于抽脂瓶中，加入8～10 mL约45 ℃的水。再加2 mL氨水充分混匀。其余操作同（1）。

（5）干酪　称取约2 g研碎的试样（精确至0.0001 g）于抽脂瓶中，加10 mL 6 mol/L盐酸，混匀，盖上瓶塞，于沸水中加热20～30分钟，取出冷却至室温，静置30秒。

2. 抽提

（1）加入10 mL乙醇，缓和但彻底地进行混合，避免液体太接近瓶颈。如果需要，可加入2滴刚果红溶液。

（2）加入25 mL乙醚，塞上瓶盖，将抽脂瓶保持在水平位置，小球的延伸部分朝上夹到摇混器上，按约100次/分钟振荡1分钟，也可采用手动振摇方式。但均应注意避免形成持久乳化液。抽脂瓶冷却后小心地打开塞子，用少量的混合溶剂冲洗塞子和瓶颈，使冲洗液流入抽脂瓶。

（3）加入25 mL石油醚，塞上重新湿润的塞子，按约100次/分钟，轻轻振荡30秒。

（4）将加塞的抽脂瓶放入离心机中，在500～600 r/min离心5分钟，否则将抽脂瓶静置至少30分钟，直到上层液澄清，并明显与水相分离。

（5）小心地打开瓶塞，用少量的混合溶剂冲洗塞子和瓶颈内壁，使冲洗液流入抽脂瓶。如果两相界面低于小球与瓶身相接处，则沿瓶壁边缘慢慢地加入水，使液面高于小球和瓶身相接处，如图5－2中的a，以便于倾倒。

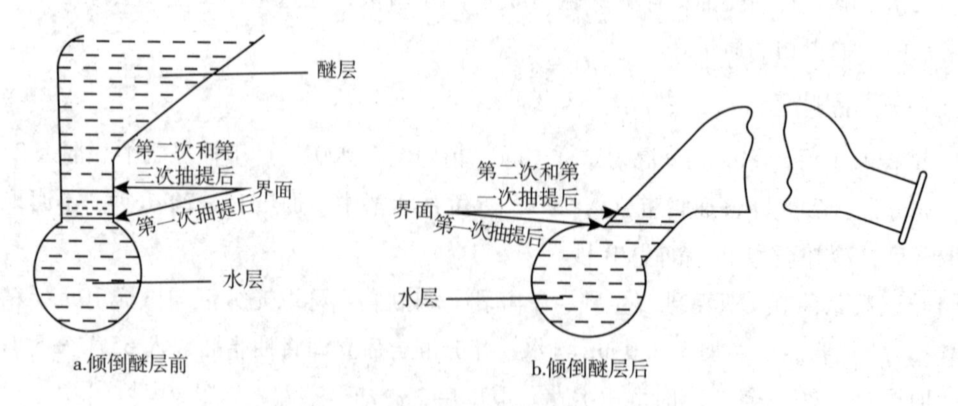

图5－2　操作示意图

（6）将上层液尽可能地倒入已准备好的加入沸石的脂肪收集瓶中，避免倒出水层，如图5－2中的b所示。

（7）用少量混合溶剂冲洗瓶颈外部，冲洗液收集在脂肪收集瓶中。应防止溶剂溅到抽脂瓶的外面。

（8）向抽脂瓶中加入 5 mL 乙醇，用乙醇冲洗瓶颈内壁，缓和但彻底地进行混合，避免液体太接近瓶颈。重复（2）~（7）操作，用 15 mL 无水乙醚和 15 mL 石油醚，进行第 2 次抽提。

（9）重复（2）~（7）操作，用 15 mL 无水乙醚和 15 mL 石油醚，进行第 3 次抽提。

（10）空白试验与样品检验同时进行，采用 10 mL 水代替试样，使用相同步骤和相同试剂。

3. 称量　合并所有提取液，既可采用蒸馏的方法除去脂肪收集瓶中的溶剂，也可于沸水浴上蒸发至干以除掉溶剂。蒸馏前用少量混合溶剂冲洗瓶颈内部。将脂肪收集瓶放入 100 ℃ ±5 ℃的烘箱中干燥 1 小时，取出后置于干燥器内冷却 0.5 小时后称量。重复以上操作直至恒重（直至两次称量的差不超过 2 mg）。

（三）结果计算与数据处理

试样中脂肪的含量按式 5 -1 计算：

$$X=\frac{(m_1-m_2)-(m_3-m_4)}{m}\times 10 \qquad (5-1)$$

式中，X 为试样中脂肪的含量，g/100 g；m_1 为恒重后脂肪收集瓶和脂肪的质量，g；m_2 为脂肪收集瓶的质量，g；m_3 为空白试验中，恒重后脂肪收集瓶和抽提物的质量，g；m_4 为空白试验中脂肪收集瓶的质量，g；m 为样品的质量，g；100 为换算系数。

结果保留三位有效数字。

当样品中脂肪含量≥15%时，两次独立测定结果之差≤0.3 g/100 g；当样品中脂肪含量在 5 ~15%时，两次独立测定结果之差≤0.2 g/100 g；当样品中脂肪含量≤5%时，两次独立测定结果之差≤0.1 g/100 g。

二、盖勃法

（一）原理

在牛乳中加入硫酸破坏牛乳胶质性和覆盖在脂肪球上的蛋白质外膜，离心分离脂肪后测量其体积。

（二）仪器

盖勃乳脂计，乳脂离心机。

（三）样品测定

于盖勃氏乳脂计中先加入 10 mL 硫酸，再沿着管壁小心准确加入 10.75 mL 试样，使试样与硫酸不要混合，然后加 1 mL 异戊醇，塞上橡皮塞，使瓶口向下，同时用布包裹以防冲出，用力振摇使呈均匀棕色液体，静置数分钟（瓶口向下），置 65 ~70 ℃水浴中 5 分钟，取出后置于乳脂离心机中以 1100 r/min 的转速离心 5 分钟，于 65 ~70 ℃水浴水中保温 5 分钟（注意水浴水面应高于乳脂计脂肪层）。取出，立即读数，即为脂肪的百分数。

精密度：在重复性条件下获得的两次独立测定结果的绝对差值不得超过算术平均值的5%。

扫码"学一学"

第三节 乳及乳制品中蛋白质的测定

☞案例讨论

案例：牛初乳是母牛生下小牛后分泌的最初一批牛奶，量少价高。初乳中含有大量的免疫蛋白，而且蛋白质含量要远高于人初乳，主要以酪蛋白为主。原卫生部在《关于进口牛初乳类产品适用标准问题的函》中提到禁止添加牛初乳的原因在于牛初乳产量低、难收集、质量不稳定等。母乳或者配方奶粉已经可以满足婴幼儿的营养需要，因此没有必要再额外添加牛初乳。

问题：如何检测牛乳中的蛋白质？

蛋白质是组成人体一切细胞、组织的重要成分，是生命的物质基础，是有机大分子，是构成细胞的基本有机物，是生命活动的主要承担者。人体内酸碱平衡、水平衡的维持，遗传信息的传递，物质的代谢及转运都与蛋白质有关，没有蛋白质就没有生命。氨基酸是蛋白质的基本组成单位，它是与生命及各种形式的生命活动紧密联系在一起的物质。此外，在食品加工过程中，蛋白质及其分解产物对食品的色、香、味有极大的影响，是食品的重要组成成分。

各种食品中蛋白质的含量不同，一般来说，动物性食品中蛋白质含量高于植物性食品。测定食品中蛋白质含量，对评价食品营养价值的高低、合理开发利用食品资源、控制食品加工中的食品品质等都具有重要意义。

蛋白质所含的主要化学元素为C、H、O、N，在某些蛋白质中还含有微量的P、Cu、Fe、I等元素，但N则是蛋白质区别其他有机化合物的主要标志。不同的蛋白质其氨基酸构成比例及方式不同，故含氮量也不同。一般蛋白质含氮量为16%，即1份氮相当于6.25份蛋白质，此数值（6.25）称为蛋白质换算系数，不同类食品的蛋白质系数有所不同。

测定蛋白质方法的原理可分为两大类：一类是利用蛋白质的共性，即含氮量、肽键和折射率测定蛋白质含量；另一类是利用蛋白质中特定氨基酸残基、酸性和碱性基团，以及芳香基团，等测定蛋白质含量。

目前，食品中蛋白质的测定依据食品安全国家标准GB 5009.5—2016《食品中的蛋白质的测定》，主要有凯氏定氮法、分光光度法和燃烧法。其中前两法适用于各种食品中蛋白质的测定，第三种方法适用于蛋白质含量在10 g/100 g以上的粮食、豆类奶粉、米粉、蛋白质粉等固体试样的测定。

一、凯氏定氮法

（一）测定原理

食品中的蛋白质在催化加热条件下被分解，产生的氨与硫酸结合生成硫酸铵。碱化蒸馏使氨游离，用硼酸吸收后以硫酸或盐酸标准滴定溶液滴定，根据酸的消耗量计算氮含量，再乘以换算系数，即为蛋白质的含量。

（二）样品测定

1. 凯氏定氮法

（1）试样处理　称取 0.20 ~ 2.00 g（半固体样品 2 ~ 5 g，液体样品 10 ~ 20 mL），小心移入干燥洁净的凯氏烧瓶中，加入研细的硫酸铜 0.2 g、硫酸钾 6 g 和浓硫酸 20 mL，轻轻摇匀，并将其以 45°角斜支于有小孔的石棉网上。用电炉以小火加热，待内容物全部炭化，泡沫停止产生后，加大火力，保持瓶内液体微沸，至液体变蓝绿色并澄清透明后，再继续加热微沸 0.5 ~ 1 小时。取下冷却，小心加入 20 mL 蒸馏水，放冷后，转移至 100 mL 容量瓶，用少量水洗定氮瓶，洗液也转移至容量瓶，定容，混匀备用。同时做试剂空白试验。

（2）测定　按图 5 - 3 装好定氮装置，于水蒸气发生瓶内装水约 2/3 处，加入数粒玻璃珠，加甲基红指示剂数滴及数毫升硫酸，以保持水呈酸性，加热煮沸水蒸气发生器内的水并保持沸腾。

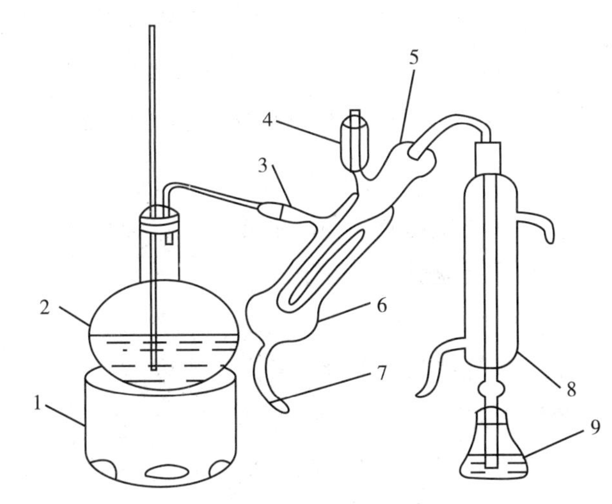

1. 电炉；2. 水蒸汽发生器；3. 螺旋夹；4. 小玻杯及棒状玻塞；5. 反应室；
6. 反应室外层；7. 橡皮管及螺旋夹；8. 冷凝管；9. 蒸馏液接收瓶

图 5 - 3　定氮蒸馏装置图

向接收瓶内加入 10.0 mL 硼酸溶液及 1 ~ 2 滴 A 混合指示剂或 B 混合指示剂，并使冷凝管下端插入接收瓶液面下，根据试样中氮含量，准确吸取 2.0 ~ 10.0 mL 试样处理液由小玻杯注入反应室，以 10 mL 水洗涤小玻杯并使之流入反应室内，随后塞紧棒状玻塞。将 10.0 mL氢氧化钠溶液倒入小玻杯，提起玻塞使其缓缓流入反应室，立即将玻塞盖紧，并水封。夹紧螺旋夹，开始蒸馏。蒸馏 10 分钟后移动蒸馏液接收瓶，液面离开冷凝管下端，再蒸馏 1 分钟。然后用少量水冲洗冷凝管下端外部，取下蒸馏液接收瓶。尽快以硫酸或盐酸标准滴定溶液滴定至终点，如用 A 混合指示液，终点颜色为灰蓝色；如用 B 混合指示液，终点颜色为浅灰红色。同时做试剂空白。

2. 自动凯氏定氮仪法　称取充分混匀的固体试样 0.2 ~ 2 g、半固体试样 2 ~ 5 g 或液体试样 10 ~ 25 g（相当于 30 ~ 40 mg 氮），精确至 0.001 g，至消化管中，再加入 0.4 g 硫酸铜、6 g 硫酸钾及 20 mL 硫酸于消化炉进行消化。当消化炉温度达到 420 ℃之后，继续消化 1 小时，此时消化管中的液体呈绿色透明状，取出冷却后加入 50 mL 水，于自动凯氏定氮仪（使用前加入氢氧化钠溶液、盐酸或硫酸标准溶液，以及含有混合指示剂 A 或 B 的硼酸溶液）上实现自动加液、蒸馏、滴定和记录滴定数据的过程。

（三）结果计算与数据处理

$$X=\frac{C\times(V_1-V_2)\times0.014}{m\times\frac{V_3}{100}}\times F\times100\% \qquad (5-2)$$

式中，X 为试样中蛋白质的含量，g/100 g；C 为硫酸或盐酸标准溶液的浓度，mol/L；V_1 为洗液消耗硫酸或盐酸标准溶液的体积，mL；V_2 为试剂空白消耗硫酸或盐酸标准溶液的体积，mL；V_3 为吸取消化液的体积，mL；m 为样品质量，g；0.014 为与 1.0 mL 标准滴定溶液相当的氮的质量，g；100 为换算系数；F 为换算为蛋白质的系数。一般食物为 6.25；纯奶与纯乳制品为 6.38；面粉为 5.70；玉米、高粱为 6.24；花生为 5.46；大米为 5.95；大豆及其粗加工制品为 5.71；大豆蛋白制品为 6.25；肉与肉制品为 6.25；大麦、小米、燕麦、裸麦为 5.83；芝麻、向日葵为 5.30；复合配方食品为 6.25。

以重复性条件下获得的两次独立测定结果的算术平均值表示，蛋白质含量≥1 g/100 g 时，结果保留三位有效数字；蛋白质含量 <1 g/100 g 时，结果保留两位有效数字。

在重复性条件下获得的两次独立测定结果的绝对差值不得超过算术平均值的 10%。

（四）注意事项

1. 本法不适用于添加无机含氮物质、有机非蛋白质含氮物质的食品测定。

2. 本法所用试剂溶液应用无氨蒸馏水配制。

3. 消化时注意事项

（1）消化不要用强火，应保持和缓沸腾，注意不断转动凯氏烧瓶，以便利用冷凝酸液将附在瓶壁上的固体残渣洗下并促进其消化完全。

（2）样品中若含脂肪或糖较多时，消化过程中易产生大量泡沫，为防止泡沫溢出瓶外，在开始消化时应用小火加热，并不断摇动；或者加入少量辛醇或液体石蜡或硅油消泡剂，并同时注意控制热源强度。

（3）当样品消化液不易澄清透明时，可将凯氏烧瓶冷却，加入 30% 过氧化氢 2～3 mL，再继续加热消化。

（4）一般消化至呈透明后，继续消化 30 分钟即可，但对于含有特别难以氨化的氮化合物的样品，如含赖氨酸、组氨酸、色氨酸、酪氨酸或脯氨酸等时，需适当延长消化时间。有机物如分解完全，消化液呈蓝色或浅绿色，但含铁量多时，呈较深绿色。

（5）在消化反应中，为了加速蛋白质的分解，缩短消化时间，常加入硫酸钾和硫酸铜等物质。其中硫酸钾的加入起到提高溶液的沸点，加快有机物分解的作用。硫酸铜起催化剂作用，且可指示消化反应的完成。凯氏定氮法中可用的催化剂种类很多，除硫酸铜外，还有氧化汞、汞、硒粉等，但考虑到效果、价格及环境污染等多种因素，应用最广泛的是硫酸铜。使用时常加入少量过氧化氢、次氯酸钾等作为氧化剂以加速有机物的氧化分解。

4. 蒸馏时注意事项

（1）蒸馏装置不能漏气。

（2）蒸馏前若加碱量不足，消化液呈蓝色不生成氢氧化铜沉淀，此时需再增加氢氧化钠用量。

（3）蒸馏完毕后，应先将冷凝管下端提离液面清洗管口，再蒸 1 分钟后关掉热源，否

则可能造成吸收液倒吸。

（4）硼酸吸收液的温度不应超过 40 ℃，否则对氨的吸收作用减弱而造成损失，此时可置于冷水浴中使用。

（5）当取样量较大，如干试样超过 5 g，可按 1 g 试样 5 mL 的比例增加硫酸用量。

（6）混合指示剂在碱性溶液中呈绿色，在中性溶液中呈灰色，在酸性溶液中呈红色。

二、分光光度法

（一）测定原理

试样与硫酸和催化剂一同加热消化，使蛋白质分解，分解的氨与硫酸结合生成硫酸铵。然后在 pH 为 4.8 的乙酸钠－乙酸缓冲溶液中，铵与乙酰丙酮和甲醛反应生成黄色的 3，5－二乙酰－2，6－二甲基－1，4－二氢化吡啶化合物。在波长 400 nm 处测定吸光度，与标准系列比较定量，结果乘以换算系数，即为蛋白质含量。

（二）样品测定

1. 试样消解　精密称取经粉碎混匀过 40 目筛的固体试样 0.1～0.5 g 或半固体试样 0.2～1.0 g 或吸取液体试样 1～5 mL，移入干燥的 100 mL 或 250 mL 定氮瓶中，加硫酸铜 0.1 g、硫酸钾 1 g 及硫酸 5 mL，稍摇匀后于瓶口放一小漏斗，将瓶以 45°斜支于有小孔的石棉网上，小心加热，待内容物全部炭化，泡沫完全停止后，加强火力，并保持瓶内液体沸腾，至液体呈蓝绿色澄清透明后，再继续加热 0.5 h。取下冷却，小心加水 20 mL。放冷后，移入 50 mL 或 100 mL 容量瓶中，并用少量水洗定氮瓶，洗液并入容量瓶中，再加水至刻度，混匀备用。同时做试剂空白试验。

2. 试样溶液的制备　精密吸取试样 2.00～5.00 mL 或试剂空白消化液于 50～100 mL 容量瓶内，加 1～2 滴对硝基酚指示剂溶液（1 g/L），摇匀后滴加氢氧化钠溶液（300 g/L）中和至黄色，再滴加乙酸（1 mol/L）至溶液无色，用水稀释至刻度，混匀。

3. 标准曲线的绘制　精密吸取 0、0.05、0.1、0.2、0.4、0.6、0.8、1.0 mL 氨氮标准使用溶液（相当 NH_3-N 的质量为 0、5.0、10.0、20.0、40.0、60.0、80.0、100.0 μg），分别置于 10 mL 比色管中，加乙酸钠－乙酸缓冲溶液（pH＝4.8）4 mL 及显色剂 4 mL，加水稀释至刻度，混匀。置于 100 ℃水浴中加热 15 分钟，取出用水冷却至室温后，移入 1 cm 比色皿内，以零管为参比，于波长 400 nm 处测定吸光度，根据标准溶液各点吸光度绘制标准曲线或计算直线回归方程。

4. 试样测定　精密吸取 0.50～2.00 mL（约相当于氮小于 10 μg）试样溶液和同量的试剂空白溶液，分别于 10 mL 比色管中，以下操作按③标准曲线绘制自“加乙酸钠－乙酸缓冲溶液 4 mL……”起同样操作，试样吸光度与标准曲线比较定量或代人标准回归方程式求出含量。

（三）结果计算与数据处理

$$X=\frac{(C-C_0)\times V_1\times V_3}{m\times V_2\times V_4\times 1000\times 1000}\times 100\times F \qquad (5-3)$$

式中，X 为样品中蛋白质的含量，g/100 g 或 g/100 mL；C 为试样测定液中氮的含量，μg；C_0 为试样空白测定液中氮的含量，μg；V_1 为试样消化液定容的体积，mL；V_2 为制备试样溶

液的消化液体积，mL；V_3为试样溶液总体积，mL；V_4为测定用试样溶液体积，mL；m 为试样质量，g；1000 为换算系数；100 为换算系数；F 为氮换算为蛋白质的系数。

蛋白质含量≥1 g/100 g 时，结果保留三位有效数字；蛋白质含量 <1 g/100 g 时，结果保留两位有效数字。

三、燃烧法

（一）测定原理

试样在 900 ~ 1200 ℃高温下燃烧，燃烧过程中产生混合气体，其中的碳、硫等干扰气体和盐类被吸收管吸收，氮氧化物被全部还原成氮气，形成的氮气气流通过热导检测器进行检测。

（二）样品测定

按照仪器说明书要求称取 0.1 ~ 1.0 g 充分混匀的试样（精确至 0.0001 g），用锡箔包裹后置于样品盘上。试样进入燃烧反应炉（900 ~ 1200 ℃）后，在高纯氧（≥99.99%）中充分燃烧。燃烧炉中的产物（NOx）被载气二氧化碳或氦气运送至还原炉（800 ℃）中，经还原生成氮气后检测其含量。

（三）结果计算与数据处理

试样中蛋白质的含量按式计算：

$$X = C \times F \tag{5-4}$$

式中，X 为试样中蛋白质的含量，g/100 g；C 为试样中氮的含量，g/100 g；F 为氮换算为蛋白质的系数。

结果保留三位有效数字。在重复性条件下获得的两次独立测定结果的绝对差值不得超过算术平均值的 10%。

扫码“学一学”

第四节　乳及乳制品中蔗糖的测定

案例讨论

案例： 某宝妈购买了某品牌的奶粉，因其味道比较甜，孩子很喜欢喝，但喝了一段时间后，发现孩子生了蛀牙，而且体重也比同龄孩子重。后来，该宝妈通过了解，怀疑该奶粉中厂家添加了蔗糖。

问题： 1. 牛奶中糖的存在形式有哪些？

2. 如何检测牛奶中蔗糖的含量？

乳及乳制品中的糖以乳糖和蔗糖为主，其中糖含量是乳制品的一个重要质量指标。为了满足一些特殊人群对糖类的要求，乳制品中糖的含量和种类也有所不同，如适合于乳糖不耐症的低乳糖乳制品，适合于糖尿病人的低糖乳制品等。同时，少数生产厂家为了降低成本，在淡乳粉中掺入蔗糖等替代物，从而牟取不法之利。因此，准确测定乳及乳制品中的蔗糖和乳糖含量有着重要意义。

乳及乳制品中蔗糖测定的方法很多，常见的有酶比色法、滴定法、色谱法等。依据 GB 5413.5—2010《婴幼儿食品和乳品中乳糖、蔗糖的测定》，本节主要介绍高效液相色谱法和莱茵－埃农法。其中高效液相色谱法具有步骤简单，结果准确的特点；莱茵－埃农法相对来说，试剂用量大，实验耗时多。

一、高效液相色谱法

（一）测定原理

试样中的蔗糖经提取后，利用高效液相色谱柱分离，用示差折光检测器或蒸发光散射检测器检测，外标法进行定量。

（二）试剂和仪器

1. 试剂　除非另有规定，本方法所用试剂均为分析纯，水为 GB/T 6682 规定的一级水。

（1）乙腈　色谱纯。

（2）蔗糖标准溶液（10 mg/mL）　称取在 105 ℃ ±2 ℃烘箱中干燥 2 小时的蔗糖标样 1 g（精确到 0.1 mg），溶于水中，用水稀释至 100 mL 容量瓶中。放置 4 ℃冰箱中。

（3）蔗糖标准工作液　分别吸取蔗糖标准溶液 0、1、2、3、4、5 mL 于 10 mL 容量瓶中，用乙腈定容至刻度。配成蔗糖标准系列工作液，浓度分别为 0、1、2、3、4、5 mg/mL。

2. 仪器

（1）天平　感量为 0.1 mg。

（2）高效液相色谱仪　带示差折光检测器或蒸发光散射检测器。

（3）超声波振荡器。

（三）分析步骤

1. 试样处理　称取固态试样 1 g 或液态试样称取 2.5 g（精确到 0.1 mg）于 50 mL 容量瓶中，加 15 mL 50～60 ℃水溶解，于超声波振荡器中振荡 10 分钟，用乙腈定容至刻度，静置数分钟，过滤。取 5.0 mL 过滤液于 10 mL 容量瓶中，用乙腈定容，通过 0.45 μm 滤膜过滤，滤液供色谱分析。可根据具体试样进行稀释。

2. 测定

（1）参考色谱条件

色谱柱：氨基柱 4.6 mm×250 mm，5 μm，或具有同等性能的色谱柱。

流动相：乙腈－水＝70＋30。

流速：1 mL/分钟。

柱温：35 ℃。

进样量：10 μL。

示差折光检测器条件：温度 33～37 ℃。

蒸发光散射检测器条件：飘移管温度 85～90 ℃；

气流量 2.5 L/min；

撞击器关。

（2）标准曲线的制作　将标准系列工作液分别注入高效液相色谱仪中，测定相应的峰面积或峰高，以峰面积或峰高为纵坐标，以标准工作液的浓度为横坐标绘制标准曲线。

(3) 试样溶液的测定　将试样溶液注入高效液相色谱仪中，测定峰面积或峰高，从标准曲线中查得试样溶液中糖的浓度。

(四) 分析结果

试样中糖的含量按式5－5计算：

$$X = \frac{C \times V \times 100 \times n}{m \times 1000} \tag{5-5}$$

式中，X为试样中糖的含量，g/100 g；C为样液中糖的浓度，mg/mL；V为试样定容体积，mL；n为样液稀释倍数；m为试样的质量，g。

以重复性条件下获得的两次独立测定结果的算术平均值表示，结果保留三位有效数字。

(五) 注意事项

1. 精密度　在重复条件下获得的两次独立测定结果的绝对差值不得超过算术平均值的5%。

2. 本方法的检出限为0.3 g/100 g。

二、莱茵－埃农法

(一) 测定原理

乳糖：试样经除去蛋白质后，在加热条件下，以次甲基蓝为指示剂，直接滴定已标定过的费林氏液，根据样液消耗的体积，计算乳糖含量。

蔗糖：试样经除去蛋白质后，其中蔗糖经盐酸水解为还原糖，再按还原糖测定。水解前后的差值乘以相应的系数即为蔗糖含量。

(二) 仪器和设备

1. 仪器

天平　感量为0.1 mg。

2. 设备

水浴锅　温度可控制在75 ℃ ±2 ℃。

(三) 分析步骤

1. 费林氏液的标定

(1) 用乳糖标定

①称取预先在94 ℃ ±2 ℃烘箱中干燥2小时的乳糖标样约0.75 g（精确到0.1 mg），用水溶解并定容至250 mL。将此乳糖溶液注入一个50 mL滴定管中，待滴定。

②预滴定：吸取10 mL费林氏液（甲、乙液各5 mL）于250 mL三角烧瓶中。加入20 mL蒸馏水，放入几粒玻璃珠，从滴定管中放出15 mL样液于三角瓶中，置于电炉上加热，使其在2分钟内沸腾，保持沸腾状态15秒，加入3滴次甲基蓝溶液，继续滴入至溶液蓝色完全褪尽为止，读取所用样液的体积。

③精确滴定：另取10 mL费林氏液（甲、乙液各5 mL）于250 mL三角烧瓶中，再加入20 mL蒸馏水，放入几粒玻璃珠，加入比预滴定量少0.5～1.0 mL的样液，置于电炉上，使其在2分钟内沸腾，维持沸腾状态2分钟，加入3滴次甲基蓝溶液，以每2秒1滴的速度徐

徐滴入，溶液蓝色完全褪尽即为终点，记录消耗的体积。

④按式5－6、5－7计算费林氏液的乳糖校正值（f_1）：

$$A_1=\frac{V_1\times m_1\times 1000}{250}=4\times V_1\times m_1 \tag{5-6}$$

$$f_1=\frac{4\times V_1\times m_1}{AL_1} \tag{5-7}$$

式中，A_1为实测乳糖数，mg；V_1为滴定时消耗乳糖溶液的体积，mL；m_1为称取乳糖的质量，g；f_1为费林氏液的乳糖校正值；AL_1为由乳糖液滴定毫升数查表5－1所得的乳糖数，mg。

表5－1　乳糖及转化糖因数表（10 mL费林氏液）

滴定量（mL）	乳糖（mg）	转化糖（mg）	滴定量（mL）	乳糖（mg）	转化糖（mg）
15	68.3	50.5	33	67.8	51.7
16	68.2	50.6	34	67.9	51.7
17	68.2	50.7	35	67.9	51.8
18	68.1	50.8	36	67.9	51.8
19	68.1	50.8	37	67.9	51.9
20	68.0	50.9	38	67.9	51.9
21	68.0	51.0	39	67.9	52.0
22	68.0	51.0	40	67.9	52.0
23	67.9	51.1	41	68.0	52.1
24	67.9	51.2	42	68.0	52.1
25	67.9	51.2	43	68.0	52.2
26	67.9	51.3	44	68.0	52.2
27	67.8	51.4	45	68.1	52.3
28	67.8	51.4	46	68.1	52.3
29	67.8	51.5	47	68.2	52.4
30	67.8	51.5	48	68.2	52.4
31	67.8	51.6	49	68.2	52.5
32	67.8	51.6	50	68.3	52.5

注：“因数”系指与滴定量相对应的数目，可自表5－1中查得。若蔗糖含量与乳糖含量的比超过3∶1时，则在滴定量中加表5－2中的校正值后计算。

表5－2　乳糖滴定量校正值数

滴定终点时所用的试液量（mL）	费林氏液、蔗糖及乳糖量的比	
	3∶1	6∶1
15	0.15	0.30
20	0.25	0.50
25	0.30	0.60
30	0.35	0.70
35	0.40	0.80
40	0.45	0.90
45	0.50	0.95
50	0.55	1.05

（2）用蔗糖标定

①称取在105 ℃ ±2 ℃烘箱中干燥2小时的蔗糖约0.2 g（精确到0.1 mg），用50 mL水溶解并洗入100 mL容量瓶中，加水10 mL，再加入10 mL盐酸，置于75 ℃水浴锅中，时时摇动，使溶液温度在67.0～69.5 ℃，保温5分钟，冷却后，加2滴酚酞溶液，用氢氧化钠溶液调至微粉色，用水定容至刻度。再按（三）1.（1）②和（三）1.（1）③操作。

②按式5－8和5－9计算费林氏液的蔗糖校正值（f_2）：

$$A_2 = \frac{V_2 \times m_2 \times 1000}{100 \times 0.95} = 10.5263 \times V_2 \times m_2 \qquad (5-8)$$

$$f_2 = \frac{10.5263 \times V_2 \times m_2}{AL_2} \qquad (5-9)$$

式中，A_2为实测转化糖数，mg；V_2为滴定时消耗蔗糖溶液的体积，mL；m_2为称取蔗糖的质量，g；0.95为果糖分子质量和葡萄糖分子质量之和与蔗糖分子质量的比值；f_2为费林氏液的蔗糖校正值；AL_2为由蔗糖溶液滴定的毫升数查表5－1所得的转化糖数，mg。

2. 乳糖的测定

（1）试样处理

①称取婴儿食品或脱脂粉2 g，全脂加糖粉或全脂粉2.5 g，乳清粉1 g，精确到0.1 mg，用100 mL水分数次溶解并洗入250 mL容量瓶中。

②徐徐加入4 mL乙酸铅溶液、4 mL草酸钾－磷酸氢二钠溶液，并振荡容量瓶，用水稀释至刻度。静置数分钟，用干燥滤纸过滤，弃去最初25 mL滤液后，所得滤液作滴定用。

（2）滴定

①预滴定：操作同（三）1.（1）②。

②精确滴定：操作同（三）1.（1）③。

3. 蔗糖的测定

（1）样液的转化与滴定　取50 mL样液（三）2.（1）②于100 mL容量瓶中，以下按（三）1.（2）①自“加10 mL水”起依法操作。

（四）分析结果

1. 乳糖　试样中乳糖的含量X按式5－10计算：

$$X = \frac{F_1 \times f_1 \times 0.25 \times 100}{V_1 \times m} \qquad (5-10)$$

式中，X为试样中乳糖的质量分数，g/100 g；F_1为由消耗样液的毫升数查表5－1所得乳糖数，mg；f_1为费林氏液乳糖校正值；V_1为滴定消耗滤液量，mL；m为试样的质量，g。

以重复性条件下获得的两次独立测定结果的算术平均值表示，结果保留三位有效数字。

2. 蔗糖　利用测定乳糖时的滴定量，按式5－11计算出相对应的转化前转化糖数X_1。

$$X_1 = \frac{F_2 \times f_2 \times 0.25 \times 100}{V_1 \times m} \qquad (5-11)$$

式中，X_1为转化前转化糖的质量分数，g/100 g；F_2为由测定乳糖时消耗样液的毫升数查表

5－1 所得转化糖数，mg；f_2为费林氏液蔗糖校正值；V_1为滴定消耗滤液量，mL；m 为样品的质量，g。

用测定蔗糖时的滴定量，按式 5－12 计算出相对应的转化后转化糖 X_2。

$$X_2 = \frac{F_3 \times f_3 \times 0.55 \times 100}{V_2 \times m} \quad (5-12)$$

式中，X_2为转化后转化糖的质量分数，g/100 g；F_3为由 V_2查得转化糖数，mg；f_2为费林氏液蔗糖校正值；m 为样品的质量，g；V_2为滴定消耗的转化液量，mL。

试样中蔗糖的含量 X 按式 5－13 计算：

$$X = (X_2 - X_1) \times 0.95 \quad (5-13)$$

式中，X 为试样中蔗糖的质量分数，g/100 g；X_1为转化前转化糖的质量分数，g/100 g；X_2为转化后转化糖的质量分数，g/100 g。

以重复性条件下获得的两次独立测定结果的算术平均值表示，结果保留三位有效数字。

3. 若试样中蔗糖与乳糖之比超过 3∶1 时，则计算乳糖时应在滴定量中加上表 5－2 中的校正值数后再查表 5－1。

（五）注意事项

1. 精密度　在重复性条件下获得的两次独立测定结果的绝对差值不得超过算术平均值的 1.5%。

2. 本方法的检出限为 0.4 g/100 g。

拓展阅读

牛奶中掺蔗糖的检验方法

一、间苯二酚法

适量的牛乳酸化后可以和间苯二酚发生明显的显色反应。取乳样 10 mL 于试管中，加 2 mL 浓 HCl 混匀，再加 0.1 g 间苯二酚充分混匀，置 80 ℃水浴中数分钟（不超过 20 分钟）后观察。若呈白色，则该牛乳判为正常乳。若呈淡棕黄色（橘黄色），则该牛乳判为有少量蔗糖存在。若呈红色，则该牛乳判为有大量蔗糖存在。

二、蒽酮法

取 1 mL 乳样，加 2 mL 蒽酮试剂，若乳中有蔗糖存在，5 分钟内显透明绿色。

第五节　乳及乳制品中非脂乳固体的测定

扫码"学一学"

非脂乳固体，指牛奶中除了脂肪和水分之外的物质总称。一般刚从奶牛乳房中挤出的鲜牛奶的脂肪含量为 3% 左右，根据季节不同略有区别；鲜奶的非脂乳固体一般为 9% ~12% 左右。

非脂乳固体的组要组成为：蛋白质类（2.7% ~2.9%）、糖类、酸类、维生素类等。其中蛋白质具有水合作用性质，在均质过程中它与乳化剂一同在生成的小脂肪球表面形成稳定的薄膜，确保油脂在水中的乳化稳定性，同时在凝冻过程中促使空气很好地混入，并能防止制品中冰结晶的扩大，使制品质地润滑、具有乳糖的柔和甜味及矿物质的隐约盐味，并赋予显著风味特征。但若非脂固形物过多时，则脂肪特有的奶油味将被消除、而炼乳臭或脱脂奶粉臭将因此而出现，限制非脂乳固体的使用量，最大原因还在于防止其中乳糖过饱和而渐次结晶析出沙状沉淀。

非脂乳固体的测定依据 GB 5413.39—2010《乳和乳制品中非脂乳固体的测定》。

（一）测定原理

先分别测定出乳及乳制品中的总固体含量、脂肪含量（如添加了蔗糖等非乳成分含量，也应扣除），再用总固体减去脂肪和蔗糖等非乳成分含量，即为非脂乳固体。

（二）适用范围

本测定方法适用于生乳、巴氏杀菌乳、灭菌乳、调制乳、发酵乳中非脂乳固体的测定。

（三）试剂和仪器

1. 试剂和材料 除非另有规定，本方法所用试剂均为分析纯，水为 GB/T 6682 规定的三级水。

（1）平底皿盒 高 20 ~ 25 mm，直径 50 ~ 70 mm 的带盖不锈钢或铝皿盒，或玻璃称量皿。

（2）短玻璃棒 适合于皿盒的直径，可斜放在皿盒内，不影响盖盖。

（3）石英砂或海砂 可通过 500 μm 孔径的筛子，不能通过 180 μm 孔径的筛子，并通过下列适用性测试：将约 20 g 的海砂同短玻棒一起放于一皿盒中，然后敞盖在 100 ℃ ±2 ℃的干燥箱中至少烘 2 小时。把皿盒盖盖后放入干燥器中冷却至室温后称量，准确至 0.1 mg。用5 mL水将海砂润湿，用短玻棒混合海砂和水，将其再次放入干燥箱中干燥 4 小时。把皿盒盖盖后放入干燥器中冷却至室温后称量，精确至 0.1 mg，两次称量的差不应超过 0.5 mg。如果两次称量的质量差超过了 0.5 mg，则需对海砂进行下面的处理后，才能使用：

将海砂在体积分数为 25% 的盐酸溶液中浸泡 3 天，经常搅拌。尽可能地倾出上清液，用水洗涤海砂，直到中性。在 160 ℃条件下加热海砂 4 小时。然后重复进行适用性测试。

2. 仪器和设备

（1）天平 感量为 0.1 mg。

（2）干燥箱。

（3）水浴锅。

（四）分析步骤

（1）总固体的测定 在平底皿盒中加入 20 g 石英砂或海砂，在 100 ℃ ±2 ℃的干燥箱中干燥 2 小时，于干燥器冷却 0.5 小时，称量，并反复干燥至恒重。称取 5.0 g（精确至 0.0001 g）试样于恒重的皿内，置水浴上蒸干，擦去皿外的水渍，于 100 ℃ ±2 ℃干燥箱中干燥 3 小时，取出放入干燥器中冷却 0.5 小时，称量，再于 100 ℃ ±2 ℃干燥箱中干燥 1 小时，取出冷却后称量，至前后两次质量相差不超过 1.0 mg。试样中总固体的含量按式 5 - 14 计算：

$$X = \frac{m_1 - m_2}{m} \times 100 \tag{5-14}$$

式中，X 为试样中总固体的含量，g/100 g；m_1 为皿盒、海砂加试样干燥后质量，g；m_2 为皿

盒、海砂的质量，g；m 为试样的质量，g。

（2）脂肪的测定（参照第三章第二节乳及乳制品中脂肪的测定）。

（3）蔗糖的测定（参照第三章第二节乳及乳制品中蔗糖的测定）。

（五）分析结果

$$X_{NFT}=X-X_1-X_2 \tag{5-15}$$

式中，X_{NFT}为试样中非脂乳固体的含量，g/100 g；X 为试样中总固体的含量，g/100 g；X_1为试样中脂肪的含量，g/100 g；X_2为试样中蔗糖的含量，g/100 g。

以重复性条件下获得的两次独立测定结果的算术平均值表示，结果保留三位有效数字。

第六节　乳及乳制品中黄曲霉毒素的测定

扫码“学一学”

黄曲霉毒素（AFT）是一类二氢呋喃香豆素的衍生物，被世界卫生组织（WHO）的癌症研究机构划定为I类致癌物，是一种毒性极强的剧毒物质，其危害性在于对人及动物肝脏等多种组织有破坏作用，严重时可导致肝癌甚至死亡。

已发现的黄曲霉毒素有20多种，如在紫外光照射下显蓝色荧光的B_1和B_2，显绿色荧光的G_1和G_2，以及在乳中的M_1和M_2等，其中以黄曲霉毒素B_1（$AFTB_1$）毒性和致癌性最强。

AFT类物质难溶于水易溶于甲醇、丙醇和三氯甲烷等有机溶剂。目前，黄曲霉毒素的测定依据食品安全国家标准 GB 5009. 22—2016《食品中黄曲霉毒素 B 族和 G 族的测定》，主要有同位素稀释液相色谱－串联质谱法、高效液相色谱－柱前衍生法、高效液相色谱－柱后衍生法、酶联免疫吸附筛查法和薄层色谱法。

一、同位素稀释液相色谱－串联质谱法

（一）测定原理

试样中的黄曲霉毒素B_1、黄曲霉毒素B_2、黄曲霉毒素G_1、黄曲霉毒素G_2，用乙腈－水溶液或甲醇－水溶液提取，提取液用含1% Triton X－100（或吐温－20）的磷酸盐缓冲溶液稀释后（必要时经黄曲霉毒素固相净化柱初步净化），通过免疫亲和柱净化和富集，净化液浓缩、定容和过滤后经液相色谱分离，串联质谱检测，同位素内标法定量。

（二）适用范围

同位素稀释液相色谱－串联质谱法是国标第一法。适用于谷物及其制品、豆类及其制品、坚果及籽类、油脂及其制品、调味品、婴幼儿配方食品和婴幼儿辅助食品中$AFTB_1$、$AFTB_2$、$AFTG_1$和$AFTG_2$的测定。

（三）试剂和仪器

1. 基础试剂

（1）乙腈　色谱纯。

（2）甲醇　色谱纯。

（3）乙酸铵　色谱纯。

（4）Triton X－100。

2. 配制试剂

（1）乙腈－甲醇溶液（50＋50） 取50 mL乙腈加入50 mL甲醇，混匀。

（2）1% Triton X－100（或吐温－20）的PBS 取10 mL Triton X－100（或吐温－20），用PBS稀释至1000 mL。

3. 仪器

（1）玻璃纤维滤纸 快速、高载量、液体中颗粒保留1.6 μm。

（2）固相萃取装置 带真空泵。

（3）氮吹仪。

（4）液相色谱－串联质谱仪 带电喷雾离子源。

（5）液相色谱柱。

（6）免疫亲和柱 $AFTB_1$柱容量≥200 ng，$AFTB_1$柱回收率≥80%，$AFTG_2$的交叉反应率≥80%。

（7）黄曲霉毒素专用型固相萃取净化柱或功能相当的固相萃取柱。

（四）分析步骤

1. 样品制备

（1）液体样品（植物油、酱油、醋等） 采样量需大于1 L，对于袋装、瓶装等包装样品需至少采集3个包装（同一批次或号），将所有液体样品在一个容器中用匀浆机混匀后，其中任意的100 g（mL）样品进行检测。

（2）固体样品（谷物及其制品、坚果及籽类、婴幼儿谷类辅助食品等） 采样量需大于1 kg，用高速粉碎机将其粉碎，过筛，使其粒径小于2 mm孔径试验筛，混合均匀后缩分至100 g，储存于样品瓶中，密封保存，供检测用。

（3）半流体（腐乳、豆豉等） 采样量需大于1 kg（L），对于袋装、瓶装等包装样品需至少采集3个包装（同一批次或号），用组织捣碎机捣碎混匀后，储存于样品瓶中，密封保存，供检测用。

2. 样品提取

（1）液体样品

①植物油脂。称取5 g（精确至0.01 g）于50 mL离心管中，加入100 μL同位素内标工作液震荡混合后静置30分钟。加入20 mL乙腈－水溶液（84＋16）或甲醇－水溶液（70＋30）涡旋混匀，置于超声波/涡旋振荡器或摇床中振荡20分钟（或用均质器均质3分钟），在6000 r/min离心10分钟，取上清液备用。

②酱油、醋。取用5 g试样，（精确定至0.01 g）于50 mL离心管中，加入125 μL同位素内标工作液震荡混合后静置30分钟。用乙腈或甲醇定容至25 mL（精确至0.1 mL），涡旋混匀，置于超声波/涡旋振荡器或摇床中振荡20分钟（或用均质器均质3分钟）。至离心管中，在6000 r/min下离心10分钟（或均质后玻璃纤维滤纸过滤），取上清液备用。

（2）固体样品

①一般固体样品。称取5 g试样（精确定至0.01 g）于50 mL离心管中，加入100 μL同位素内标工作液振荡混合后静置30分钟。加入20.0 mL乙腈－水溶液（84＋16）或甲醇－水溶液（70＋30），涡旋混匀，置于超声波/涡旋振荡器或摇床中震荡20分钟（或用均

质器均质3分钟）。在6000 r/min下离心10分钟（或均质后玻璃纤维滤纸过滤），取上清液备用。

②婴幼儿配方食品和婴幼儿辅助食品。称取5 g试样（精确至0.01 g）于50 mL离心管中，加入100 μL同位素内标工作液振荡混合后静置30分钟。加入20.0 mL乙腈-水溶液（50+50）或甲醇-水溶液（70+30），涡旋混匀，置于超声波/涡旋振荡器或摇床中振荡20分钟（或用均质器均质3分钟），在6000 r/min下离心10分钟（或均质后玻璃纤维滤纸过滤），取上清液备用。

（3）半流体样品　称取5 g试样（精确至0.01 g）于50 mL离心管中，加入100 μL同位素内标工作液振荡混合后静置30分钟。加入20.0 mL乙腈-水溶液（84+16）或甲醇-水溶液（70+30），置于超声波/涡旋振荡器或摇床中振荡20分钟（或用均质器均质3分钟），在6000 r/min下离心10分钟（或均质后玻璃纤维滤纸过滤），取上清液备用。

3. 样品净化

（1）免疫亲和柱净化

①上样液的准备。准确移取4 mL上清液，加入46 mL 1% Triton X-100（或吐温-20）的PBS（使用甲醇-水溶液提取时可减半加入），混匀。

②免疫亲和柱的准备。将低温下保存的免疫亲和柱恢复至室温。

③待免疫亲和柱内原有液体流尽后，将上述样液移至50 mL注射器筒中，调节下滴速度，控制样液以1～3 mL/分钟的速度稳定下滴。待样液滴完后，往注射器筒内加入2×10 mL水，以稳定流速淋洗免疫亲和柱。待水滴完后，用真空泵抽干亲和柱。脱离真空系统，在亲和柱下部放置10 mL刻度试管，取下50 mL的注射器筒，加入2×1 mL甲醇洗脱亲和柱，控制1～3 mL/min的速度下滴，再用真空泵抽干亲和柱，收集全部洗脱液至试管中。在50 ℃下用氮气缓缓地将洗脱液吹至近干，加入1.0 mL初始流动相，涡旋30秒溶解残留物，0.22 μm滤膜过滤，收集滤液于进样瓶中以备进样。

（2）黄曲霉毒素固相净化柱和免疫亲和柱同时使用（对花椒、胡椒和辣椒等复杂基质）

①免疫亲和柱净化。用刻度移液管准确吸取上述净化液4 mL，加入46 mL 1% Triton X-100（或吐温-20）的PBS［使用甲醇-水溶液提取时，加入23 mL 1% Triton X-100（或吐温-20）的PBS］，混匀。按3样品净化中（1）的①和②处理。

注：全自动（在线）或半自动（离线）的固相萃取仪器可优化操作参数后使用。

4. 液相色谱参考条件　液相色谱参考条件列出如下：

（1）流动相　A相：5 mmol/L乙酸铵溶液；B相：乙腈-甲醇溶液（50+50）。

（2）梯度洗脱　32% B（0～0.5分钟），45% B（3～4分钟），100% B（4.2～4.8分钟），32% B（5.0～7.0分钟）。

（3）色谱柱　C_{18}柱（柱长100 mm，柱内径2.1 mm；填料粒径1.7 μm），或相当者。

（4）流速　0.3 mL/min。

（5）柱温　40 ℃。

（6）进样体积　10 μL。

5. 质谱参考条件　质谱参考条件列出如下：

（1）检测方式　多离子反应监测（MRM）。

（2）离子源控制条件　参见表5-3。

（3）离子选择参数　参见表5-4。

表5-3　离子源控制条件

电离方式	ESI^+
毛细管电压/kV	3.5
锥孔电压/V	30
射频透镜1电压/V	14.9
射频透镜2电压/V	15.1
离子源温度/℃	150
锥孔反吹气流量/（L/h）	50
脱溶剂气温度/℃	500
脱溶剂气流量/（L/h）	800
电子倍增电压/V	650

表5-4　离子选择参数表

化合物名称	母离子（m/z）	定量离子（m/z）	碰撞能量 eV	定性离子（m/z）	碰撞能量 eV	离子化方式
$AFTB_1$	313	285	22	241	38	ESI^+
$^{13}C_{17}-AFTB_1$	330	255	23	301	35	ESI^+
$AFTB_2$	315	287	25	259	28	ESI^+
$^{13}C^{17}-AFTB_2$	332	303	25	273	28	ESI^+
$AFTG_1$	329	243	25	283	25	ESI^+
$^{13}C_{17}-AFTG_1$	346	257	25	299	25	ESI^+
$AFTG_2$	331	245	30	285	27	ESI^+
$^{13}C_{17}-AFTG_2$	348	259	30	301	27	ESI^+

6. 定性测定　试样中目标化合物色谱峰的保留时间与相应标准色谱峰的保留时间相比较，变化范围应在±2.5%之内。

每种化合物的质谱定性离子必须出现，至少应包括一个母离子和两个子离子，而且同一检测批次，对同一化合物，样品中目标化合物的两个子离子的相对丰度比与浓度相当的标准溶液相比，其允许偏差不超过表5-5规定的范围。

表5-5　定性时相对离子丰度的最大允许偏差

相对离子丰度（%）	>50	20~50	10~20	≤10
允许相对偏差（%）	±20	±25	±30	±50

7. 标准曲线的制作　在4和5的液相色谱串联质谱仪分析条件下，将标准系列溶液由低到高浓度进样检测，以$AFTB_1$、$AFTB_2$、$AFTG_1$和$AFTG_2$色谱峰与各对应内标色谱峰的峰面积比值-浓度作图，得到标准曲线回归方程，其线性相关系数应大于0.99。

8. 试样溶液的测定　取3处理得到的待测溶液进样，内标法计算待测液中目标物质的质量浓度，按式5-16计算样品中待测物的含量。待测样液中的响应值应在标准曲线线性范围内，超过线性范围则应适当减少取样量重新测定。

9. 空白试验　不称取试样，按2和3的步骤做空白实验。应确认不含有干扰待测组分

的物质。

（五）结果计算与数据处理

试样中 $AFTB_1$、$AFTB_2$、$AFTG_1$ 和 $AFTG_2$ 的残留量按式 5－16 计算：

$$X = \frac{\rho \times V_1 \times V_3 \times 1000}{V_2 \times m \times 1000} \quad (5-16)$$

式中，X 为试样中 $AFTB_1$、$AFTB_2$、$AFTG_1$ 和 $AFTG_2$ 的含量，μg/kg；ρ 为进样溶液中 $AFTB_1$、$AFTB_2$、$AFTG_1$ 和 $AFTG_2$ 按照内标法在标准曲线中对应的浓度，ng/mL；V_1 为试样提取液体积（植物油脂、固体、半固体按加入的提取液体积；酱油、醋按定容总体积），mL；V_3 为样品经净化洗脱后的最终定容体积，mL；1000 为换算系数；V_2 为用于净化分取的样品体积，mL；m 为试样的称样量，g。

计算结果保留三位有效数字。

（六）注意事项

1. 整个分析操作过程应在指定区域内进行。该区域应避光（直射阳光）、具备相对独立的操作台和废弃物存放装置。在整个实验过程中，操作者应按照接触剧毒物的要求采取相应的保护措施。

2. 当称取样品 5 g 时，$AFTB_1$ 的检出限为：0.03 μg/kg，$AFTB_2$ 的检出限为 0.03 μg/kg，$AFTG_1$ 的检出限为 0.03 μg/kg，$AFTG_2$ 的检出限为 0.03 μg/kg；$AFTB_1$ 的定量限为 0.1 μg/kg，$AFTB_2$ 的定量限为 0.1 μg/kg，$AFTG_1$ 的定量限为 0.1 μg/kg，$AFTG_2$ 的定量限为 0.1 μg/kg。

二、高效液相色谱－柱前衍生法

（一）测定原理

试样中的黄曲霉毒素 B_1、黄曲霉毒素 B_2、黄曲霉毒素 G_1、黄曲霉毒素 G_2，用乙腈－水溶液或甲醇－水溶液的混合溶液提取，提取液经黄曲霉毒素固相净化柱净化去除脂肪、蛋白质、色素及碳水化合物等干扰物质，净化液用三氟乙酸柱前衍生，液相色谱分离，荧光检测器检测，外标法定量。

（二）适用范围

适用于谷物及其制品、豆类及其制品、坚果及籽类、油脂及其制品、调味品、婴幼儿配方食品和婴幼儿辅助食品中 $AFTB_1$、$AFTB_2$、$AFTG_1$ 和 $AFTG_2$ 的测定。

（三）分析步骤

1. 样品制备

（1）液体样品（植物油、酱油、醋等）　采样量需大于 1 L，对于袋装、瓶装等包装样品需至少采集 3 个包装（同一批次或号），将所有液体样品在一个容器中用匀浆机混匀后，其中任意的 100 g（mL）样品进行检测。

（2）固体样品（谷物及其制品、坚果及籽类、婴幼儿谷类辅助食品等）　采样量需大于 1 kg，用高速粉碎机将其粉碎，过筛，使其粒径小于 2 mm 孔径试验筛，混合均匀后缩分至 100 g，储存于样品瓶中，密封保存，供检测用。

（3）半流体（腐乳、豆豉等） 采样量需大于 1 kg（L），对于袋装、瓶装等包装样品需至少采集 3 个包装（同一批次或号），用组织捣碎机捣碎混匀后，储存于样品瓶中，密封保存，供检测用。

2. 样品提取

（1）液体样品

①植物油脂。称取 5 g 试样（精确至 0.01 g）于 50 mL 离心管中，加入 20 mL 乙腈－水溶液（84＋16）或甲醇－水溶液（70＋30），涡旋混匀，置于超声波/涡旋振荡器或摇床中振荡 20 分钟（或用均质器均质 3 分钟），在 6000 r/min 下离心 10 分钟，取上清液备用。

②酱油、醋。称取 5 g 试样（精确至 0.01 g）于 50 mL 离心管中，用乙腈或甲醇定容至 25 mL（精确至 0.1 mL），涡旋混匀，置于超声波/涡旋振荡器或摇床中振荡 20 分钟（或用均质器均质 3 分钟），在 6000 r/min 下离心 10 分钟（或均质后玻璃纤维滤纸过滤），取上清液备用。

（2）固体样品

①一般固体样品 称取 5 g 试样（精确至 0.01 g）于 50 mL 离心管中，加入 20.0 mL 乙腈－水溶液（84＋16）或甲醇－水溶液（70＋30），涡旋混匀，置于超声波/涡旋振荡器或摇床中振荡 20 分钟（或用均质器均质 3 分钟），在 6000 r/min 下离心 10 分钟（或均质后玻璃纤维滤纸过滤），取上清液备用。

②婴幼儿配方食品和婴幼儿辅助食品 称取 5 g 试样（精确至 0.01 g）于 50 mL 离心管中，加入 20.0 mL 乙腈－水溶液（50＋50）或甲醇－水溶液（70＋30），涡旋混匀，置于超声波/涡旋振荡器或摇床中振荡 20 分钟（或用均质器均质 3 分钟），在 6000 r/min 下离心 10 分钟（或均质后玻璃纤维滤纸过滤），取上清液备用。

（3）半流体样品 称取 5 g 试样（精确至 0.01 g）于 50 mL 离心管中，加入 20.0 mL 乙腈－水溶液（84＋16）或甲醇－水溶液（70＋30），置于超声波/涡旋振荡器或摇床中振荡 20 分钟（或用均质器均质 3 分钟），在 6000 r/min 下离心 10 分钟（或均质后玻璃纤维滤纸过滤），取上清液备用。

3. 样品黄曲霉毒素固相净化柱净化 移取适量上清液，按净化柱操作说明进行净化，收集全部净化液。

4. 衍生 用移液管准确吸取 4.0 mL 净化液于 10 mL 离心管后在 50 ℃下用氮气缓缓地吹至近干，分别加入 200 μL 正己烷和 100 μL 三氟乙酸，涡旋 30 秒，在 40 ℃ ±1 ℃的恒温箱中衍生 15 分钟，衍生结束后，在 50 ℃下用氮气缓缓地将衍生液吹至近干，用初始流动相定容至 1.0 mL，涡旋 30 秒溶解残留物，过 0.22 μm 滤膜，收集滤液于进样瓶中以备进样。

5. 色谱参考条件 色谱参考条件列出如下：

流动相：A 相：水，B 相：乙腈－甲醇溶液（50＋50）。

梯度洗脱：24% B（0～6 分钟），35% B（8.0～10.0 分钟），100% B（10.2～11.2 分钟），24% B（11.5～13.0 分钟）。

色谱柱：C_{18}柱（柱长 150 mm 或 250 mm，柱内径 4.6 mm，填料粒径 5.0 μm），或相当者。

流速：1.0 mL/分钟。

柱温：40 ℃。

进样体积：50 μL。

检测波长：激发波长 360 nm，发射波长 440 nm。

6. 样品测定

（1）标准曲线的制作　系列标准工作溶液由低到高浓度依次进样检测，以峰面积为纵坐标－浓度为横坐标作图，得到标准曲线回归方程。

（2）试样溶液的测定　待测样液中待测化合物的响应值应在标准曲线线性范围内，浓度超过线性范围的样品则应稀释后重新进样分析。

（3）空白试验　不称取试样，按 2、3 和 4 的步骤做空白实验。应确认不含有干扰待测组分的物质。

（四）结果计算与数据处理

试样中 $AFTB_1$、$AFTB_2$、$AFTG_1$ 和 $AFTG_2$ 的残留量按式 5－17 计算：

$$X = \frac{\rho \times V_1 \times V_3 \times 1000}{V_2 \times m \times 1000} \tag{5-17}$$

式中，X 为试样中 $AFTB_1$、$AFTB_2$、$AFTG_1$ 和 $AFTG_2$ 的含量，μg/kg；ρ 为进样溶液中 $AFTB_1$、$AFTB_2$、$AFTG_1$ 和 $AFTG_2$ 按照外标法在标准曲线中对应的浓度，ng/mL；V_1 为试样提取液体积（植物油脂、固体、半固体按加入的提取液体积；酱油、醋按定容总体积），mL；V_3 为净化液的最终定容体积，mL；1000 为换算系数；V_2 为净化柱净化后的取样液体积，mL；m 为试样的称样量，g。

计算结果保留三位有效数字。

（五）注意事项

1. $AFTB_1$、$AFTB_2$、$AFTG_1$ 和 $AFTG_2$ 标准储备溶液（10 μg/mL）溶液转移至试剂瓶后，须在－20 ℃下避光保存，备用。临用前进行浓度校准。

2. 当称取样品 5 g 时，柱前衍生法的 $AFTB_1$ 的检出限为 0.03 μg/kg，$AFTB_2$ 的检出限为 0.03 μg/kg，$AFTG_1$ 的检出限为 0.03 μg/kg，$AFTG_2$ 的检出限为 0.03 μg/kg；柱前衍生法的 $AFTB_1$ 的定量限为 0.1 μg/kg，$AFTB_2$ 的定量限为 0.1 μg/kg，$AFTG_1$ 的定量限为 0.1 μg/kg，$AFTG_2$ 的定量限为 0.1 μg/kg。

三、高效液相色谱－柱后衍生法

（一）测定原理

试样中的黄曲霉毒素 B_1、黄曲霉毒素 B_2、黄曲霉毒素 G_1、黄曲霉毒素 G_2，用乙腈－水溶液或甲醇－水溶液的混合溶液提取，提取液经免疫亲和柱净化和富集，净化液浓缩、定容和过滤后经液相色谱分离，柱后衍生（碘或溴试剂衍生、光化学衍生、电化学衍生等），经荧光检测器检测，外标法定量。

（二）适用范围

适用于谷物及其制品、豆类及其制品、坚果及籽类、油脂及其制品、调味品、婴幼儿配方食品和婴幼儿辅助食品中 $AFTB_1$、$AFTB_2$、$AFTG_1$ 和 $AFTG_2$ 的测定。

（三）试剂和仪器

1. 试剂

（1）碘衍生使用试剂　碘。

（2）溴衍生使用试剂　三溴化吡啶。

（3）电化学衍生使用试剂　溴化钾、浓硝酸。

2. 仪器

（1）免疫亲和柱　$AFTB_1$柱容量≥200 ng，$AFTB_1$柱回收率≥80%，$AFTG_2$的交叉反应率≥80%。

（2）黄曲霉毒素固相净化柱或功能相当的固相萃取柱。

（四）分析步骤

1. 样品制品　同高效液相色谱－柱前衍生法中样品制备方法。

2. 样品提取　同高效液相色谱－柱前衍生法中样品提取方法。

3. 样品净化

（1）免疫亲和柱净化

①准确移取4 mL上述上清液，加入46 mL的1% Triton X－100（或吐温－20）的PBS（使用甲醇－水溶液提取时可减半加入），混匀。

②免疫亲和柱的准备。将低温下保存的免疫亲和柱恢复至室温。

③试样的净化。免疫亲和柱内的液体放弃后，将上述样液移至50 mL注射器筒中，调节下滴速度，控制样液以1～3 mL/min的速度稳定下滴。待样液滴完后，往注射器筒内加入2×10 mL水，以稳定流速淋洗免疫亲和柱。待水滴完后，用真空泵抽干亲和柱。脱离真空系统，在亲和柱下部放置10 mL刻度试管，取下50 mL的注射器筒，2×1 mL甲醇洗脱亲和柱，控制1～3 mL/min的速度下滴，再用真空泵抽干亲和柱，收集全部洗脱液至试管中。在50 ℃下用氮气缓缓地将洗脱液吹至近干，用初始流动相定容至1.0 mL，涡旋30秒溶解残留物，0.22 μm滤膜过滤，收集滤液于进样瓶中以备进样。

（2）黄曲霉毒素固相净化柱和免疫亲和柱同时使用（对花椒、胡椒和辣椒等复杂基质）

①净化柱净化。移取适量上清液，按净化柱操作说明进行净化，收集全部净化液。

②免疫亲和柱净化。用刻度移液管准确吸取上部净化液4 mL，加入46 mL的1% Triton X－100（或吐温－20）的PBS（使用甲醇－水溶液提取时可减半加入），混匀。

4. 样品测定

（1）标准曲线制作　系列标准工作溶液由低到高浓度依次进样检测，以峰面积为纵坐标、浓度为横坐标作图，得到标准曲线回归方程。

（2）试样溶液的测定　待测样液中待测化合物的响应值应在标准曲线线性范围内，浓度超过线性范围的样品则应稀释后重新进样分析。

（3）空白试验　不称取试样，按3样品净化、4液相色谱参考条件和5样品测定的步骤做空白实验。应确认不含有干扰待测组分的物质。

（五）结果计算与数据处理

试样中$AFTB_1$、$AFTB_2$、$AFTG_1$和$AFTG_2$的残留量按式5－18计算：

$$X = \frac{\rho \times V_1 \times V_3 \times 1000}{V_1 \times m \times 1000} \tag{5-18}$$

式中，X 为试样中 $AFTB_1$、$AFTB_2$、$AFTG_1$ 和 $AFTG_2$ 的含量，μg/kg；ρ 为进样溶液中 $AFTB_1$、$AFTB_2$、$AFTG_1$ 和 $AFTG_2$ 按照外标法在标准曲线中对应的浓度，ng/mL；V_1 为试样提取液体积（植物油脂、固体、半固体按加入的提取液体积；酱油、醋按定容总体积），mL；V_3 为样品经免疫亲和柱净化洗脱后的最终定容体积，mL；1000 为换算系数；V_2 为用于免疫亲和柱的分取样品体积，mL；m 为试样的称样量，g。

计算结果保留三位有效数字。

（六）注意事项

1. 本方法的仪器检测部分，包括碘或溴试剂衍生、光化学衍生、电化学衍生等柱后衍生方法，可根据实际情况，选择其中一种方法即可。

2. 在免疫亲和柱净化时，全自动（在线）或半自动（离线）的固相萃取仪器可优化操作参数后使用。

3. 当称取样品 5 g 时，柱后光化学衍生法、柱后溴衍生法、柱后碘衍生法、柱后电化学衍生法的 $AFTB_1$ 的检出限为 0. 03 μg/kg，$AFTB_2$ 的检出限为 0. 01 μg/kg，$AFTG_1$ 的检出限为 0. 03 μg/kg，$AFTG_2$ 的检出限为 0. 01 μg/kg；无衍生器法的 $AFTB_1$ 的检出限为 0. 02 μg/kg，$AFTB_2$ 的检出限为 0. 003 μg/kg，$AFTG_1$ 的检出限为 0. 02 μg/kg，$AFTG_2$ 的检出限为 0. 003 μg/kg；

4. 柱后光化学衍生法、柱后溴衍生法、柱后碘衍生法、柱后电化学衍生法：$AFTB_1$ 的定量限为 0. 1 μg/kg，$AFTB_2$ 的定量限为 0. 03 μg/kg，$AFTG_1$ 的定量限为 0. 1 μg/kg，$AFTG_2$ 的定量限为 0. 03 μg/kg；无衍生器法：AFT B_1 的定量限为 0. 05 μg/kg，AFT B_2 的定量限为 0. 01 μg/kg，AFT G_1 的定量限为 0. 05 μg/kg，$AFTG_2$ 的定量限为 0. 01 μg/kg。

四、酶联免疫吸附筛查法

（一）测定原理

试样中的黄曲霉毒素 B_1 用甲醇水溶液提取，经均质、涡旋、离心（过滤）等处理获取上清液。被辣根过氧化物酶标记或固定在反应孔中的黄曲霉毒素 B_1，与试样上清液或标准品中的黄曲霉毒素 B_1 竞争性结合特异性抗体。在洗涤后加入相应显色剂显色，经无机酸终止反应，于 450 nm 或 630 nm 波长下检测。样品中的黄曲霉毒素 B_1 与吸光度在一定浓度范围内呈反比。

（二）适用范围

适用于谷物及其制品、豆类及其制品、坚果及籽类、油脂及其制品、调味品、婴幼儿配方食品和婴幼儿辅助食品中 $AFTB_1$ 的测定。

（三）仪器和材料

1. 仪器

微孔板酶标仪　带 450 nm 与 630 nm（可选）滤光片。

2. 材料

快速定量滤纸　孔径 11 μm。

（四）分析步骤

1. 样品前处理

（1）液态样品（油脂和调味品） 取100 g待测样品摇匀，称取5.0 g样品于50 mL离心管中，加入试剂盒所要求提取液，按照试纸盒说明书所述方法进行检测。

（2）固态样品（谷物、坚果和特殊膳食用食品） 称取至少100 g样品，用研磨机进行粉碎，粉碎后的样品过1～2 mm孔径试验筛。取5.0 g样品于50 mL离心管中，加入试剂盒所要求提取液，按照试纸盒说明书所述方法进行检测。

2. 样品检测 按照酶联免疫试剂盒所述操作步骤对待测试样（液）进行定量检测。

（五）分析结果

1. 酶联免疫试剂盒定量检测的标准工作曲线绘制 按照试剂盒说明书提供的计算方法或者计算机软件，根据标准品浓度与吸光度变化关系绘制标准工作曲线。

2. 待测液浓度计算 按照试剂盒说明书提供的计算方法以及计算机软件，将待测液吸光度代入1中所获得公式，计算得待测液浓度（ρ）。

3. 结果计算 食品中黄曲霉毒素B_1的含量按式5－19计算：

$$X=\frac{\rho \times V \times f}{m} \quad (5-19)$$

式中，X为试样中$AFTB_1$的含量，μg/kg；ρ为待测液中黄曲霉毒素B_1的浓度，μg/L；V为提取液体积（固态样品为加入提取液体积，液态样品为样品和提取液总体积），L；f为在前处理过程中的稀释倍数；m为试样的称样量，kg。

计算结果保留小数点后两位。

（六）注意事项

1. 当称取谷物、坚果、油脂、调味品等样品5 g时，方法检出限为1 μg/kg，定量限为3 μg/kg。

2. 当称取特殊膳食用食品样品5 g时，方法检出限为0.1 μg/kg，定量限为0.3 μg/kg。

五、薄层色谱法

（一）测定原理

样品经提取、浓缩、薄层分离后，黄曲霉毒素B_1在紫外光（波长365 nm）下产生蓝紫色荧光，根据其在薄层上显示荧光的最低检出量来测定含量。

（二）适用范围

适用于谷物及其制品、豆类及其制品、坚果及籽类、油脂及其制品、调味品中$AFTB_1$的测定。

（三）试剂和仪器

1. 试剂

（1）标准品

$AFTB_1$标准品（$C_{17}H_{12}O_6$，CAS号：1162－65－8） 纯度≥98%，或经国家认证并授

予标准物质证书的标准物质。

（2）标准溶液配制

$AFTB_1$标准储备溶液（10 μg/mL）　准确称取1～1.2 mg $AFTB_1$标准品，先加入2 mL乙腈溶解后，再用苯稀释至100 mL，避光，置于4 ℃冰箱保存，此溶液浓度约10 μg/mL。

$AFTB_1$标准溶液纯度的测定　取5 μL 10 μg/mL $AFTB_1$标准溶液，滴加于涂层厚度0.25 mm的硅胶G薄层板上，用甲醇－三氯甲烷与丙酮－三氯甲烷展开剂展开，在紫外光灯下观察荧光的产生，应符合以下条件：

①在展开后，只有单一的荧光点，无其他杂质荧光点；

②原点上没有任何残留的荧光物质。

$AFTB_1$标准工作液　准确吸取1 mL标准溶液储备液于10 mL容量瓶中，加苯－乙腈混合液至刻度，混匀。此溶液每毫升相当于1.0 μg $AFTB_1$。吸取1.0 mL此稀释液，置于5 mL容量瓶中，加苯－乙腈混合液稀释至刻度，此溶液每毫升相当于0.2 μg $AFTB_1$。再吸取$AFTB_1$标准榕液（0.2 μg/mL）1.0 mL置于5 mL容量瓶中，加苯－乙腈混合液稀释至刻度。此溶液每毫升相当于0.04 μg $AFTB_1$。

2. 仪器

（1）薄层板涂布器。

（2）展开墙　长25 cm，宽6 cm，高4 cm。

（3）微量注射器或血色素吸管。

（四）分析步骤

1. 样品提取

（1）玉米、大米、小麦、面粉、薯干、豆类、花生、花生酱等

①甲法：称取20.00 g粉碎过筛试样（面粉、花生酱不需粉碎），置于250 mL具塞锥形瓶中，加30 mL正己烷或石油醚和100 mL甲醇水溶液，在瓶塞上涂上一层水，盖严防漏。振荡30分钟，静置片刻，以叠成折叠式的快速定性滤纸过滤于分液漏斗中，待下层甲醇水带被分清后，放出甲醇水溶液于另一具塞锥形瓶内。取20.00 mL甲醇水溶液（相当于4 g试样）置于另一分液漏斗中，加20 mL三氯甲烷，振摇2分钟，静置分层，如出现乳化现象可滴加甲醇促使分层。放出三氯甲烷层，经盛有约10 g预先用三氯甲烷湿润的无水硫酸钠的定量慢速滤纸过滤于50 mL蒸发皿中，再加5 mL三氯甲烷于分液漏斗中，重复振摇提取，三氯甲烷层一并滤于蒸发皿中，最后用少量三氯甲烷洗过滤器，洗液并于蒸发皿中。将蒸发皿放在通风柜于65 ℃水浴上通风挥干，然后放在冰盒上冷却2～3分钟后，准确加入1 mL苯－乙腈混合液（或将三氯甲烷用浓缩蒸馏器减压吹气蒸干后，准确加入1 mL苯－乙腊混合液）。用带橡皮头的滴管的管尖将残渣充分混合，若有苯的结晶析出，将蒸发皿从冰盒上取出，继续溶解、混合，晶体即消失，再用此滴管吸取上清液转移于2 mL具塞试管中。

②乙法（限于玉米、大米、小麦及其制品）：称取20.00 g粉碎过筛试样于250 mL具塞锥形瓶中，用滴管滴加约6 mL水，使试样湿润，准确加入60 mL三氯甲烷，振荡30分钟，加12 g无水硫酸钠，振摇后，静置30分钟，用叠成折叠式的快速定性滤纸过滤于100 mL具塞锥形瓶中。取12 mL滤液（相当4 g试样）于蒸发皿中，在65 ℃水浴锅上通风挥干，准确加入1 mL苯－乙腈混合液，以下按a中自“用带橡皮头的滴管的管尖将残渣充分混

合……”起依法操作。

（2）花生油、香油、菜油等　称取4.00 g试样置于小烧杯中，用20 mL正己烷或石油醚将试样移于125 mL分液漏斗中。用20 mL甲醇水溶液分次洗烧杯，洗液一并移入分液漏斗中，振摇2分钟，静置分层后，将下层甲醇水溶液移入第二个分液漏斗中，再用5 mL甲醇水溶液重复振摇提取一次，提取液一并移入第二个分液漏斗中，在第二个分液漏斗中加入20 mL三氯甲烷，以下按a中自“振摇2分钟，静置分层……”起依法操作。

（3）酱油、醋　称取10.00 g试样于小烧杯中，为防止提取时乳化，加0.4 g氯化钠，移入分液漏斗中，用15 mL三氯甲烷分次洗涤烧杯，洗液一并移入分液漏斗中。以下按a中自“振摇2分钟，静置分层……”起依法操作，最后加入2.5 mL苯－乙腈混合液，此溶液每毫升相当于4 g试样。

或称取10.00 g试样，置于分液漏斗中，再加12 mL甲醇（以酱油体积代替水，故甲醇与水的体积比仍约为55：45），用20 mL三氯甲烷提取，以下按a中自“振摇2分钟，静置分层……”起依法操作。最后加入2.5 mL苯－乙腈混合液。此溶液每毫升相当于4 g试样。

（4）干酱类（包括豆豉、腐乳制品）　称取20.00 g研磨均匀的试样，置于250 mL具塞锥形瓶中，加入20 mL正己烷或石油醚与50 mL甲醇水溶液。振荡30分钟，静置片刻，以叠成折叠式快速定性滤纸过滤，滤液静置分层后，取24 mL甲醇水层（相当于8 g试样，其中包括8 g干酱类本身约含有4 mL水的体积在内）置于分液漏斗中，加入20 mL三氯甲烷，以下按a中自“振摇2分钟，静置分层……”起依法操作。最后加入2 mL苯－乙腈混合液。此溶液每毫升相当于4 g试样。

2. 测定

（1）单项展开法

①薄层板的制备。称取约3 g硅胶G，加相当于硅胶量2~3倍的水，用力研磨1~2分钟至成糊状后立即倒于涂布器内，推成5 cm×20 cm，厚度约0.25 mm的薄层板三块。在空气中干燥约15分钟后，在100 ℃活化2小时，取出，放干燥器中保存。一般可保存2~3天，若放置时间较长，可再活化后使用。

②点样。将薄层板边缘附着的吸附剂刮净，在距薄层板下端3 cm的基线上用微量注射器或血色素吸管滴加样液。一块板可滴加4个点，点距边缘和点间距约为1 cm，点直径约3 mm。在同一块板上滴加点的大小应一致，滴加时可用吹风机的冷风边吹边加。滴加样式如下：

第一点：0 μL $AFTB_1$标准工作液（0.04 μg/mL）。

第二点：20 μL样液。

第三点：20 μL样液＋10 μL0.04 μg/mL $AFTB_1$标准工作液。

第四点：20 μL样液＋10 μL0.2 μg/mL $AFTB_1$标准工作液。

③展开与观察。在展开槽内加10 mL无水乙醚，预展12 cm，取出挥干。再于另一展开槽内加10 mL丙酮－三氯甲烷（8＋92），展开10~12 cm，取出。在紫外光下观察结果，方法如下。

由于样液点上加滴$AFTB_1$标准工作液，可使$AFTB_1$标准点与样液中的$AFTB_1$荧光点重叠。如样液为阴性，薄层板上的第三点中$AFTB_1$为0.0004 μg，可用作检查在样液内$AFTB_1$最低检出量是否正常出现：如为阳性，则起定性作用。薄层板上的第四点中$AFTB_1$为0.002 μg，主要起定位作用。

若第二点在与 $AFTB_1$标准点的相应位置上无蓝紫色荧光点，表示试样中 $AFTB_1$ 含量在 5 μg/kg以下，如在相应位置上有蓝紫色荧光点，则需进行确证试验。

④确证试验。为了证实薄层板上样液荧光系由 $AFTB_1$ 产生的，加滴三氟乙酸，产生 $AFTB_1$的衍生物，展开后此衍生物的比移值在 0.1 左右。于薄层板左边依次滴加两个点。

第一点：0.04 μg/mL $AFTB_1$标准工作液 10 μL。

第二点：20 μL 样液。于以上两点各加一小滴三氟乙酸盖于其上，反应 5 分钟后，用吹风机吹热风 2 分钟后，使热风吹到薄层板上的温度不高于 40 ℃，再于薄层板上滴加以下两个点。

第三点：0.04 μg/mL $AFTB_1$标准工作液 10 μL。

第四点：20 μL 样液。

再展开，在紫外光灯下观察样液是否产生与 $AFTB_1$ 标准点相同的衍生物。未加三氟乙酸的三、四两点，可依次作为样液与标准的衍生物空白对照。

⑤稀释定量。样液中的 $AFTB_1$ 荧光点的荧光强度如与 $AFTB_1$ 标准点的最低检出量（0.0004 μg）的荧光强度一致，则试样中 $AFTB_1$ 含量即为 5 μg/kg。如样液中荧光强度比最低检出量强，则根据其强度估计减少滴加微升数或将样液稀释后再滴加不同微升数，直至样液点的荧光强度与最低检出量的荧光强度一致为止。滴加式样如下：

第一点：10 μL $AFTB_1$标准工作液（0.04 μg/mL）。

第二点：根据情况滴加 10 μL 样液。

第三点：根据情况滴加 15 μL 样液。

第四点：根据情况滴加 20 μL 样液。

⑥结果计算。按（五）中公式 5 - 20 计算。

（2）双向展开法

如用单向展开法展开后，薄层色谱由于杂质干扰掩盖了 $AFTB_1$ 的荧光强度，需采用双向展开法。薄层板先用无水乙醚作横向展开，将干扰的杂质展至样液点的一边而 $AFTB_1$ 不动，然后再用丙酮 - 三氯甲烷（8 + 92）作纵向展开，试样在 $AFTB_1$ 相应处的杂质底色大量减少，因而提高了方法灵敏度。如用双向展开中滴加两点法展开仍有杂质干扰时，则可改用滴加一点法。

①滴加两点法

a）点样

取薄层板三块，在距下端 3 cm 基线上滴加 $AFTB_1$ 标准使用液与样液。即在三块板的距左边缘 0.8 ~ 1 cm 处各滴加 10 μL $AFTB_1$ 标准使用液（0.04 μg/mL），在距左边缘 2.8 ~ 3 cm 处各滴加 20 μL 样液，然后在第二块板的样液点上加滴 10 μL $AFTB_1$ 标准使用液（0.04 μg/mL），在第三块板的样液点上加滴 10 μL 0.2 μg/mL $AFTB_1$ 标准使用液。

b）展开

横向展开：在展开槽内的长边置一玻璃支架，加 10 mL 无水乙醇，将上述点好的薄层板靠标准点的长边置于展开槽内展开，展至板端后，取出挥干，或根据情况需要时可再重复展开 1 ~ 2 次。

纵向展开：挥干的薄层板以丙酮 - 三氯甲烷（8 + 92）展开至 10 ~ 12 cm 为止。丙酮与

三氯甲烷的比例根据不同条件自行调节。

c）观察及评定结果

在紫外光灯下观察第一、二板，若第二板的第二点在 $AFTB_1$ 标准点的相应处出现最低检出量，而第一板在与第二板的相同位置上未出现荧光点，则试样中 $AFTB_1$ 含量在 5 μg/kg 以下。若第一板在与第二板的相同位置上出现荧光点，则将第一板与第三板比较，看第三板上第二点与第一板上第二点的相同位置上的荧光点是否与 $AFTB_1$ 标准点重叠，如果重叠，再进行确证试验。在具体测定中，第一、二、三板可以同时做，也可按照顺序做。如按顺序做，当在第一板出现阴性时，第三板可以省略，如第一板为阳性，则第二板可以省略，直接作第三板。

d）确证试验

另取薄层板两块，于第四、第五两板距左边缘 0.8 ~ 1 cm 处各滴加 10 μL $AFTB_1$ 标准使用液（0.04 μg/mL）及 1 小滴三氟乙酸；在距左边缘 2.8 ~ 3 cm 处，于第四板滴加 20 μL 样液及 1 小滴三氟乙酸，于第五板滴加 20 μL 样液、10 μL $AFTB_1$ 标准使用液（0.04 μg/mL）及 1 小滴三氟乙酸。反应 5 分钟后，用吹风机吹热风 2 分钟，使热风吹到薄层极上的温度不高于 40 ℃。再用双向展开法展开后，观察样液是否产生与 $AFTB_1$ 标准点重叠的衍生物。观察时，可将第一板作为样液的衍生物空白板。如样液 $AFTB_1$ 含量高时，则将样液稀释后，按单项展开法确证试验做确证试验。

e）稀释定量

如样液 $AFTB_1$ 含量高时，按单项展开法中 e 的方法稀释定量操作。如 $AFTB_1$ 含量低，稀释倍数小，在定量的纵向展开板上仍有杂质干扰，影响结果的判断，可将样液再做双向展开法测定，以确定含量。

f）结果计算

按（五）中公式 5 - 20 计算。

②滴加一点法

a）点样

取薄层板三块，在距下端 3 cm 基线上滴加 $AFTB_1$ 标准使用液与样液。即在三块板距左边缘 0.8 ~ 1 cm 处各滴加 20 μL 样液，在第二板的点上加 10 μL $AFTB_1$ 标准使用液（0.04 μg/mL）。在第三板的点上加滴 10 μL $AFTB_1$ 标准熔液（0.2 μg/mL）。

b）展开

同滴加两点法的横向展开与纵向展开。

c）观察及评定结果

在紫外光灯下观察第一、二板，如第二板出现最低检出量的黄曲霉霉素 B_1 标准点，而第一板与其相同位置上来出现荧光点，试样中 $AFTB_1$ 含量在 5 μg/kg 以下。如第一板在与第二板 $AFTB_1$ 相同位置上出现荧光点，则将第一板与第三板比较，看第三板上与第一板相同位置的荧光点是否与 $AFTB_1$ 标准点重叠，如果重叠再进行以下确证试验。

d）确证试验

另取两板，于距左边缘 0.8 ~ 1 cm 处，第四板滴加 20 μL 样液、1 滴三氟乙酸；第五板滴加 20 μL 样液、10 μL 的 0.04 μg/mL $AFTB_1$ 标准使用液及 1 滴三氟乙酸。产生衍生物及展开方法同滴加两点法。再将以上二板在紫外光灯下观察，以确定样液点是否产生与 $AFTB_1$ 标准点重叠的衍生物，观察时可将第一板作为样液的衍生物空白板。经过以上确证试验定为阳性后，再进行稀释定量，如含 $AFTB_1$ 低，不需稀释或稀释倍数小，如杂质荧光仍有严重干扰，可根据样液中黄曲霉毒素 B_1 荧光的强弱，直接用双向展开法定量。

e）结果计算

按（五）中公式 5 - 20 计算。

（五）结果计算与数据处理

试样中 $AFTB_1$ 的含量按式 5 - 20 计算：

$$X = 0.0004 \times \frac{V_1 \times f}{V_2 \times m} \times 1000 \tag{5-20}$$

式中，X 为试样中 $AFTB_1$ 的含量，μg/kg；0.0004 为 $AFTB_1$ 的最低检出量，μg；V_1 为加入苯 - 乙腈混合液的体积，mL；f 为样液的总稀释倍数；V_2 为出现最低荧光时滴加样液的体积，mL；m 为加入苯 - 乙腈混合液溶解时相当试样的质量，g；1000 为换算系数。

结果表示到测定值的整数位。

（六）注意事项

1. 整个操作需在暗室条件下进行。

2. 薄层板上黄曲霉毒素 B_1 的最低检出量为 0.0004 μg，检出限为 5 μg/kg。

第七节　乳及乳制品中硝酸盐和亚硝酸盐的测定

扫码“学一学”

硝酸盐及亚硝酸盐在一定条件下，会降低血液的载氧能力，导致高铁血红蛋白症；另外，亚硝酸盐还可与人体的次级胺（仲胺、叔胺、氨基酸）反应，在胃腔中形成强致癌物——亚硝胺，从而诱发消化系统癌变。

随着乳制品市场竞争越来越激烈，各大乳品企业对产品的质量越来越重视，在奶牛的喂养过程中，如果环境水源、喂养饲料的添加剂，以及奶牛生长环境中硝酸盐、亚硝酸盐含量过高，也会发生牛奶中的硝酸盐及亚硝酸盐超标，硝酸盐、亚硝酸盐是乳制品中强制性卫生检验指标。我国就规定了奶粉中的亚硝酸盐含量不得高于 3 mg/kg。因此，加强预防和检测乳及乳制品的硝酸盐污染是非常必要的。

目前，乳及乳制品中硝酸盐和亚硝酸盐的测定依据 GB 5009.33—2016 食品安全国家标准《食品中亚硝酸盐与硝酸盐的测定》，主要有离子色谱法、分光光度法等。

一、离子色谱法

（一）测定原理

试样经沉淀蛋白质、除去脂肪后，采用相应的方法提取和净化，以氢氧化钾溶液为淋洗液，阴离子交换柱分离，电导检测器或紫外检测器检测。以保留时间定性，外标法定量。

（二）适用范围

各类食品中亚硝酸盐和硝酸盐的测定。

（三）分析步骤

1. 试样预处理

（1）蔬菜、水果　将新鲜蔬菜、水果试样用自来水洗净后，用水冲洗，晾干后，取可食部切碎混匀。将切碎的样品用四分法取适量，用食物粉碎机制成匀浆，备用。如需加水应记录加水量。

（2）粮食及其他植物样品　除去可见杂质后，取有代表性试样 50 ~ 100 g，粉碎后，过 0.30 mm 孔筛，混匀，备用。

（3）肉类、蛋、水产及其制品　用四分法取适量或取全部，用食物粉碎机制成匀浆，备用。

（4）乳粉、豆奶粉、婴儿配方粉等固态乳制品（不包括干酪）　将试样装入能够容纳 2 倍试样体积的带盖容器中，通过反复摇晃和颠倒容器使样品充分混匀直到使试样均一化。

（5）发酵乳、乳、炼乳及其他液体乳制品　通过搅拌或反复摇晃和颠倒容器使试样充分混匀。

（6）干酪　取适量的样品研磨成均匀的泥浆状。为避免水分损失，研磨过程中应避免产生过多的热量。

2. 提取

（1）蔬菜、水果等植物性试样　称取试样 5 g（精确至 0.001 g，可适当调整试样的取样量，以下相同），置于 150 mL 具塞锥形瓶中，加入 80 mL 水，1 mL 1 mol/L 氢氧化钾溶液，超声提取 30 分钟，每隔 5 分钟振摇 1 次，保持固相完全分散。于 75 ℃水浴中放置 5 分钟，取出放置至室温，定量转移至 100 mL 容量瓶中，加水稀释至刻度，混匀。溶液经滤纸过滤后，取部分溶液于 10 000 r/min 离心 15 分钟，上清液备用。

（2）肉类、蛋类、鱼类及其制品等　称取试样匀浆 5 g（精确至 0.001 g），置于 150 mL 具塞锥形瓶中，加入 80 mL 水，超声提取 30 分钟，每隔 5 分钟振摇 1 次，保持固相完全分散。于 75 ℃水浴中放置 5 分钟，取出放置至室温，定量转移至 100 mL 容量瓶中，加水稀释至刻度，混匀。溶液经滤纸过滤后，取部分溶液于 10 000 r/min 离心 15 分钟，上清液备用。

（3）腌鱼类、腌肉类及其他腌制品　称取试样匀浆 2 g（精确至 0.001 g），置于 150 mL 具塞锥形瓶中，加入 80 mL 水，超声提取 30 分钟，每隔 5 分钟振摇 1 次，保持固相完全分散。于 75 ℃水浴中放置 5 分钟，取出放置至室温，定量转移至 100 mL 容量瓶中，加水稀释至刻度，混匀。溶液经滤纸过滤后，取部分溶液于 10 000 r/min 离心 15 分钟，上清液备用。

（4）乳　称取试样 10 g（精确至 0.01 g），置于 100 mL 具塞锥形瓶中，加水 80 mL，摇匀，超声 30 分钟，加入 3% 乙酸溶液 2 mL，于 4 ℃放置 20 分钟，取出放置至室温，加水稀释至刻度。溶液经滤纸过滤，滤液备用。

（5）乳粉及干酪　称取试样 2.5 g（精确至 0.01 g），置于 100 mL 具塞锥形瓶中，加水 80 mL，摇匀，超声 30 分钟，取出放置至室温，定量转移至 100 mL 容量瓶中，加入 3% 乙酸溶液 2 mL，加水稀释至刻度，混匀。于 4 ℃放置 20 分钟，取出放置至室温，溶液经滤纸过滤，滤液备用。

（6）取上述备用溶液约 15 mL，通过 0.22 μm 水性滤膜针头滤器、C_{18} 柱，弃去前面 3 mL（如果氯离子大于 100 mg/L，则需要依次通过针头滤器、C_{18} 柱、Ag 柱和 Na 柱，弃去

前面 7 mL)，收集后面洗脱液待测。

固相萃取柱使用前需进行活化，C_{18}柱（1.0 mL）、Ag 柱（1.0 mL）和 Na 柱（1.0 mL），其活化过程为：C_{18}柱（1.0 mL）使用前依次用 10 mL 甲醇、15 mL 水通过，静置活化 30 分钟。Ag 柱（1.0 mL）和 Na 柱（1.0 mL）用 10 mL 水通过，静置活化 30 分钟。

3. 仪器参考条件

（1）色谱柱　氢氧化物选择性，可兼容梯度洗脱的二乙烯基苯 - 乙基苯乙烯共聚物基质，烷醇基季铵盐功能团的高容量阴离子交换柱，4 mm ×250 mm（带保护柱 4 mm ×50 mm），或性能相当的离子色谱柱。

（2）淋洗液

①氢氧化钾溶液，浓度为 6 ~ 70 mmol/L；洗脱梯度为 6 mmol/L 30 分钟，70 mmol/L 5 分钟，6 mmol/L 5 分钟；流速 1.0 mL/min。

②粉状婴幼儿配方食品：氢氧化钾溶液，浓度为 5 ~ 50 mmol/L；洗脱梯度为 5 mmol/L 33 分钟，50 mmol/L 5 分钟，5 mmol/L 5 分钟；流速 1.3 mL/min。

（3）抑制器。

（4）检测器　电导检测器，检测池温度为 35 ℃；或紫外检测器，检测波长为 226 nm。

（5）进样体积　50 μL（可根据试样中被测离子含量进行调整）。

4. 测定

（1）标准曲线的制作　将标准系列工作液分别注入离子色谱仪中，得到各浓度标准工作液色谱图，测定相应的峰高（μS）或峰面积，以标准工作液的浓度为横坐标，以峰高（μS）或峰面积为纵坐标，绘制标准曲线。

（2）试样溶液的测定　将空白和试样溶液注入离子色谱仪中，得到空白和试样溶液的峰高（μS）或峰面积，根据标准曲线得到待测液中亚硝酸根离子或硝酸根离子的浓度。

（四）结果计算与数据处理

试样中亚硝酸离子或硝酸根离子的含量按式 5 - 21 计算：

$$X = \frac{(\rho - \rho_0) \times V \times f \times 1000}{m \times 1000} \qquad (5-21)$$

式中，X 为试样中亚硝酸根离子或硝酸根离子的含量，mg/kg；ρ 为测定用试样溶液中的亚硝酸根离子或硝酸根离子浓度，mg/L；ρ_0 为试剂空白液中亚硝酸根离子或硝酸根离子的浓度，mg/L；V 为试样溶液体积，mL；f 为试样溶液稀释倍数；1000 为换算系数；m 为试样取样量，g。

试样中测得的亚硝酸根离子含量乘以换算系数 1.5，即得亚硝酸盐（按亚硝酸钠计）含量；试样中测得的硝酸根离子含量乘以换算系数 1.37，即得硝酸盐（按硝酸钠计）含量。

结果保留两位有效数字。

（五）注意事项

本法为国标中的第一法，亚硝酸盐和硝酸盐检出限分别为 0.2 mg/kg 和 0.4 mg/kg。

二、分光光度法

（一）测定原理

亚硝酸盐采用盐酸萘乙二胺法测定，硝酸盐采用镉柱还原法测定。

试样经沉淀蛋白质、除去脂肪后，在弱酸条件下，亚硝酸盐与对氨基苯磺酸重氮化后，再与盐酸萘乙二胺偶合形成紫红色染料，外标法测得亚硝酸盐含量。采用镉柱将硝酸盐还原成亚硝酸盐，测得亚硝酸盐总量，由测得的亚硝酸盐总量减去试样中亚硝酸盐含量，即得试样中硝酸盐含量。

（二）试剂和仪器

1. 试剂

（1）亚铁氰化钾。

（2）盐酸（ρ=1.19 g/mL）。

（3）乙酸锌。

（4）冰乙酸。

（5）硼酸钠。

（6）氨水（25%）。

（7）对氨基苯磺酸。

（8）盐酸萘乙二胺。

（9）锌皮或锌棒。

（10）硫酸镉。

（11）硫酸铜。

2. 仪器

（1）天平（感量为0.1 mg和1 mg）。

（2）组织捣碎机。

（3）超声波清洗器。

（4）恒温干燥箱。

（5）分光光度计。

（6）镉柱或镀铜镉柱。

①海绵状镉的制备　镉粒直径0.3 mm～0.8 mm。

将适量的锌棒放入烧杯中，用40 g/L硫酸镉溶液浸没锌棒。在24小时之内，不断将锌棒上的海绵状镉轻轻刮下。取出残余锌棒，使镉沉底，倾去上层溶液。用水冲洗海绵状镉2～3次后，将镉转移至搅拌器中，加400 mL盐酸（0.1 mol/L），搅拌数秒，以得到所需粒径的镉颗粒。将制得的海绵状镉倒回烧杯中，静置3～4小时，期间搅拌数次，以除去气泡。倾去海绵状镉中的溶液，并可按下述方法进行镉粒镀铜。

②镉粒镀铜　将制得的镉粒置锥形瓶中（所用镉粒的量以达到要求的镉柱高度为准），加足量的盐酸（2 mol/L）浸没镉粒，振荡5分钟，静置分层，倾去上层溶液，用水多次冲洗镉粒。在镉粒中加入20 g/L硫酸铜溶液（每克镉粒约需2.5 mL），振荡1分钟，静置分层，倾去上层溶液后，立即用水冲洗镀铜镉粒（注意镉粒要始终用水浸没），直至冲洗的水

中不再有铜沉淀。

③镉柱的装填 如图5－4所示，用水装满镉柱玻璃柱，并装入约2 cm高的玻璃棉做垫，将玻璃棉压向柱底时，应将其中所包含的空气全部排出，在轻轻敲击下，加入海绵状镉至8～10 cm（图5－4装置a）或15～20 cm（图5－4装置b），上面用1 cm高的玻璃棉覆盖。若使用装置b，则上置一贮液漏斗，末端要穿过橡皮塞与镉柱玻璃管紧密连接。如无上述镉柱玻璃管时，可以25 mL酸式滴定管代用，但过柱时要注意始终保持液面在镉层之上。当镉柱填装好后，先用25 mL盐酸（0.1 mol/L）洗涤，再以水洗2次，每次25 mL，镉柱不用时用水封盖，随时都要保持水平面在镉层之上，不得使镉层夹有气泡。

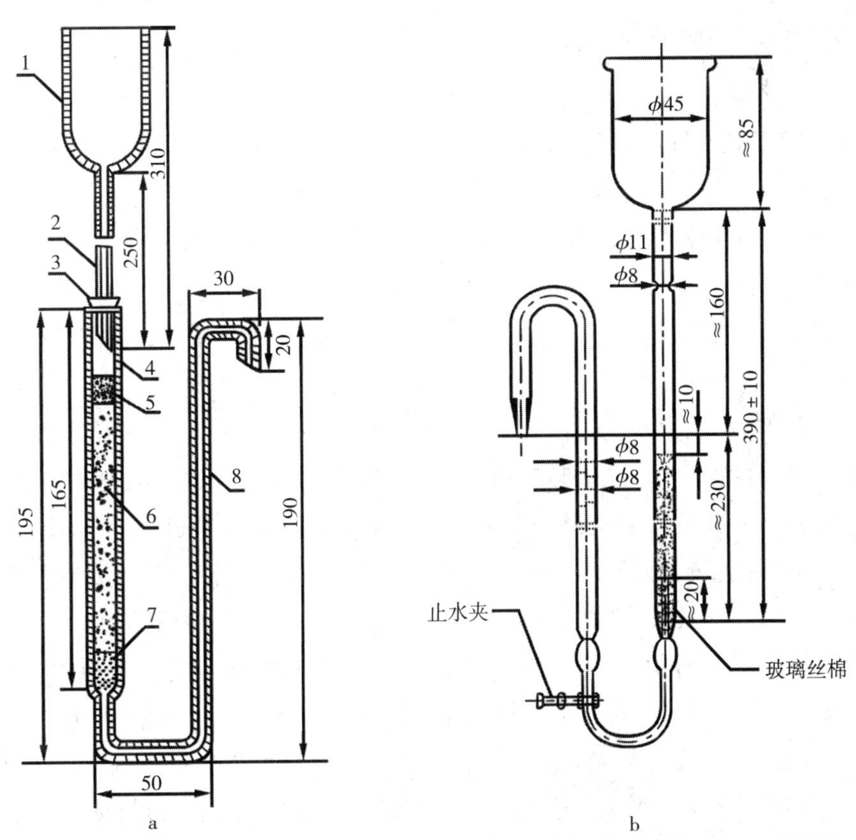

1. 贮液漏斗，内径35 mm，外径37 mm；2. 进海毛细管，内径0.4 mm，外径6 mm；3. 橡皮塞；
4. 镉柱玻璃管，内径12 mm，外径6 mm；5、7. 玻璃棉；6. 海绵状镉；
8. 出液毛细管，内径2 mm，外径8 mm

图5－4 镉柱示意图

④镉柱每次使用完毕后，应先以25 mL盐酸（0.1 mol/L）洗涤，再以水洗2次，每次25 mL，最后用水覆盖镉柱。

⑤镉柱还原效率的测定 吸取20 mL硝酸钠标准使用液，加入5 mL氨缓冲液的稀释液，混匀后注入贮液漏斗，使流经镉柱还原，用一个100 mL的容量瓶收集洗提液。洗提液的流量不应超过6 mL/min，在贮液杯将要排空时，用约15 mL水冲洗杯壁。冲洗水流尽后，再用15 mL水重复冲洗，第2次冲洗水也流尽后，将贮液杯灌满水，并使其以最大流量流过柱子。当容量瓶中的洗提液接近100 mL时，从柱子下取出容量瓶，用水定容至刻度，混匀。取10.0 mL还原后的溶液（相当10 μg亚硝酸钠）于50 mL比色管中，以下按下文（三）中“3. 亚硝酸盐的测定”步骤中自“吸取0.00、0.20、0.40、0.60、

0.80、1.00 mL……”起操作，根据标准曲线计算测得结果，与加入量一致，还原效率应大于95%为符合要求。

⑥还原效率计算按式5-22计算：

$$X = \frac{m_1}{10} \times 100\% \qquad (5-22)$$

式中，X为还原效率，%；m_1为测得亚硝酸钠的含量，μg；10为测定用溶液相当亚硝酸钠的含量，μg。

如果还原率小于95%时，将镉柱中的镉粒倒入锥形瓶中，加入足量的盐酸（2 moL/L）中，振荡数分钟，再用水反复冲洗。

（三）分析步骤

1. 试样的预处理 同离子色谱法中的样品预处理。

2. 提取

（1）干酪 称取试样2.5 g（精确至0.001 g），置于150 mL具塞锥形瓶中，加水80 mL，摇匀，超声30分钟，取出放置至室温，定量转移至100 mL容量瓶中，加入3%乙酸溶液2 mL，加水稀释至刻度，混匀。于4 ℃放置20分钟，取出放置至室温，溶液经滤纸过滤，滤液备用。

（2）液体乳样品 称取试样90 g（精确至0.001 g），置于250 mL具塞锥形瓶中，加12.5 mL饱和硼砂溶液，加入70 ℃左右的水约60 mL，混匀，于沸水浴中加热15分钟，取出置冷水浴中冷却，并放置至室温。定量转移上述提取液至200 mL容量瓶中，加入5 mL 106 g/L亚铁氰化钾溶液，摇匀，再加入5 mL 220 g/L乙酸锌溶液，以沉淀蛋白质。加水至刻度，摇匀，放置30分钟，除去上层脂肪，上清液用滤纸过滤，滤液备用。

（3）乳粉 称取试样10 g（精确至0.001 g），置于150 mL具塞锥形瓶中，加12.5 mL 50 g/L饱和硼砂溶液，加入70 ℃左右的水约150 mL，混匀，于沸水浴中加热15分钟，取出置冷水浴中冷却，并放置至室温。定量转移上述提取液至200 mL容量瓶中，加入5 mL 106 g/L亚铁氰化钾溶液，摇匀，再加入5 mL 220 g/L乙酸锌溶液，以沉淀蛋白质。加水至刻度，摇匀，放置30分钟，除去上层脂肪，上清液用滤纸过滤，弃去初滤液30 mL，滤液备用。

（4）其他样品 称取5 g（精确至0.001 g）匀浆试样（如制备过程中加水，应按加水量折算），置于250 mL具塞锥形瓶中，加12.5 mL 50 g/L饱和硼砂溶液，加入70 ℃左右的水约150 mL，混匀，于沸水浴中加热15分钟，取出置冷水浴中冷却，并放置至室温。定量转移上述提取液至200 mL容量瓶中，加入5 mL 106 g/L亚铁氰化钾溶液，摇匀，再加入5 mL 220 g/L乙酸锌溶液，以沉淀蛋白质。加水至刻度，摇匀，放置30分钟，除去上层脂肪，上清液用滤纸过滤，弃去初滤液30 mL，滤液备用。

3. 亚硝酸盐的测定 吸取40.0 mL上述滤液于50 mL带塞比色管中，另吸取0.00、0.20、0.40、0.60、0.80、1.00、1.50、2.00、2.50 mL亚硝酸钠标准使用液（相当于0.0、1.0、2.0、3.0、4.0、5.0、7.5、10.0、12.5 μg亚硝酸钠），分别置于50 mL带塞比色管中。于标准管与试样管中分别加入2 mL 4 g/L对氨基苯磺酸溶液，混匀，静置3～5分钟后各加入1 mL 2 g/L盐酸萘乙二胺溶液，加水至刻度，混匀，静置15分钟，用1 cm比色杯，

以零管调节零点，于波长 538 nm 处测吸光度，绘制标准曲线比较。同时做试剂空白。

4. 硝酸盐的测定

（1）镉柱还原

①先以 25 mL 氨缓冲液的稀释液冲洗镉柱，流速控制在 3 ~ 5 mL/min（以滴定管代替的可控制在 2 ~ 3 mL/min）。

②吸取 20 mL 滤液于 50 mL 烧杯中，加 5 mL pH 9.6 ~ 9.7 氨缓冲溶液，混合后注入贮液漏斗，使流经镉柱还原，当贮液杯中的样液流尽后，加 15 mL 水冲洗烧杯，再倒入贮液杯中。冲洗水流完后，再用 15 mL 水重复 1 次。当第 2 次冲洗水快流尽时，将贮液杯装满水，以最大流速过柱。当容量瓶中的洗提液接近 100 mL 时，取出容量瓶，用水定容刻度，混匀。

（2）亚硝酸钠总量的测定　吸取 10 ~ 20 mL 还原后的样液于 50 mL 比色管中。以下按上文（三）中“3. 亚硝酸盐的测定”步骤中自“吸取 0.00、0.20、0.40、0.60、0.80、1.00 mL……”起操作。

（四）结果计算与数据处理

1. 亚硝酸盐含量计算　亚硝酸盐（以亚硝酸钠计）的含量按式 5 - 23 计算：

$$X_1 = \frac{m_2 \times 1000}{m_3 \times \frac{V_1}{V_0} \times 1000} \qquad (5-23)$$

式中，X_1 为试样中亚硝酸钠的含量，mg/kg；m_2 为测定用样液中亚硝酸钠的质量，μg；1000 为转换系数；m_3 为试样质量，g；V_1 为测定用样液体积，mL；V_0 为试样处理液总体积，mL。

2. 硝酸盐含量的计算　硝酸盐（以硝酸钠计）的含量按式 5 - 24 计算：

$$X_2 = \left(\frac{m_4 \times 1000}{m_5 \times \frac{V_3}{V_2} \times \frac{V_5}{V_4} \times 1000} - X_1 \right) \times 1.232 \qquad (5-24)$$

式中，X_2 为试样中硝酸钠的含量，mg/kg；m_4 为经镉粉还原后测得总亚硝酸钠的质量，μg；1000 为转换系数；m_5 为试样的质量，g；V_3 为测总亚硝酸钠的测定用样液体积，mL；V_2 为试样处理液总体积，mL；V_5 为经镉柱还原后样液的测定用体积，mL；V_4 为经镉柱还原后样液总体积，mL；X_1 为由式 5 - 22 计算出的试样中亚硝酸钠的含量，mg/kg；1.232 为亚硝酸钠换算成硝酸钠的系数。

结果保留两位有效数字。

（五）注意事项

本法为国标的第二法，亚硝酸盐检出限：液体乳 0.06 mg/kg，乳粉 0.5 mg/kg，干酪及其他 1 mg/kg；硝酸盐检出限：液体乳 0.6 mg/kg，乳粉 5 mg/kg，干酪及其他 10 mg/kg。

扫码“学一学”

第八节　牛奶中三聚氰胺的快速检测

三聚氰胺，俗称蛋白精，为纯白色单斜棱晶体，无味，溶于热水，微溶于冷水。低毒，弱碱性（pH = 8）。动物长期摄入三聚氰胺会造成生殖、泌尿系统的损害，膀胱、肾部结石，并可进一步诱发膀胱癌。根据美国食品药品监督管理局的标准，三聚氰胺每日可耐受摄入量为0.63 mg/kg体重，也即一个60 kg的成年人每日可耐受摄入量为37.8 mg，三鹿的问题奶粉则达到了2563 mg/kg。

三聚氰胺添加到牛奶中后，在制作的过程中会产生另外一种化学物质——三聚氰酸。三聚氰胺与三聚氰酸结合在一起后形成网络状结晶。这种结晶微溶于水，吃到人体中遇到胃酸时会溶解开来，但是排到尿中，两种物质再次结合，因为排尿的肾小管非常纤细，所以这些网络状的结晶可能堵塞肾小管，随着结晶在体内含量的增多，如果不能排除，积累到一定的程度后形成结石，给肾功能带来极大的损害。婴幼儿的肾小管相对于成人要细得多，所以婴幼儿更容易结石。

目前，牛奶中三聚氰胺的测定可依据GB/T 22400—2008《原料乳中三聚氰胺快速检测液相色谱法》进行快速检测。

（一）测定原理

用乙腈作为原料乳中的蛋白质沉淀剂和三聚氰胺提取剂，强阳离子交换色谱柱分离，高效液相色谱-紫外检测器或二极管阵列检测器检测，外标法定量。

（二）适用范围

适用于原料乳，也适用于不含添加物的液态乳制品。

（三）试剂材料

1. 三聚氰胺标准物质（$C_3H_6N_6$） 纯度大于或等于99%。

2. 三聚氰胺标准贮备溶液（1.00×10^3 mg/L） 称取100 mg（准确至0.1 mg）三聚氰胺标准物质，用水完全溶解后，100 mL容量瓶中定容至刻度，混匀，4 ℃条件下避光保存，有效期为1个月。

3. 标准工作溶液 使用时配制。

（1）标准溶液A（2.00×10^2 mg/L） 准确移取20.0 mL三聚氰胺标准贮备溶液（4.5），置于100 mL容量瓶中，用水稀释至刻度，混匀。

（2）标准溶液B（0.50 mg/L） 准确移取0.25 mL标准溶液A，置于100 mL容量瓶中，用水稀释至刻度，混匀。

（3）按表5-6分别移取不同体积的标准溶液A于容量瓶中，用水稀释至刻度，混匀。按表5-7分别移取不同体积的标准溶液B于容量瓶中，用水稀释至刻度，混匀。

表5-6 标准工作溶液配制（高浓度）

标准溶液A体积（mL）	0.10	0.25	1.00	1.25	5.00	12.5
定容体积（mL）	100	100	100	50.0	50.0	50.0
标准工作溶液浓度（mg/L）	0.20	0.50	2.00	5.00	20.0	50.0

表5-7 标准工作溶液配制（低浓度）

标准溶液B体积（mL）	1.00	2.00	4.00	20.0	40.0
定容体积（mL）	100	100	100	100	100
标准工作溶液浓度（mg/L）	0.005	0.01	0.02	0.10	0.20

4. 乙腈　色谱纯。

5. 磷酸缓冲液（0.05 mol/L）　称取 6.8 g 磷酸二氢钾（准确至 0.01 g），加水 800 mL 完全溶解后，用磷酸调节 pH 至 3.0，用水稀释至 1 L，用滤膜过滤后备用。

（四）测定步骤

1. 试样的制备　称取混合均匀的 15 g（准确至 0.01 g）原料乳样品，置于 50 mL 具塞刻度试管中，加入 30 mL 乙腈，剧烈振荡 6 分钟，加水定容至满刻度，充分混匀后静置 3 分钟，用一次性注射器吸取上清液用针式过滤器过滤后，作为高效液相色谱分析用试样。

2. 高效液相色谱测定

（1）色谱条件

色谱柱：强阳离子交换色谱柱，SCX，250 mm ×4.6 mm（内径），5 μm，或性能相当者。

流动相：磷酸盐缓冲溶液 - 乙腈（70 + 30，体积比），混匀。

流速：1.5 mL/分钟。

柱温：室温。

检测波长：240 nm。

进样量：20 μL。

注：宜在色谱柱前加保护柱（或预柱），以延长色谱柱使用寿命。

（2）液相色谱分析测定

①仪器的准备。开机，用流动相平衡色谱柱，待基线稳定后开始进样。

②定性分析。依据保留时间一致性进行定性识别的方法。根据三聚氰胺标准物质的保留时间，确定样品中三聚氰胺的色谱峰。必要时应采用其他方法进一步定性确证。

③定量分析。校准方法为外标法。

a）校准曲线制作

根据检测需要，使用标准工作溶液分别进样，以标准工作溶液浓度为横坐标，以峰面积为纵坐标，绘制校准曲线。

b）试样测定

使用试样分别进样，获得目标峰面积。根据校准曲线计算被测试样中三聚氰胺的含量（mg/kg）。

试样中待测三聚氰胺的响应值均应在方法线性范围内。

注：当试样中三聚氰胺的响应值超出方法的线性范围的上限时，可减少称样量再进行提取与测定。

（五）结果计算与数据处理

结果按式 5 - 25 计算：

$$X = C \times \frac{V}{m} \times \frac{1000}{1000} \qquad (5-25)$$

式中，X 为原料乳中三聚氰胺的含量，mg/kg；C 为从校准曲线得到的三聚氰胺溶液的浓度，mg/L；V 为试样定容体积，mL；m 为样品称量质量，g。

通常情况下计算结果保留三位有效数字；结果在 0.1 ~ 1.0 mg/kg 时，保留两位有效数字；结果小于 0.1 mg/kg 时，保留一位有效数字。

1. 平行试验 按以上步骤，对同一样品进行平行试验测定。

2. 空白试验 除不称取样品外，均按上述步骤同时完成空白试验。

3. 方法检测限 本方法的检测限为0.05 mg/kg。

4. 回收率 在添加浓度0.30～100.0 mg/kg范围内，回收率在93.0%～103%之间，相对标准偏差小于10%。

（六）注意事项

1. 如果保留时间或柱压发生明显的变化，应检测离子交换色谱柱的柱效以保证检测结果的可靠性。

2. 使用不同的离子交换色谱柱，其保留时间有较大的差异，应对色谱条件进行优化。

3. 强阳离子交换色谱的流动相为酸性体系，每天结束实验时应以中性流动相冲洗仪器系统进行维护保养。

思考题

1. 简述乳脂肪的测定方法。
2. 凯氏定氮法操作中应注意哪些问题？
3. 列举测定乳及乳制品中蔗糖的方法及其特点？
4. 列举测定乳及乳制品中黄曲霉毒素的方法种类及其特点？
5. 乳品中硝酸盐和亚硝酸盐的测定原理？

（薛香菊　张莉　卫琳）

第六章　肉及肉制品的分析

知识目标

1. 掌握　肉及肉制品中脂肪、水分、过氧化值、铅、总砷和克伦特罗的检测原理和检测方法。
2. 熟悉　肉制品中污染物的种类及危害。
3. 了解　肉及肉制品常见检测项目的测定意义。

能力目标

1.熟练掌握肉及肉其制品中脂肪、水分、过氧化值、铅、总砷和克伦特罗的检测技术。
2.学会肉及肉其制品检测中仪器设备的操作；会正确选择并运用检测方法。

第一节　概　论

扫码“学一学”

一、肉及肉制品的分类

肉，通常是指适合人类食用的家养、野生哺乳动物和禽类的肉，以及可食用的副产品的总称，如猪、牛、马、羊、鹿、兔、鸡、鸭、鹅、鸽、鸵鸟、火鸡等。肉制品即是以肉类为主要原料加工制成的产品。肉及肉制品包括鲜（冻）禽畜肉及其副产品、灌肠类、酱卤肉类、熏烤肉类、肴肉类、腌腊肉、熏煮香肠火腿制品、发酵肉制品等。GB/T 26604—2011 规定了肉制品的分类原则及分类，如表 6－1 所示。

表 6－1　肉制品分类

类别	名称	品种明细
腌腊肉制品	咸肉类	咸猪肉
	腊肉类	四川腊肉、广式腊肉、湖南腊肉
	腌制肉类	风干禽肉、腌制鸭、腌制肉排、腌制猪肘、腌制猪场和生培根
酱卤肉制品	酱卤肉类	酱肉、卤肉、酱鸭、盐水鸭、扒鸡
	糟肉类	糟肉、糟鹅、糟鸡、糟爪、糟翅
	白煮肉类	白切羊肉、白切鸡
	肉冻类	肉皮冻、水晶肉
熏烧焙烤肉制品	熏烤肉类	熏肉、烤肉、熏肚、熏肠、烤鸡腿、熟培根
	烧烤肉类	盐焗鸡、烤乳猪、叉烧肉、烤鸭
	焙烤肉类	肉脯

续表

类别	名称	品种明细
干肉制品	—	肉干、肉松
油炸肉制品	—	炸肉排、炸鸡翅、炸肉串、炸肉丸、炸乳鸽
肠类肉制品	火腿肠类	猪肉肠、鸡肉肠、鱼肉肠
	熏煮香肠类	热狗肠、法兰克福肠、维也纳香肠、啤酒香肠、红肠、香肚、无皮肠、香肠
	中式香肠类	风干肠、腊肠、腊香肚
	发酵香肠类	萨拉米香肠
	调制香肠类	松花蛋肉肠、肝肠、血肠
	其他肠类	台湾烤肠
火腿肉制品	中式火腿	盐水火腿、熏制火腿
	熏煮火腿	金华火腿、宣威火腿、如皋火腿、意大利火腿
调制肉制品	—	咖喱肉、各类肉丸、肉卷、肉糕、肉排、肉串

二、肉及肉制品的检验程序

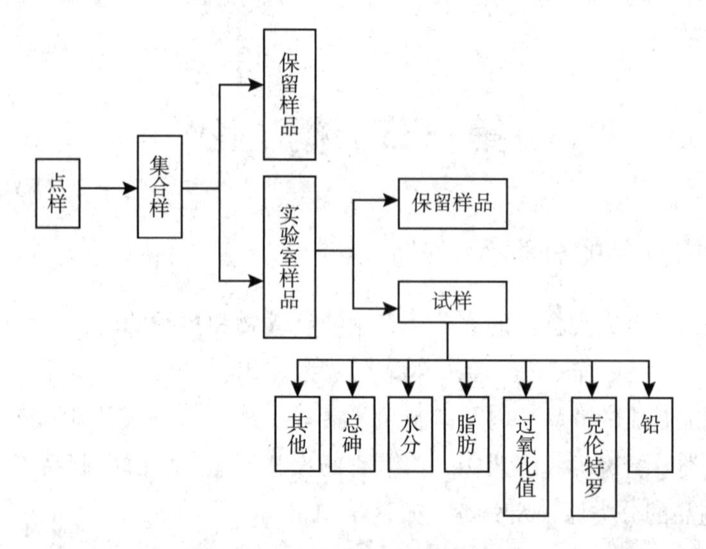

图6-1 肉及肉制品的检验程序

三、肉及肉制品的检验项目

为确保肉及肉其制品的质量安全，根据鲜（冻）畜、禽产品（GB 2707—2016）、食品安全国家标准（GB 2762—2017、GB 2763—2016）、熟肉制品（GB 2726—2016）及腌腊肉制品（GB 2730—2015）等规定，肉及肉制品需要进行感官指标、理化指标、食品添加剂、污染物限量、农药残留限量和兽药残留限量等项目的检测。

扫码"学一学"

第二节 肉及肉制品中过氧化值的测定

过氧化值是用于表示肉及肉制品中油脂或脂肪酸被氧化程度的指标，即指1000 g样品中的活性氧含量，以过氧化物的毫摩尔数表示。通常经过检测肉及其制品中的过氧化值的高低来判断其质量和变质程度。不同肉制品其过氧化值卫生标准不同，国家食品安全标准GB 2730—2015（腌腊肉制品的卫生标准）规定，火腿、腊肉、咸肉和香（腊）肠中过氧化值不超过0.5 g/100 g，腌腊禽制品小于1.5 g/100 g。

依据食品安全国家标准GB 5009.227—2016《食品中过氧化值的测定》，检测肉及其制品中过氧化值的方法有滴定法和电位滴定法两种。本标准两种方法均不适用于植脂末等包埋类油脂制品中过氧化值的测定。

一、滴定法

（一）测定原理

制备的油脂试样在三氯甲烷和冰乙酸中溶解，其中的过氧化物与碘化钾反应生成碘，用硫代硫酸钠标准溶液滴定析出的碘。用过氧化物相当于碘的质量分数或1kg样品中活性氧的毫摩尔数表示过氧化值的量。

（二）适用范围

滴定法是国标第一法，用于食用动植物油脂、食用油脂制品；以小麦粉、谷物、坚果等植物性食品为原料经油炸、膨化、烘烤、调制、炒制等加工工艺而制成的食品；以及以动物性食品为原料经速冻、干制、腌制等加工工艺而制成的食品。

（三）样品测定

1. 试样制备　样品制备过程应避免强光，并尽可能避免带入空气。

（1）动植物油脂　对液态样品，振摇装有试样的密闭容器，充分均匀后直接取样；对固态样品，选取有代表性的试样置于密闭容器中混匀后取样。

（2）油脂制品

①食用氢化油、起酥油、代可可脂：对液态样品，振摇装有试样的密闭容器，充分混匀后直接取样；对固态样品，选取有代表性的试样置于密闭容器中混匀后取样。如有必要，将盛有固态试样的密闭容器置于恒温干燥箱中，缓慢加温到刚好可以融化，振摇混匀，趁试样为液态时立即取样测定。

②人造奶油：将样品置于密闭容器中，于60～70 ℃的恒温干燥箱中加热至融化，振摇混匀后，继续加热至破乳分层并将油层通过快速定性滤纸过滤到烧杯中，烧杯中滤液为待测试样。制备的待测试样应澄清。趁待测试样为液态时立即取样测定。

③以小麦粉、谷物、坚果等植物性食品为原料，经油炸、膨化、烘烤、调制、炒制等加工工艺而制成的食品：从所取全部样品中取出有代表性样品的可食部分，在玻璃研钵中研碎，将粉碎的样品置于广口瓶中，加入2～3倍样品体积的石油醚，摇匀，充分混合后静置浸提12小时以上，经装有无水硫酸钠的漏斗过滤，取滤液，在低于40 ℃的水浴中，用旋转蒸发仪减压蒸干石油醚，残留物即为待测试样。

④以动物性食品为原料经速冻、干制、腌制等加工工艺而制成的食品：从所取全部样品中取出有代表性样品的可食部分，将其破碎并充分混匀后置于广口瓶中，加入2～3倍样品体积的石油醚，摇匀，充分混合后静置浸提12小时以上，装有无水硫酸钠的漏斗过滤，取滤液，在低于40 ℃的水浴中，用旋转蒸发仪减压蒸干石油醚，残留物即为待测试样。

2. 试样的测定　应避免在阳光直射下进行试样测定。称取制备的试样2～3 g（精确至

0.001 g)，置于250 mL碘量瓶中，加入30 mL三氯甲烷－冰乙酸混合液，轻轻振摇使试样完全溶解。准确加入1.00 mL饱和碘化钾溶液，塞紧瓶盖，并轻轻振摇0.5分钟，在暗处放置3分钟。取出加100 mL水，摇匀后立即用硫代硫酸钠标准溶液（过氧化值估计值在0.15 g/100 g及以下时，用0.002 mol/L标准溶液；过氧化值估计值大于0.15 g/100 g时，用0.01 mol/L标准溶液）滴定析出的碘，滴定至淡黄色时，加1 mL淀粉指示剂，继续滴定并强烈振摇至溶液蓝色消失为终点。同时进行空白试验。空白试验所消耗0.01 mol/L硫代硫酸钠溶液体积 V_0 不得超过0.1 mL。

（四）结果计算与数据处理

1. 用过氧化物相当于碘的质量分数表示过氧化值时，按式6－1计算：

$$X_1=\frac{(V-V_0)\times C\times 0.1269}{m}\times 100 \tag{6-1}$$

式中，X_1 为过氧化值，g/100 g；V 为试样消耗的硫代硫酸钠标准溶液体积，mL；V_0 为空白试验消耗的硫代硫酸钠标准溶液体积，mL；C 为硫代硫酸钠标准溶液的浓度，mol/L；0.1269为与1.00 mL硫代硫酸钠标准溶液［C（$Na_2S_2O_3$）＝1.000 mol/L］相当的碘的质量；m 为试样质量，g；100为换算系数。

2. 用1 kg样品中活性氧的毫摩尔数表示过氧化值时，按式6－2计算：

$$X_2=\frac{(V-V_0)\times C}{2\times m}\times 1000 \tag{6-2}$$

式中，X_2 为过氧化值，mmol/kg；V 为试样消耗的硫代硫酸钠标准溶液体积，mL；V_0 为空白试验消耗的硫代硫酸钠标准溶液体积，mL；C 为硫代硫酸钠标准溶液的浓度，mol/L；m 为试样质量，g；1000为换算系数。

计算结果以重复性条件下获得的两次独立测定结果的算术平均值表示，结果保留两位有效数字。

在重复性条件下获得的两次独立测定结果的绝对差值不得超过算术平均值的10%。

二、电位滴定法

（一）测定原理

制备的油脂试样溶解在异辛烷和冰乙酸中，试样中过氧化物与碘化钾反应生成碘，反应后用硫代硫酸钠标准溶液滴定析出的碘，用电位滴定仪确定滴定终点。用过氧化物相当于碘的质量分数或1 kg样品中活性氧的毫摩尔数表示过氧化值的量。

（二）适用范围

电位滴定法为国标第二法，适用于动植物油脂和人造奶油，测量范围是0～0.38 g/100 g。

（三）测定仪器

电位滴定仪：精度为±2 mV，能实时显示滴定过程的电位值－滴定体积变化曲线，配备复合铂环电极或其他具有类似指示功能的氧化还原电极，以及10 mL、20 mL的带防扩散滴定头的滴定管。

配磁力搅拌器使用。使用的所有器皿不得含有还原性或氧化性物质。磨砂玻璃表面不

得涂油。

（四）样品测定

1. 试样制备　同滴定法。

2. 试样测定　称取制备的油脂试样 5 g（精确至 0.001 g）于电位滴定仪的滴定杯中，加入 50 mL 异辛烷 - 冰乙酸混合液，轻轻振摇使试样完全溶解。如果试样溶解性较差（如硬脂或动物脂肪），可先向滴定杯中加入 20 mL 异辛烷，轻轻振摇使样品溶解，再加 30 mL 冰乙酸后混匀。向滴定杯中准确加入 0.5 mL 饱和碘化钾溶液，开动磁力搅拌器，在合适的搅拌速度下反应 60 ±1 秒。立即向滴定杯中加入 30 ~ 100 mL 水，插入电极和滴定头，设置好滴定参数，运行滴定程序，采用动态滴定模式进行滴定并观察滴定曲线和电位变化。硫代硫酸钠标准溶液加液量一般控制在 0.05 ~ 0.2 mL/滴。到达滴定终点后，记录滴定终点消耗的标准溶液体积 V。每完成一个样品的滴定后，须将搅拌器或搅拌磁子、滴定头和电极浸入异辛烷中清洗表面的油脂。

同时进行空白试验。采用等量滴定模式进行滴定并观察滴定曲线和电位变化，硫代硫酸钠标准溶液加液量一般控制在 0.005 mL/滴。到达滴定终点后，记录滴定终点消耗的标准溶液体积 V_0。空白试验所消耗 0.01 mol/L 硫代硫酸钠溶液体积 V_0 不得超过 0.1 mL。

（五）结果计算与数据处理

电位滴定法的计算与数据处理同滴定法。

（六）注意事项

1. 要保证样品混合均匀又不会产生气泡影响电极响应。可根据仪器说明书的指导，选择一个合适的搅拌速度。

2. 可根据仪器进行加水量的调整，加水量会影响起始电位，但不影响测定结果。被滴定相位于下层，更大量的水有利于相转化，加水量越大，滴定起点和滴定终点间的电位差异越大，滴定曲线上的拐点更明显。

3. 应避免在阳光直射下进行试样测定。

第三节　肉及肉制品中脂肪的测定

扫码“学一学”

脂肪是肉及肉制品的组成成分，也是其重要的营养物质。不同种类肉及其制品，脂肪含量差异很大。

依据食品安全国家标准 GB 5009.6—2016《食品中脂肪的测定》，其第一法索氏脂肪抽提法和第二法酸水解法，均可适用于肉及肉制品中脂肪的测定。

一、索氏提取法

（一）测定原理

脂肪易溶于有机溶剂。试样直接用无水乙醚或石油醚等溶剂抽提后，蒸发除去溶剂，干燥，得到游离态脂肪的含量。

（二）适用范围

索氏抽提法是标准的第一法，适用于水果、蔬菜及其制品、粮食及粮食制品、肉及肉

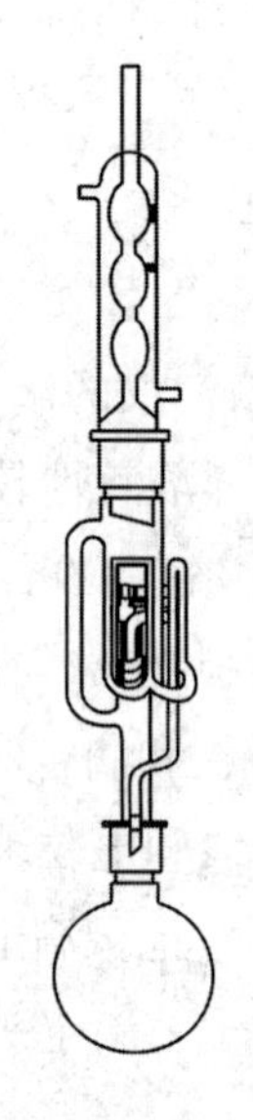

图 6-2 索氏脂肪抽提器

制品、蛋及蛋制品、水产及其制品、焙烤食品、糖果等食品中游离态脂肪含量的测定。

（三）测定设备

索氏抽提法测定脂肪需要索氏抽提器，电热鼓风干燥箱等，索氏脂肪抽提器如图 6-2 所示。

（四）样品测定

1. 试样处理

（1）固体试样　称取充分混匀后的试样 2～5 g，准确至 0.001 g，全部移入滤纸筒内。

（2）液体或半固体试样　称取混匀后的试样 5～10 g，准确至 0.001 g，置于蒸发皿中，加入约 20 g 石英砂，于沸水浴上蒸干后，在电热鼓风干燥箱中于 100 ℃ ±5 ℃ 干燥 30 分钟后，取出，研细，全部移入滤纸筒内。蒸发皿及沾有试样的玻璃棒，均用沾有乙醚的脱脂棉擦净，并将棉花放入滤纸筒内。

2. 抽提　将滤纸筒放入索氏抽提器的抽提筒内，连接已干燥至恒重的接收瓶，由抽提器冷凝管上端加入无水乙醚或石油醚至瓶内容积的三分之二处于水浴上加热使无水乙醚或石油醚不断回流抽提（6～8 次/h），一般抽提 6～10 小时。提取结束时，用磨砂玻璃棒接取 1 滴提取液，磨砂玻璃棒上无油斑表明提取完毕。

3. 称量　取下接收瓶，回收无水乙醚或石油醚，待接收瓶内溶剂剩余 1～2 mL 时在水浴上蒸干，再于 100 ℃ ±5 ℃ 干燥 1 小时，放干燥器内冷却 0.5 小时后称量。重复以上操作直至恒重（直至两次称量的差不超过 2 mg）。

（五）结果计算与数据处理

试样中脂肪的含量按式 6-3 计算：

$$X=\frac{(m_1-m_0)}{m_2}\times 100 \qquad (6-3)$$

式中，X 为试样中脂肪的含量，g/100 g；m_1 为恒重后接收瓶和脂肪的含量，g；m_0 为接收瓶的质量，g；m_2 为试样的质量，g；100 为换算系数。

计算结果表示到小数点后一位。

二、酸水解法

（一）测定原理

食品中的结合态脂肪必须用强酸使其游离出来，游离出的脂肪易溶于有机溶剂。试样经盐酸水解后用无水乙醚或石油醚提取，除去溶剂即得游离态和结合态脂肪的总含量。

（二）适用范围

酸水解法为标准第二法，适用于水果、蔬菜及其制品、粮食及粮食制品、肉及肉制品、蛋及蛋制品、水产及其制品、焙烤食品、糖果等食品中游离态脂肪及结合态脂肪总量的测定。

（三）样品测定

1. 试样酸水解　称取混匀后的肉样 3 ~ 5 g，准确至 0.001 g，置于锥形瓶（250 mL）中，加入 50 mL 2 mol/L 盐酸溶液和数粒玻璃细珠，盖上表面皿，于电热板上加热至微沸，保持 1 小时，每 10 分钟旋转摇动 1 次。取下锥形瓶，加入 150 mL 热水，混匀，过滤。锥形瓶和表面皿用热水洗净，热水一并过滤。沉淀用热水洗至中性（用蓝色石蕊试纸检验，中性时试纸不变色）。将沉淀和滤纸置于大表面皿上，于 100 ℃ ±5 ℃干燥箱内干燥 1 小时，冷却。

2. 抽提　将干燥后的试样装入滤纸筒，其余同索氏脂肪抽提法的抽提步骤。

3. 称量　同索氏脂肪抽提法的称量步骤。

（四）结果计算与数据处理

同索氏脂肪抽提法。

第四节　肉及肉制品中铅的测定

扫码“学一学”

案例讨论

案例： 某工商部门从市场上抽检了一批香肠，用石墨炉原子吸收光谱法测定其铅的含量，多次测定均值为 0.35 mg/kg。

问题： 1. 肉制品中铅的测定方法有哪些？

2. 肉与肉制品中铅的限量指标为多少？

肉及肉制品包括鲜（冻）禽畜肉及其副产品、灌肠类、酱卤肉类、熏烤肉类、肴肉类、腌腊肉、熏煮香肠火腿制品、发酵肉制品等。为了确保其质量安全，根据鲜（冻）畜、禽产品（GB 2707—2016）、食品安全国家标准（GB 2762—2017、GB 2763—2019）、熟肉制品（GB 2726—2016）及腌腊肉制品（GB 2730—2015）等规定，肉及肉制品需要进行感官指标、理化指标、食品添加剂、污染物限量、农药残留限量和兽药残留限量等项目的检测。本节重点介绍肉及肉制品中铅的测定。

铅（Pb），灰白色重金属，原子量 207.2，密度 11.34，熔点 327 ℃。铅非人体必需元素。食品中铅的主要来源是工业“三废”、化学农药、食品加工原辅料等方面的污染。铅污染食品后，随食物进入人体，血液中的铅大部分与红细胞结合，随后逐渐以磷酸铅盐的形式蓄积于骨骼中，取代骨中的钙。特别值得关注的是，儿童对铅较成人更敏感，铅可严重影响婴幼儿和少年儿童的生长发育和智力。因此，必须对肉与肉制品中的铅进行检测，既可防止其危害人的健康，又可给食品生产和卫生管理提供科学依据。

食品安全国家标准《食品中污染物限量》（GB 2762—2017）规定了铅在食品中的限量指标，其中，肉类（畜禽内脏除外）≤0.2 mg/kg，肉制品≤0.5 mg/kg。

依据 GB 5009.12—2017《食品中铅的测定》，测定肉及肉制品中铅含量的主要方法有石墨炉原子吸收光谱法、火焰原子吸收光谱法、二硫腙比色法等。主要检测流程如下：

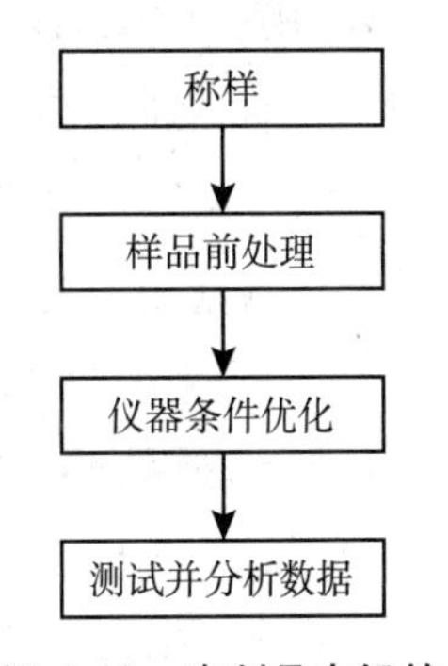

图 6-3　肉制品中铅的检测流程图

一、石墨炉原子吸收光谱法

（一）测定原理

试样消解处理后，经石墨炉原子化，在283.3 nm处测定吸光度。在一定浓度范围内铅的吸光度值与铅含量成正比，与标准系列比较定量。

（二）适用范围

石墨炉原子吸收光谱法是国家标准的第一法。

当称样量为0.5 g，定容体积为10 mL时，方法的检出限为0.02 mg/kg，定量限为0.04 mg/kg。

（三）样品测定

1. 试样制备 在采样和试样制备过程中，应避免试样污染。肉与肉制品样品取可食部分，制成匀浆，储于塑料瓶中。

2. 试样前处理

（1）湿法消解 称取匀浆试样0.2～3 g（精确至0.001 g）于消化管（或锥形瓶）中，加入10 mL硝酸和0.5 mL高氯酸，在可调式电热炉（或电热板）上消解（参考条件：120 ℃ 0.5～1小时；升至180 ℃ 2～4小时、升至200～220 ℃）。若消化液呈棕褐色，再加少量硝酸，消解至冒白烟，消化液呈无色透明或略带黄色，冷却后用水定容至10 mL，混匀备用。同时做试剂空白试验。

（2）微波消解 称取匀浆试样0.2～0.8 g（精确至0.001 g）于微波消解罐中，加入5 mL硝酸，按照微波消解的操作步骤消解试样。冷却后取出消解罐，在电热板上于140～160 ℃赶酸至1 mL左右。消解罐放冷后，将消化液转移至10 mL容量瓶中，用少量水洗涤消解罐2～3次，合并洗涤液于容量瓶中并用水定容至刻度，混匀备用。同时做试剂空白试验。

（3）压力罐消解 称取匀浆试样0.2～1 g（精确至0.001 g）于消解内罐中，加入5 mL硝酸。盖好内盖，旋紧不锈钢外套，放入恒温干燥箱，于140～160 ℃下保持4～5小时。冷却后缓慢旋松外罐，取出消解内罐，放在可调式电热板上于140～160 ℃赶酸至1 mL左右。冷却后将消化液转移至10 mL容量瓶中，用少量水洗涤内罐和内盖2～3次，合并洗涤液于容量瓶中并用水定容至刻度，混匀备用。同时做试剂空白试验。

4. 测定 根据各自仪器性能调至最佳状态。

（1）标准曲线的制作 按质量浓度由低到高的顺序分别将10 μL铅标准系列溶液和5 μL磷酸二氢铵－硝酸钯溶液（可根据所使用的仪器确定最佳进样量）同时注入石墨炉，原子化后测其吸光度值，以质量浓度为横坐标，吸光度值为纵坐标，制作标准曲线。

（2）试样溶液的测定 在与测定标准溶液相同的实验条件下，将10 μL空白溶液或试样溶液与5 μL磷酸二氢铵－硝酸钯溶液（可根据所使用的仪器确定最佳进样量）同时注入石墨炉，原子化后测其吸光度值，与标准系列比较定量。

（四）结果计算与数据处理

试样中铅含量按式6－4进行计算：

$$X=\frac{(\rho-\rho_0)\times V}{m\times 1000} \quad (6-4)$$

式中，X 为试样中铅的含量，mg/kg；ρ 为试样溶液中铅的质量浓度，μg/L；ρ_0 为试样溶液中铅的质量浓度，μg/L；V 为试样消化液的定容体积，mL；m 为试样称样量，g；1000 为单位换算系数。

当铅含量≥1.00 mg/kg 时，计算结果保留三位有效数字；当铅含量 <1.00 mg/kg 时，计算结果保留两位有效数字。

（五）注意事项

1. 所有玻璃器皿及聚四氟乙烯消解罐均需用硝酸溶液（1+5）浸泡过夜，用自来水反复冲洗，最后用水冲洗干净。

2. 样品湿法不能消解完全的，使用微波消解。

3. 加硝酸、高氯酸和排烟雾操作，需在通风橱中进行。

4. 使用消解罐时手不要碰消解罐内盖。

5. 微波消解一般升温不要超过 160 ℃。

6. 新标准采用磷酸二氢铵－硝酸钯作为基体改进剂，注意不要使用钯的氯化物。

二、火焰原子吸收光谱法

（一）测定原理

试样经处理后，铅离子在一定 pH 条件下与二乙基二硫代氨基甲酸钠（DDTC）形成络合物，经 4－甲基－2－戊酮（MIBK）萃取分离，导入原子吸收光谱仪中，经火焰原子化，在 283.3 nm 处测定的吸光度。在一定浓度范围内铅的吸光度值与铅含量成正比，与标准系列比较定量。

（二）适用范围

火焰原子吸收光谱法是国家标准的第三法。

以称样量 0.5 g 计算，方法的检出限为 0.4 mg/kg，定量限为 1.2 mg/kg。

（三）样品测定

1. 试样制备　同本节石墨炉原子吸收光谱法。

2. 试样前处理　同本节石墨炉原子吸收光谱法中的湿法消解。

3. 测定

（1）根据各自仪器性能调至最佳状态。

（2）标准曲线的制作　分别吸取铅标准使用液 0、0.250、0.500、1.00、1.50、2.00 mL（相当 0、2.50、5.00、10.0、15.0、20.0 μg 铅）于 125 mL 分液漏斗中，补加水至 60 mL。加 2 mL 柠檬酸铵溶液（250 g/L），溴百里酚蓝水溶液（1 g/L）3～5 滴，用氨水溶液（1+1）调 pH 至溶液由黄变蓝，加硫酸铵溶液（300 g/L）10 mL，DDTC 溶液（1 g/L）10 mL，摇匀。放置 5 分钟左右，加入 10 mL MIBK，剧烈振摇提取 1 分钟，静置分层后，弃去水层，将 MIBK 层放入 10 mL 带塞刻度管中，得到标准系列溶液。

将标准系列溶液按质量由低到高的顺序分别导入火焰原子化器，原子化后测其吸光度

值，以铅的质量为横坐，吸光度值为纵坐标，制作标准曲线。

（3）试样溶液的测定　将试样消化液及试剂空白溶液分别置于125 mL分液漏斗中，补加水至60 mL。加2 mL柠檬酸铵溶液（250 g/L），溴百里酚蓝水溶液（1 g/L）3～5滴，用氨水溶液（1+1）调pH至溶液由黄变蓝，加硫酸铵溶液（300 g/L）10 mL，DDTC溶液（1 g/L）10 mL，摇匀。放置5分钟左右，加入10 mL MIBK，剧烈振摇提取1分钟，静置分层后，弃去水层，将MIBK层放入10 mL带塞刻度管中，得到试样溶液和空白溶液。

将试样溶液和空白溶液分别导入火焰原子化器，原子化后测其吸光度值，与标准系列比较定量。

（四）结果计算与数据处理

试样中铅含量按式6-5进行计算：

$$X=\frac{m_1-m_0}{m_2} \tag{6-5}$$

式中，X为试样中铅的含量，mg/kg；m_1为试样溶液中铅的质量浓度，μg；m_0为空白溶液中铅的质量浓度，μg；m_2为试样称样量，g。

当铅含量≥10.0 mg/kg时，计算结果保留三位有效数字；当铅含量<10.0 mg/kg时，计算结果保留两位有效数字。

（五）注意事项

1. 使用前，分液漏斗的漏斗劲和漏斗口均要检漏。
2. 柠檬酸铵、DDTC、MIBK的加入顺序不能变。
3. 萃取时，振荡要剧烈，振荡过程要放气。
4. 萃取过程要在通风橱中进行。

三、二硫腙比色法

（一）测定原理

试样经消化后，在pH8.5～9.0时，铅离子与二硫腙生成红色络合物，溶于三氯甲烷。加入柠檬酸铵、氰化钾和盐酸羟胺等，防止铁、铜、锌等离子干扰。于波长510 nm处测定吸光度，与标准系列比较定量。

（二）适用范围

二硫腙比色法是国家标准的第四法。

以称样量0.5 g计算，方法的检出限为1 mg/kg，定量限为3 mg/kg。

（三）样品测定

1. 试样制备　同本节石墨炉原子吸收光谱法。

2. 试样前处理　同本节石墨炉原子吸收光谱法中的湿法消解。

3. 测定

（1）仪器条件　根据各自仪器性能调至最佳状态。测定波长510 nm。

（2）标准曲线的制作　分别吸取一定量的铅标准使用液分别置于125 mL分液漏斗中，各加硝酸溶液（5+95）至20 mL。再各加2 mL柠檬酸铵溶液（200 g/L），1 mL盐酸羟胺

溶液（200 g/L）和2滴酚红指示液（1 g/L），用氨水溶液（1+1）调至红色，再各加2 mL氰化钾溶液（100 g/L），混匀。各加5 mL二硫腙使用液，剧烈振摇1分钟，静置分层后，三氯甲烷层经脱脂棉滤入1 cm比色杯中，以三氯甲烷调节零点于波长510 nm处测吸光度。标准液以铅的质量为横坐标，吸光度值为纵坐标，制作标准曲线。

（3）试样溶液的测定　将试样消解液及空白溶液分别置于125 mL分液漏斗中，各加硝酸溶液（5+95）至20 mL。再各加2 mL柠檬酸铵溶液（200 g/L），1 mL盐酸羟胺溶液（200 g/L）和2滴酚红指示液（1 g/L），用氨水溶液（1+1）调至红色，再各加2 mL氰化钾溶液（100 g/L），混匀。各加5 mL二硫腙使用液，剧烈振摇1分钟，静置分层后，三氯甲烷层经脱脂棉滤入1 cm比色杯中，以三氯甲烷调节零点于波长510 nm处测吸光度，与标准系列比较定量。

（四）结果计算与数据处理

同式6-2。

（五）注意事项

1. 所有玻璃器皿均需硝酸（1+5）浸泡过夜，用自来水反复冲洗，最后用水冲洗干净。
2. 必须严格控制好溶液的pH（8.5~9.0），酸度过高或过低都将导致铅的提取不完全。
3. 比色皿在使用前，要进行比色皿配对，以消除比色皿不一致带来的误差。

第五节　肉及肉制品中总砷的测定

扫码“学一学”

元素砷在自然界中的分布很广泛，动物、植物中都有微量的砷，海产品中也有微量的砷。动物中的砷是从摄取的食物中而来，砷排入水域中也容易引起海产品中砷的微量存在。砷被人体吸收以后，会影响正常的细胞代谢，引起组织损伤。还对黏膜具有刺激作用，可直接损坏毛细血管，引起癌变。因此，食品安全国家标准对食品中总砷和无机砷做出了严格规定。砷在自然界中主要以三价和五价的有机和无机化合物的形式存在。最常见的三价砷有三氧化二砷、亚砷酸钠和三氯化砷，五价砷有五氧化二砷、砷酸及其盐类。在食品安全国家标准中，我国对肉制品做出了总砷的限量规定，对于水产品做出了无机砷的限量规定。

一、电感耦合等离子体质谱法

（一）测定原理

样品经预处理后，采用电感耦合等离子体质谱进行检测，根据元素的质谱图或特征离子进行定性，内标法定量。

（二）试剂和仪器

1. 试剂

（1）硝酸、高氯酸、过氧化氢　优级纯。

（2）高纯氩气　纯度不低于99.995%。

（3）高纯氦气　纯度不低于99.995%。

（4）实验用水为超纯水，由超纯水处理系统制得。

（5）超纯硝酸　由优级纯硝酸经酸蒸馏纯化仪制得。

2. 仪器

（1）电感耦合等离子体质谱仪　Agilent 7700x 型。

（2）密闭微波消解系统　MARS Xpress 型。

（3）恒温加热器　BHW 09C 20 型。

（4）优普超纯水制造系统　ULUP 型。

（5）酸蒸馏纯化仪　BSB－939－1R 型。

（三）样品前处理

1. 湿法消解法

称取2～5 g样品（精确至0.001 g）于锥形瓶中，加入硝酸－高氯酸混合酸（体积比为9：1）25 mL，加一小漏斗于电热板上消解，直至冒白烟，消化液呈无色透明或略带黄色，然后用小火加热赶酸至近干，放冷，用超纯水将消化液转移至25 mL容量瓶中，混匀备用，同时做试剂空白。

2. 微波消解法

称取约0.5 g样品（精确至0.000 1 g）于聚四氟乙烯微波消解内罐中，加入3 mL HNO_3，和2 mL H_2O_2，加盖摇匀，安装好消解罐，置于微波消解仪中，设置消解程序。消解完毕，取出消解内罐，放在恒温加热器上150℃赶酸至近干，用超纯水将溶液转移至25 mL容量瓶中定容，待测，试剂空白按同样方法处理。

（四）仪器工作参数

（1）ICP 功率　1550 W。

（2）载气流量　0.85 L/min。

（3）补偿气流量　0.25 L/min。

（4）碰撞气（He）流量　3.8 L/min。

（5）雾化室温度　2℃。

（6）采样深度　8 mm。

（7）蠕动泵转速　0.1 r/s。

（8）样品提取速度　0.30 r/s。

（9）样品提取时间　30 秒。

（10）进样稳定时间　45 秒。

（11）积分时间　1 秒。

（12）重复次数　3 次。

（五）测定

当仪器真空度达到要求时，在氦气模式下用1 μg/L调谐液调整仪器各项指标，使仪器灵敏度、氧化物、双电荷、分辨率等各项指标达到测定要求后，编辑测定方法、干扰方程，选择测定元素，元素对应内标，选择标准，输入参数。引入在线内标，观测内标灵敏度，符合要求后，将试剂空白、标准系列、样品溶液通过蠕动泵分别引入雾化室，雾化后在高温等离子体中发生电离，最后由质量分析器进行定量测定，由标准曲线进行定量。

（六）分析结果

选择工作曲线范围为 0～50 μg/L，用体积分数为 5% 的 HNO_3 对混合标准储备液逐级稀释得到系列标准工作溶液，然后进行测定。以元素质量浓度（X）为横坐标、信号强度（Y）为纵坐标绘制标准曲线。

二、氢化物发生原子荧光光谱法

（一）测定原理

试样经酸消解后，加入硫脲－抗坏血酸溶液使五价砷还原成三价砷，再用硼氰化钾将样品中所含砷还原成砷化氢，由氩气载入石英炉原子化器中，在特制砷空心阴极灯的发射光激发下产生原子荧光，其荧光强度在特定条件下与试液中的砷含量成正比，与标准系列比较定量。

（二）试剂和仪器

1. 试剂

（1）硝酸－盐酸混合试剂　取 1 份硝酸与 3 份盐酸混合，再用去离子水稀释一倍。

（2）硼氰化钾溶液［ρ（KBH_4）= 1 g/L］　称取 2.0 g 氢氧化钾溶于 800 mL 水中，加入 1 g 硼氰化钾并使之溶解，用水稀释至 1000 mL，用时现配。

（3）硼氰化钾溶液［ρ（KBH_4）= 10 g/L］　称取 2.5 g 氢氧化钾溶于 800 mL 水中，加入 10.0 g 硼氰化钾并使之溶解，用水稀释至 1000 mL，用时现配。

（4）硫脲（CH_4N_2S）－抗坏血酸（$C_6H_8O_6$）混合溶液（50 g/L）　称取 5.0 g 硫脲和 5.0 g 抗坏血酸，溶解在 100 mL 水中，用时现配。

（5）保存液　称取 0.5 g 重铬酸钾，用少量水溶解，加硝酸 50 mL，用水稀释至 1000 mL，摇匀。

（6）砷标准贮备液［ρ（As）= 1.00 g/L］　称取三氧化二砷（105 ℃烘 2 小时）0.6600 g 于烧杯中加入 10% 氢氧化钠溶液 10 mL，加热溶解移入 500 mL 容量瓶中，并用去离子水稀释至刻度。

（7）砷标准中间溶液［ρ（As）= 100.0 mg/L］　吸取砷标准储备液 10.00 mL 注入100 mL 容量瓶中，用盐酸溶液稀释至刻度，摇匀。

（8）砷标准工作液［ρ（As）= 1.00 mg/L］　吸取砷标准中间溶液 1.00 mL 注入 100 mL容量瓶中，用盐酸溶液稀释至刻度，摇匀。

2. 仪器

（1）原子荧光光度计。

（2）特制砷空心阴极灯。

注：所有玻璃仪器均应以硝酸（1 + 5）浸泡过夜，用水反复冲洗，最后用去离子水冲洗干净，置于烘箱 105 ℃下烘 2 小时以上。

（三）试样溶液的制备

称取试样 0.5 g（精确至 0.0001 g）于 25 mL 具塞比色管中，加入硝酸－盐酸混合试剂 5.0 mL，摇匀，于沸水中消解 2 小时，其间每隔 15 分钟摇动一次。取出冷却，用水稀释至

刻度，摇匀后干过滤，滤液供砷测定。

（四）空白溶液的制备

除不加试样外，其他步骤同试样溶液的制备。

（五）标准曲线的绘制

准确移取砷标准工作液 0.00、0.50、1.00、2.00、3.00、4.00、5.00 mL 于 50 mL 容量瓶中，加入 5.00 mL 硫脲 - 抗坏血酸混合溶液，用 5% 的盐酸溶液定容至刻度，混匀。该标准溶液砷浓度分别为 0.00、10.00、20.00、40.00、60.00、80.00、100.00 μg/L。待仪器稳定后，以 10% 盐酸作载流，10 g/L 硼氰化钾溶液作还原剂，按仪器参数的条件由低到高浓度顺次测定标准溶液的荧光强度，计算荧光强度与浓度关系的一元线性回归方程。

（六）样品测定

在测定标准系列溶液后，吸取试样分解后上清液 5.00 mL 于 25 mL 容量瓶中，加入 2.50 mL 硫脲 - 抗坏血酸混合溶液，用 5% 的盐酸溶液定容至刻度，混匀进行测定，测得荧光强度，带入标准系列的一元线性回归方程中求得试液中砷含量。同时做空白试验，样品以空白校零。

（七）分析结果的表述

样品中砷含量以质量分数 W 计，数值以毫克每千克（mg/kg）表示，按式 6 - 6 计算：

$$W = \frac{c \times V_2 \times V_{总}/V_1}{m} \times \frac{1000}{1000 \times 1000} \tag{6-6}$$

式中，c 为试样分解液中砷质量浓度，μg/L；$V_{总}$ 为试样分解液的定容体积，mL；V_1 为测定时分取样品消解液体积，mL；V_2 为测定时分取样品溶液稀释定容体积，mL；m 为试样的质量，g；$\frac{1000}{1000 \times 1000}$指将结果换算成毫克每千克的换算系数。

三、银盐法

（一）测定原理

样品经酸消解或干灰化破坏有机物，使砷呈离子状态存在，经碘化钾、氯化亚锡将高价砷还原为三价砷，然后被锌粒和酸产生的新生态氢还原为砷化氢。在密闭装置中，被二乙氯基二硫代甲酸银（Ag - DDTC）的三氯甲烷溶液吸收，形成黄色或棕红色银溶胶，其颜色深浅与砷含量成正比，用分光光度计比色测定，形成胶体银的反应如下：

$$A_SH_3 + 6Ag(DDTC) = 6Ag + 3H\ (DDTC) + As(DDTC)_3$$

（二）试剂和仪器

1. 试剂

以下试剂除特别注明外，均为分析纯，水应符合 GB/T 6682 二级水要求。

（1）混合酸溶液（A）　$HNO_3 + H_2SO_4 + HClO_4 = 23 + 3 + 4$。

（2）硝酸镁溶液（150 g/L）　称取 30 g 硝酸镁［$Mg(NO_3)_2 \cdot 6H_2O$］溶于水中，并稀

释至 200 mL。

（3）碘化钾溶液（150 g/L）　称取 75 g 碘化钾溶于水中，定容至 500 mL，贮存于棕色瓶中。

（4）酸性氯化亚锡溶液（400 g/L）　称取 20 g 氯化亚锡（$SnCl_2 \cdot 2H_2O$）溶于 50 mL 盐酸中，加入数颗金属锡粒，可用一周。

（5）二乙氨基二硫代甲酸银（Ag－DDTC）－三乙胺－三氯甲烷吸收溶液（2.5 g/L）　称取 2.5 g（精确到 0.0001 g）Ag－DDTC 于干燥的烧杯中，加适量三氯甲烷待完全溶解后，转入 1000 mL 容量瓶中，加入 20 mL 三乙胺，用三氯甲烷定容，于棕色瓶中存放在冷暗处。若有沉淀应过滤后使用。

（6）乙酸铅棉花　将医用脱脂棉在乙酸铅溶液（100 g/L）浸泡约 1 小时，压除多余溶液，自然晾干，或在 90～100 ℃烘干，保存于密闭瓶中。

（7）砷标准储备溶液（1.0 mg/mL）　精确称取 0.660 g 三氧化砷（110 ℃，干燥 2 小时），加 5 mL 氢氧化钠溶液使之溶解，然后加入 25 mL 硫酸溶液中和，定容至 500 mL。此溶液每毫升含 1.00 mg 砷，于塑料瓶中冷贮。

（8）砷标准工作溶液（1.0 μg/mL）　准确吸取 5.00 mL 砷标准储备溶液于 100 mL 容量瓶中，加水定容，此溶液含砷 50 μg/mL。

准确吸取 50 μg/mL 砷标准溶液 2.00 mL，于 100 mL 容量瓶中，加 1 mL 盐酸，加水定容，摇匀，此溶液每毫升相当于 1.0 μg 砷。

2. 仪器

（1）砷化氢发生及吸收装置如图 6－4。

①砷化氢发生器　100 mL 带 30、40、50 mL 刻度线和侧管的锥形瓶。

②导气管　管径为 8.0～8.5 mm；尖端孔为 2.5～3.0 mm。

③吸收瓶　下部带 5 mL 刻度线。

（2）分光光度计　波长范围 360～800 nm。

（3）分析天平　感量 0.0001 g。

（4）可调式电炉。

（5）瓷坩埚　30 mL。

（6）高温炉　温控 0～950 ℃。

（三）分析步骤

1. 试料的处理

（1）混合酸消解法　称取试样 3～4 g（精确到 0.0001 g），置于 250 mL 凯氏瓶中，加水少许湿润试样，加 30 mL 混合酸溶液（A），放置 4 小时以上或过夜，置电炉上从室温开始消解。待棕色气体消失后，提高消解温度，至冒白烟（SO_3）数分钟（务必赶尽硝酸），此时溶液应清亮无色或淡黄色，瓶内溶液体积近似硫酸用量，残渣为白色。若瓶内溶液呈棕色，冷却后添加适量硝酸和高氯酸，直到消解完全。冷却，加 10 mL 盐酸溶液煮沸，稍冷，转移到 50 mL 容量瓶中，用水洗涤凯氏瓶 3～5 次，洗液并入容量瓶中，然后用水定容，摇匀，待测。

试样消解液含砷小于 10 μg 时，可直接转移到砷化氢发生器中，补加 7 mL 盐酸，加水使瓶内溶液体积为 40 mL，从加 2 mL 碘化钾起以下按 3 操作步骤进行。

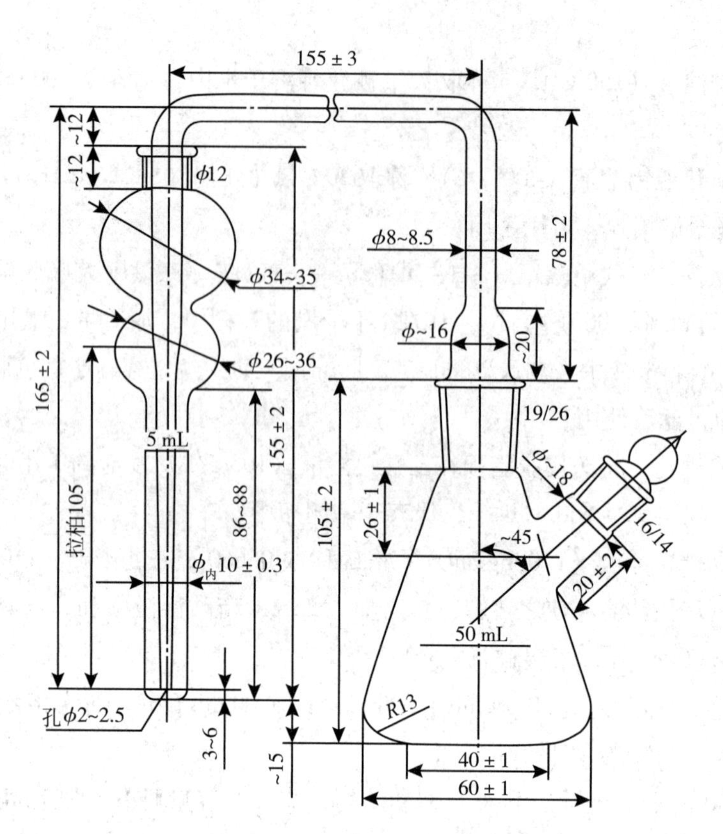

图 6-4 砷化氢发生和吸收装置

同时于相同条件下，做试剂空白实验。

（2）盐酸溶样法

①称取试样 1~3 g（精确到 0.0001 g）于 100 mL 高型烧杯中，加水少许湿润试样，慢慢滴加 10 mL 盐酸溶液，待激烈反应过后，再慢加入 8 mL 盐酸，用水稀释至约 30 mL 煮沸。转移到 50 mL 容量瓶中，洗涤烧杯 3~4 次，洗液并入容量瓶中，用水定容，摇匀，待测。

试样消解液含砷小于 10 g 时，可直接转移到发生器中，用水稀释到 40 mL 并煮沸，从加 2 mL 碘化钾起以下按 3 操作步骤进行。

同时于相同条件下，做试剂空白实验。

②硫酸铜、碱式氯化铜溶样：称取试样 0.1~0.5 g（精确到 0.0001 g）于砷化氢发生器中（若遇砷含量高的样品时，应先定容，适当分取试样，使试液中砷含量在工作曲线之内），加 5 mL 水溶解，加 2 mL 乙酸及 1.5 g 碘化钾，放置 5 分钟后，加 0.2 g L-抗坏血酸使之溶解，加 10 mL 盐酸，然后用水稀释至 40 mL，摇匀。

同时于相同条件下，做试剂空白实验。

（3）干灰化法　称取试样 2~3 g（精确到 0.0001 g）于 30 mL 瓷坩埚中，加入 5 mL 硝酸镁溶液，混匀，于低温或沸水浴中蒸干，低温碳化至无烟后，然后转入高温炉于 550 ℃恒温灰化 3.5~4 小时。取出冷却，缓慢加入 10 mL 盐酸溶液，待激烈反应过后，煮沸并转移到 50 mL 容量瓶中，用水洗涤坩埚 3~5 次，洗液并入容量瓶中，定容，摇匀，待测。

所称试样含砷小于 10 μg 时，可直接转移到发生器中，补加 8 mL 盐酸，加水至 40 mL 左右，加入 1 g 抗坏血酸溶解后，按 3 规定步骤操作。

同时于相同条件下，做试剂空白实验。

2. 标准曲线绘制　准确吸取砷标准工作溶液（1.0 μg/mL）0.00、1.00、2.00、4.00、6.00、8.00、10.00 mL于发生瓶中，加10 mL盐酸，加水释至40 mL，从加入2 mL碘化钾起，以下按3规定步骤操作，测其吸光度，求出回归方程各参数或绘制出标准曲线。当更换锌粒批号或新配制Ag－DDTC吸收液、碘化钾溶液和氯化亚锡溶液时，均应重新绘制标准曲线。

3. 还原反应与比色测定　从（1）（2）（3）处理好的待测液中，准确吸取适量溶液（含砷量应≥1.0 μg）于砷化氢发生器中，补加盐酸至总量为10 mL，并用水稀释到40 mL，使溶液盐酸浓度为3 mol/L，然后向试样溶液、试剂空白溶液、标准系列溶液各发生器中，加入2 mL碘化钾溶液，据匀，加入1 mL氯化亚锡溶液，摇匀，静置15分钟。

准确吸取5.00 mL Ag－DDTC吸收液于吸收瓶中，连接好发生吸收装置（勿漏气，导管塞有蓬松的乙酸铅锦花）。从发生器侧管迅速加入4 g无砷锌粒，反应45分钟，当室温低于15 ℃时，反应延长至1小时。反应中轻摇发生瓶2次，反应结束后，取下吸收瓶，用三氯甲烷定容至5 mL，摇匀，测定。以原吸收液为参比，在520 nm处，用1 cm比色池测定。

（四）分析结果的计算与表达

1. 结果计算　试样中总砷含量X，以质量分数（mg/kg）表示，按式6－7计算：

$$X=\frac{(A_1-A_3)\times V_1\times 1000}{m\times V_2\times 1000}\qquad(6-7)$$

式中，V_1为试样消解液定容总体积，mL；V_2为分取试液体积，mL；A_1为测试液中含砷量，μg；A_3为试剂空白液中含砷量，μg；m为试样质量，g。

若样品中含量很高，可按式6－8计算：

$$X=\frac{(A_2-A_3)\times V_1\times V_3\times 1000}{m\times V_2\times V_4\times 1000}\qquad(6-8)$$

式中，V_1为试样消解液定容总体积，mL；V_2为分取试液体积，mL；V_3为分取液再定容体积，mL；V_4为测定时分取V_3的体积，mL；A_2为测定用试液中含砷量，μg；A_3为试剂空白液中含砷量，μg；m为试样质量，g。

2. 结果表示　每个样品应做平行样，以其算术平均值为分析结果，结果表示到0.01 mg/kg。当每千克试样中含量≥1.0 mg时，结果取三位有效数字。

☞案例讨论

案例：2017年国家食品安全风险监测任务中要求监测海洋软体动物干制品的总砷无机砷含量，某监测中心检测一批扇贝中总砷的含量，采用银盐法进行测定，取样品2 g，试样消解液定容总体积为100 mL，分取试液体积为10 mL，测试液中含砷量为0.096 μg，试剂空白液中含砷量为0.02 μg。

问题：试计算此批扇贝中总砷的含量。

扫码“学一学”

第六节　肉及肉制品中水分的测定

水分含量是食品的重要质量指标之一。食品中含水量的高低直接影响食品的感官性质、鲜度、风味、加工性、贮藏稳定性等。在食品监督管理中，水分含量的测定可为评价食品或其原料的品质提供依据。食品中水分超标，不仅反映食品本身的质量问题，也反映出生产、流通环节的诸如掺杂使假等违法违规问题，因为水是廉价的掺入物。在食品加工和保藏中，水分含量的测定为成本核算、物料平衡提供基础数据，对工艺控制、品质保障和产品经济性等具有指导意义。

食品中水分的测定方法通常可分为直接法和间接法两大类。直接法是直接测量水分或是利用水分本身发生的定量化学反应来进行测定，如利用水的挥发性将其从食品样品中分离出来，再以其重量或体积来定量的干燥法、蒸馏法。

一、直接干燥法

（一）测定原理

利用食品中水分的物理性质，在 101.3 kPa（一个大气压），温度 101 ~ 105 ℃下采用挥发方法测定样品中干燥减失的重量，包括吸湿水、部分结晶水和该条件下能挥发的物质，再通过干燥前后的称量数值计算出水分的含量。

（二）适用范围

直接干燥法是国标第一法。适用于在 101 ~ 105 ℃下，蔬菜、谷物及其制品、水产品、豆制品、乳制品、肉制品、卤菜制品、粮食（水分含量低于 18%）、油料（水分含量低于 1% ~3%）、淀粉及茶叶类等食品中水分的测定，不适用于水分含量小于 0.5 g/100 g 的样品。

（三）试剂和仪器

1. 试剂

（1）海砂　取用水洗去泥土的海砂、河砂、石英砂或类似物，先用盐酸溶液（6 mol/L）煮沸 0.5 小时，用水洗至中性，再用氢氧化钠溶液（6 mol/L）煮沸 0.5 小时，用水洗至中性，经 105 ℃干燥备用。

2. 仪器

（1）扁形铝制或玻璃制称量瓶。

（2）电热恒温干燥箱。

（3）干燥器　内附有效干燥剂。

（4）天平　感量为 0.1 mg。

（四）分析步骤

取洁净的称量瓶，内加 10 g 海砂（实验过程中可根据需要适当增加海砂的质量）及一根小玻棒，置于 101 ~ 105 ℃干燥箱中，干燥 1.0 小时后取出，放入干燥器内冷却 0.5 小时后称量，并重复干燥至恒重。然后称取 5 ~ 10 g 试样（精确至 0.0001 g），置于称量瓶中，用小玻棒搅匀放在沸水浴上蒸干，并随时搅拌，擦去瓶底的水滴，置于 101 ~ 105 ℃干燥箱中干燥 4 小时后盖好取出，放入干燥器内冷却 0.5 小时后称量。然后再放入 101 ~ 105 ℃干燥箱中干燥 1 小时左右，取出，放入干燥器内冷却 0.5 小时后再称量。并重复以上操作至前后两次质量差不超过 2 mg，即为恒重。

（五）分析结果的表述

试样中的水分含量，按式 6－9 进行计算：

$$X = \frac{m_1 - m_2}{m_1 - m_3} \times 100 \tag{6-9}$$

式中，X 为试样中水分的含量，g/100 g；m_1 为称量瓶（加海砂、玻棒）和试样的质量，g；m_2 为称量瓶（加海砂、玻棒）和试样干燥后的质量，g；m_3 为称量瓶（加海砂、玻棒）的质量，g；100 为单位换算系数。

水分含量≥1 g/100 g 时，计算结果保留三位有效数字；水分含量＜1 g/100 g 时，计算结果保留两位有效数字。

（六）精密度

在重复性条件下获得的两次独立测定结果的绝对差值不得超过算术平均值的 10%。

二、蒸馏法

（一）原理

将试样中的水分与甲苯或二甲苯共同蒸出，收集馏出液于接收管中，根据馏出液的体积计算水分含量。

（二）试剂和仪器

1. 试剂

甲苯或二甲苯　取甲苯或二甲苯，先以水饱和后，分去水层，进行蒸馏，收集馏出液备用。

2. 仪器

（1）水分测定器　带可调电热套，水分接收管容量为 5 mL，最小分度值为 0.1 mL，容量误差小于 0.1 mL。

（2）天平　感量为 0.1 mg。

（三）操作步骤

1. 取适量样品（不少于 200 g），用绞肉机绞两次并混匀。

2. 准确称取适量试样（精确至 0.001 g，应使最终蒸出的水为 2～4 mL，但最大取样量不得超过蒸馏瓶的 2/3），放入 250 mL 锥形瓶中，加入新蒸馏的甲苯（或二甲苯）75 mL，连接冷凝管与水分接收管，从冷凝管顶端注入甲苯，装满水分接收管。加热慢慢蒸馏，使每秒钟的馏出液为 2 滴，待大部分水分蒸出后，加速蒸馏约每秒钟 4 滴。在水分全部蒸出后，接收管内水分的体积不再增加时，从冷凝管顶端加入甲苯冲洗。若冷凝管壁附有水滴，则可用附有小橡胶头的铜丝将其擦下，再蒸馏片刻，至接收管上部及冷凝管壁无水滴附着，接收管水平面保持 10 分钟不变为蒸馏终点，读取接收管水层的体积。

（四）结果计算

试样中水分的含量按式 6－10 进行计算：

$$X = \frac{V}{m} \times 100 \tag{6-10}$$

式中，X 为试样中水分的含量（mL/100 g）（或按水在 20 ℃的密度 0. 99820/mL 计算质量）；V 为接收管内水的体积（mL）；m 为试样的质量（g）。

当平行分析结果符合精密度要求时，取两次独立测定结果的算术平均值作为结果，精确到 0. 1%。

（五）精密度

在同一实验室由同一操作者在短暂的时间间隔内，用同一设备对同试样获得的两次独立测定结果的绝对差值不得超过 1%。

案例讨论

案例：现抽取某品牌肉馅 500 g，要求测定水分含量，操作如下：首先称量瓶加入海砂后在 105 ℃干燥至恒重为 22. 5602 g，加入样品后称重为 25. 3322 g，搅拌均匀后在沸水浴上蒸发，直至水分蒸干，置于 105 ℃恒温干燥箱中干燥 3 小时，取出放入干燥器内冷却 0. 5 小时。然后称重为 24. 9919 g；再次置于 105 ℃恒温干燥箱中干燥 1 小时，取出放入干燥器内冷却后称重为 24. 8362 g；再次置于 105 ℃恒温干燥箱中干燥 1 小时，取出放入干燥器内冷却后称重为 24. 8345 g。

问题：1. 请计算样品中水分含量是多少？

2. 样品中加入海砂的作用是什么？

扫码“学一学”

第七节　肉及肉制品中克仑特罗的测定

克仑特罗属于儿茶酚胺衍生合成的一类化合物，化学名称为 4 - 氨基 - a -（叔丁胺甲基）- 3，5 - 二氯苯甲醇，分子式为 $C_{12}H_{18}C_{12}NO_2$，熔点 174 ~ 175. 5 ℃，无色微结晶粉末，易溶于水、甲醇、乙醇，微溶于氯仿，不溶于苯。克仑特罗作为一种常用的饲料添加剂，存在使用剂量严重超标、使用周期较长且热稳定性和生化稳定性极强等特点，导致其在动物体内残留超标，人食用超标残留的动物组织后，会产生一些较严重的副作用进而影响身心健康。从食品安全角度考虑，对食用动物组织中的克仑特罗残留量进行必要的检测具有十分重要的意义。

一、液相色谱 - 质谱联用法

（一）测定原理

试样经磷酸甲醇溶液提取，用固相萃取柱净化后，经反相 C_{18} 柱梯度洗脱分离，采用质谱检测器以三种物质的质量色谱峰保留时间和特征离子定性、确证，并用外标法定量。

（二）试剂和仪器

除特殊注明外，本标准所用试剂均为分析纯。水符合 GB/T 6682 二级用水规定。

1. 试剂

（1）磷酸甲醇提取液　向 3. 92 g 浓磷酸中加入 200 mL 水，再用甲醇定容到 1000 mL。

（2）SPE 小柱淋洗液与洗脱液

①淋洗液　移取 9 mL 浓盐酸于 1000 mL 水中，摇匀。

②洗脱液　移取 10 mL 25% 的氨水于 100 mL 容量瓶中，用甲醇定容。

（3）流动相

A 液：甲酸铵 3. 65 g 溶于 500 mL 去离子水中，用甲酸调 pH 至 3. 80。

B 液：乙腈，色谱纯。

（4）沙丁胺醇、莱克多巴胺和盐酸克仑特罗标准溶液

①标准贮备液　称取沙丁胺醇、莱克多巴胺和盐酸克仑特罗（标准品含量均 >98%）各 50 mg 分别于 50 mL 棕色容量瓶中，用甲醇溶解，并定容至刻度。于冰箱中 4 ℃保存，保存期一个月。

②标准工作中间液　移取沙丁胺醇、莱克多巴胺和盐酸克仑特罗标准贮备液各 1 mL 于 100 mL 容量瓶中，用冰乙酸溶液定容。

③标准工作液　移取沙丁胺醇、莱克多巴胺和盐酸克仑特罗标准工作中间液各 0. 5、1、5、10 mL 于 100 mL 容量瓶中，用冰乙酸溶液定容。

2. 仪器

（1）分析天平　感量 0. 0001 g。

（2）聚丙烯离心管　50 mL。

（3）恒温水浴　可保持水温至 55 ℃和 75 ℃。

（4）涡旋混合器。

（5）酸度计　准确至 0. 001。

（6）离心机。

（7）混合型阳离子交换 SPE 小柱。

（8）固相萃取（SPE）减压净化系统。

（9）液相色谱/质谱联用仪。

（三）分析步骤

1. 试样前处理

（1）试样提取　准确称取适量试样 5 g，准确至 0.0001 g，于 50 mL 离心管，用磷酸甲醇提取液 40 mL，振摇提取 30 分钟，然后于离心机上以 3000 r/min 离心 10 分钟。上清液倒入 100 mL 容量瓶，残渣再用上述提取液 40、20 mL，重复提取 2 次，每次振摇 5 ~ 10 分钟，于离心机上以 3000 r/min 离心 10 分钟后，合并上清液于 100 mL 容量瓶中。最后用提取液定容，混匀，过滤。

（2）净化　吸取试样提取液滤液 1 mL 于 5 mL 试管中，置 55 ℃水浴中以氮气吹至近干。同时将固相萃取柱固定于 SPE 减压净化系统上，依次用 1 mL 甲醇和 1 mL 水活化、平衡。向试管中加入冰乙酸溶液 1 mL，涡旋振荡，然后全部加到小柱上，控制过柱速度不超过的 1 mL/min，分别用 1 mL 淋洗液和 1 mL 甲醇淋洗一次，最后用 1 mL 洗脱液洗脱，洗脱速度不超过 1 mL/min。洗脱液于 55 ℃水浴中，用氮气吹干，准确加入 1. 00 mL 冰乙酸溶液充分溶解混匀，并转移到上机样品瓶中，盖好，备用。

2. 测定

（1）色谱条件

色谱柱：C_{18} 柱，内径 2. 1 mm，柱长 150 mm，填充物粒度 3 μm。

柱温：室温。

流动相：流动相A：甲酸铵缓冲溶液，流动相B：乙腈。

梯度洗脱程序见表6-2。

表6-2　梯度洗脱程序

时间（分钟）	流动相A（%）	流动相B（%）
0	98	2
5	70	30
15	50	50

每次进样间隔用流动相A+B=98+2，平衡10分钟。

流速：0.20 mL/分钟。

进样体积：20 μL。

（2）质谱条件　采用电喷雾正离子（ESI^+）模式做选择离子检测，选择离子为：

沙丁胺醇：*m/z* 240，*m/z* 222，*m/z* 166；

莱克多巴胺：*m/z* 302，*m/z* 284，*m/z* 164；

盐酸克仑特罗：*m/z* 277，*m/z* 259，*m/z* 203。

源温度：120 ℃。

取样锥孔电压：25 V。

萃取锥孔电压：5 V。

脱溶剂氮气温度：300 ℃。

脱溶剂氮气流速：300 L/小时。

（3）定性定量方法

①定性。通过样品总离子流色谱图上沙丁胺醇（*m/z* 240，*m/z* 222，*m/z* 166）、莱克多巴胺（*m/z* 302，*m/z* 284，*m/z* 164）和盐酸克仑特罗（*m/z* 277，*m/z* 259，*m/z* 203）的保留时间和各色谱峰对应的特征离子，与标准品相应的保留时间和各色谱峰对应的特征离子进行对照定性。样品与标准品保留时间的相对偏差不大于0.5%。每种药物的3个特征离子基峰百分数与标准品允许差分别为：当基峰百分数>50%时，允许差±20%；当基峰百分数20%～50%时，允许差±25%；当基峰百分数10%～20%时，允许差±30%；当基峰百分数≤10%时，允许差±50%。

②定量。采用M+1的准分子离子的色谱峰面积作单点校正定量。

（四）结果的计算与表述

试样中药物含量（*X*）以质量分数计，数值以毫克每千克（mg/kg）表示，按式6-11计算：

$$X = \frac{A_x}{A_s \times m} \times n \times C_s \tag{6-11}$$

式中，A_x为待测试样测得的特征离子色谱峰面积；A_s为标准溶液药物的特征离子色谱峰面积；m为试样质量，g；n为稀释倍数；C_s为标准溶液中药物的浓度，μg/mL。

测定结果用平行测定的算术平均值表示，保留三位有效数字。

二、快速检测法

（一）原理

本试验为竞争抑制法。将氯金酸用还原法制成一定直径的金溶胶颗粒，标记抗体。以硝酸纤维素膜为载体，利用了微孔膜的毛细管作用，滴加在膜条一端的液体慢慢向另一端渗移。在移动的过程中，会发生相应的抗原抗体反应，并通过免疫金的颜色而显示出来。样本中的盐酸克仑特罗在流动的过程中与胶体金标记的特异性单克隆抗体结合，抑制了抗体和硝酸纤维素（NC）膜检测线上盐酸克仑特罗 - BSA 偶联物的结合，使检测线不显颜色，结果为阳性；反之，检测线显红色，结果为阴性。

（二）试剂和仪器

1. 试剂

（1）阴性对照　盐酸克仑特罗阴性样品。

（2）阳性 X 对照　盐酸克仑特罗阳性样品，含量为 3 ng/mL。

（3）待检样品。

2. 仪器

（1）胶体金免疫层析快速检测装置组成。

①盐酸克仑特罗全抗原的偶联率为 1∶10 ~ 1∶20（BSA∶CL）。

②抗盐酸克仑特罗抗体，多抗或单抗。多抗可以由兔或羊血清获得，效价应 >5000（间接 ELISA 法），或有效抗体含量应 >0.05 mg/mL；特异性应 >5000（间接抑制 ELISA 法）。单抗由鼠腹水获得，效价应 >15 000（间接 ELISA 法），或有效抗体含量应 >0.5 mg/mL；特异性应 >5000（间接抑制 ELISA 法）。抗体相对亲和力为 3.56×10^9（结合率下降 50% 时，相对应的抗体浓度的倒数）。

③样品垫　玻璃纤维或纸质薄片。

④金释放垫　玻璃纤维片，免疫金释放时间 <5 分钟，释放效率 >80%。

⑤NC 膜　孔径为 0.45 μm，4 cm 毛细管时间≥140 s。

⑥吸水纸。

⑦底板。

⑧塑料盒。

（2）塑料吸管。

（三）分析步骤

1. 从包装袋中取出盐酸克仑特罗胶体金免疫层析快速检测装置，置于平整的台面上待测。检测装置取出后，应即开即用。

2. 用塑料吸管垂直滴加 3 滴无气泡的待检样品（约 60 μL）于加样孔内。每批需做阴性对照和阳性对照各一孔，加样方法同样本。如果样品呈浑浊状态，建议做离心（5000 r/min，5 分钟）或过滤处理后，再使用测试装置。

3. 加样 15 分钟后立即判断结果。

（四）结果判断

1. 阴性对照出现红色条带，阳性对照不出现红色条带，说明检测装置有效。可进行

检测。

2. 如阴性对照不出现红色条带，或阳性对照出现红色条带，出现任何一种现象或两种同时出现，说明检测装置失效，不能进行检测。

3. 待检样品出现红色条带为阴性（不含盐酸克仑特罗或盐酸克仑特罗的含量 <3 ng/mL）。

4. 待检样品不出现红色条带为阳性（盐酸克仑特罗的含量 3 ng/mL）。

（五）结果确认

阳性样品应用质谱方法进行确认。

思考题

扫码“练一练”

1. 用直接干燥法测定肉及肉制品中水分的含量，样品应符合哪些条件?

2. 简述氢化物发生原子荧光光谱法测定总砷的原理。

3. 列举测定肉与肉制品中铅的方法种类及原理。

4. 应用液相色谱－质谱联用法测定肉制品中的盐酸克仑特罗，影响分析结果准确度和精密度的因素有哪些?

5. 应用快速检测法测定肉制品中的盐酸克仑特罗，如何提高测定结果的准确性?

（胡雪琴　陈海玲　于洪梅）

第七章　粮食及其制品的分析

知识目标

1. 掌握　粮食及其制品中水分、总灰分、防腐剂（苯甲酸、山梨酸）、色素、残留农药及漂白剂等的检测原理和检测方法。
2. 熟悉　食品中水分的存在形式；粮食及其制品中常见防腐剂、色素、漂白剂等的种类。
3. 了解　粮食及其制品常见检测项目的测定意义。

能力目标

1. 熟练掌握粮食及其制品中水分、总灰分、防腐剂（苯甲酸、山梨酸）、色素、残留农药及漂白剂等的检测技术。
2. 学会粮食及其制品检测中仪器设备等的操作；会正确选择并运用国标方法。

第一节　概　论

扫码“学一学”

一、粮食制品的分类

粮食制品包括所有以粮食为原料加工制作的包装粮食类加工产品，依据《食品生产许可分类目录》，其具体品种明细见表7－1。

表7－1　粮食制品分类

类别	名称	品种明细
粮食加工品	小麦粉	1. 通用（特制一等小麦粉、特制二等小麦粉、标准粉、普通粉、高筋小麦粉、低筋小麦粉、营养强化小麦粉、全麦粉、其他） 2. 专用［面包用小麦粉、面条用小麦粉、饺子用小麦粉、馒头用小麦粉、发酵饼干用小麦粉、酥性饼干用小麦粉、蛋糕用小麦粉、糕点用小麦粉、自发小麦粉、小麦胚（胚片、胚粉）、其他］
	大米	大米（大米、糙米、其他）
	挂面	1. 普通挂面 2. 花色挂面 3. 手工面
	其他粮食加工品	1. 谷物加工品［高粱米、黍米、稷米、小米、黑米、紫米、红线米、小麦米、大麦米、裸大麦米、莜麦米（燕麦米）、荞麦米、薏仁米、蒸谷米、八宝米类、混合杂粮类、其他］ 2. 谷物碾磨加工品［玉米碜、玉米粉、燕麦片、汤圆粉（糯米粉）、莜麦粉、玉米自发粉、小米粉、高粱粉、荞麦粉、大麦粉、青稞粉、杂面粉、大米粉、绿豆粉、黄豆粉、红豆粉、黑豆粉、豌豆粉、芸豆粉、蚕豆粉、黍米粉（大黄米粉）、稷米粉（糜子面）、混合杂粮粉、其他］ 3. 谷物粉类制成品（生湿面制品、生干面制品、米粉制品、其他）

二、粮食及其制品的检验程序

小麦粉是最常见的粮食制品，小麦粉的检验程序具体见图7－1。

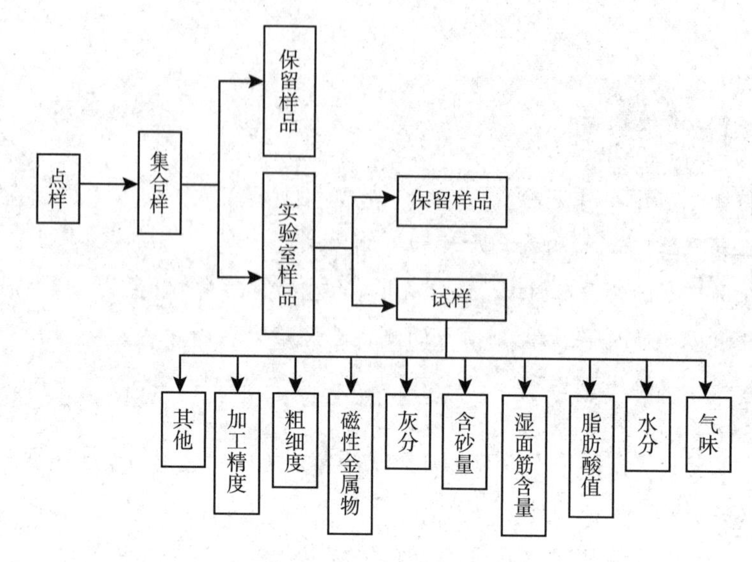

图7－1　小麦粉的检验程序

三、粮食及其制品的检验项目

粮食制品的检验项目根据其种类不同而各异。以小麦粉为例，常见的检测指标有水分、总灰分、防腐剂（苯甲酸、山梨酸）、色素、农药残留及增白剂等。

小麦粉按加工精度分等。等级指标及其他质量指标见表7－2。

表7－2　常见小麦粉的等级质量指标

等级	加工精度	灰分（%）（以干物计）	粗细度（%）	面筋质（%）（以湿重计）	含沙量（%）	磁性金属物（%）	水分（%）	脂肪酸值（以湿基计）	气味口味
特制一等	按实物标准样品对照检验粉色麸星	≤0.70	全部通过CB36号筛，留存在CB42号筛的不超过10.0%	>26.0	<0.02	<0.003	≤14.0	<80	正常
特制二等	按实物标准样品对照检验粉色麸星	≤0.85	全部通过CB30筛，留存在CB36的不超过10.0%	>25.0	<0.02	<0.003	≤14.0	<80	正常
标准粉	按实物标准样品对照检验粉色麸星	≤1.10	全部通过CQ20筛，留存在CB30的不超过20.0%	>24.0	<0.02	<0.003	≤13.5	<80	正常
普通粉	按实物标准样品对照检验粉色麸星	≤1.40	全部通过CQ20筛	>22.0	<0.02	<0.003	≤13.5	<80	正常

注明：GB－1355—86。

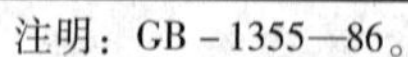

扫码“学一学”

第二节　粮食及其制品中水分的测定

水是人体赖以生存的基本物质，也是食品的重要组成成分。不同种类的食品，水分含量差别很大，如水果、蔬菜含水量达70%～97%，而饼干含水量仅为2.5%～4.5%。

控制食品中的水分含量，对于保持食品的感官性状，维持食品中各组分的平衡起着重要作用。例如，新鲜面包的水分含量若低于28%时，其外观干瘪、失去光泽；饼干的水分含量大于6.5%时就会失去酥脆感；乳粉的水分含量控制在2.5%～3.0%以内时，可抑制微生物生长繁殖，延长保存期。此外，测定食品中水分含量，可为品质评价、制定贮藏方案、进行成本核算等提供参考。

食品中水分的存在形式可分为游离水和结合水。游离水是指组织、细胞中易结冰、能溶解溶质的水，如润湿水、渗透水、毛细管水等。此类水分和组织结合松散，容易用干燥法从食品中分离出去。结合水是以氢键和食品有机成分相结合的水分，这类水分不易结冰、不能作为溶质的溶剂，如结晶水、吸附水，较难从食品中分离出去，如将其强行除去，则会使食品质量发生变化。

食品中水分测定的方法很多，常将其分为两大类：直接法和间接法。直接法是利用水分本身的物理、化学性质来测定水分的方法。如干燥法、蒸馏法和卡尔·费休法；间接法是利用食品的相对密度、折射率、电导率、介电常数等物理性质测定水分的方法。直接法的准确度高于间接法。

食品水分含量的测定依据GB 5009.3—2016食品安全国家标准《食品中水分的测定》，主要有直接干燥法、减压干燥法、蒸馏法、卡尔·费休法等。

一、直接干燥法

（一）测定原理

利用食品中水分的物理性质，在101.3 kPa（一个大气压），温度101～105 ℃下，采用挥发方法测定样品中干燥减失的重量，包括吸湿水、部分结晶水和该条件下能挥发的物质，再通过干燥前后的称量数值计算出水分的含量。

（二）适用范围

直接干燥法是国标第一法。适用于在101～105 ℃下，蔬菜、谷物及其制品、水产品、豆制品、乳制品、肉制品、卤菜制品、粮食（水分含量低于18%）、油料（水分含量低于13%）、淀粉及茶叶类等食品中水分的测定，不适用于水分含量小于0.5 g/100 g的样品。

（三）样品测定

1. 固体样品

（1）取洁净铝制或玻璃制的扁形称量瓶，置于101～105 ℃干燥箱中，瓶盖斜支于瓶边，加热1.0小时，取出盖好，置干燥器内冷却0.5小时，称量，并重复干燥至前后两次质量差不超过2 mg，即为恒重。

（2）将混合均匀的试样迅速磨细至颗粒小于2 mm，不易研磨的样品应尽可能切碎，称取2～10 g试样（精确至0.0001 g），放入此称量瓶中（试样厚度不超过5 mm，如为疏松试样，厚度不超过10 mm），加盖，精密称量后，置101～105 ℃干燥箱中，瓶盖斜支于瓶边，干燥2～4小时后，盖好取出，放入干燥器内冷却0.5小时后称量。

（3）再放入101～105 ℃干燥箱中干燥1小时左右，取出，放入干燥器内冷却0.5小时后再称量。

重复以上操作至前后两次质量差不超过2 mg（两次恒重值在最后计算中，取质量较小的一次称量值)，即为恒重。

2. 半固体或液体试样

(1) 取洁净的称量瓶，内加10 g海砂及一根小玻棒，置于101~105 ℃干燥箱中，干燥1.0小时后取出，放入干燥器内冷却0.5小时后称量，并重复干燥至恒重。

(2) 称取5~10 g试样（精确至0.0001 g)，置于称量瓶中，用小玻棒搅匀放在沸水浴上蒸干，并随时搅拌；擦去瓶底的水滴，置101~105 ℃干燥箱中干燥4小时后盖好取出，放入干燥器内冷却0.5小时后称量。

(3) 再放入101~105 ℃干燥箱中干燥1小时左右，取出，放入干燥器内冷却0.5小时后再称量。

重复以上操作至前后两次质量差不超过2 mg，即为恒重。

(四) 结果计算与数据处理

试样中水分含量按式7-1进行计算。

$$X=\frac{m_1-m_2}{m_1-m_3}\times 100 \qquad (7-1)$$

式中，X为试样中水分的含量，g/100 g；m_1为称量瓶（加海砂、玻棒）和试样的质量，g；m_2为称量瓶（加海砂、玻棒）和试样干燥后的质量，g；m_3为称量瓶（加海砂、玻棒）的质量，g；100为单位换算系数。

水分含量≥1 g/100 g时，计算结果保留三位有效数字；水分含量<1 g/100 g时，结果保留两位有效数字。

(五) 注意事项

1. 采用本法测定的水分含量实际是在101~105 ℃直接干燥的情况下所失去物质的总量，不完全是水。

2. 浓稠态样品直接加热干燥，其表面易结硬壳，使内部水分蒸发受阻，故在测定前，需加入精制海砂，搅拌均匀，以防食品结块，同时增大受热与蒸发面积，加速水分蒸发，缩短分析时间。

3. 蔬菜、水果样品应先洗去泥沙，再用蒸馏水冲洗，吸干表面水分后再进行测定。

4. 样品预处理对分析结果影响比较大。在采集，处理，保存过程中，要防止水分的丢失或受潮。

二、减压干燥法

(一) 测定原理

利用低压下水的沸点降低的原理，使样品中的水分在较低温度下蒸发出来，根据样品干燥后所失去的质量，计算样品中的水分含量。

(二) 适用范围

本法适用于在100 ℃以上加热容易分解、变质及含有不易除去结合水的食品，如糖浆、果糖、味精、麦乳精、高脂肪食品、果蔬及其制品的水分含量的测定。其测定结果比较接近真正水分。

（三）操作方法

准确称2.00～5.00 g样品于烘至恒重的称量皿中，置于真空烘箱内，将真空干燥箱连接真空泵，打开真空泵抽出烘箱内空气至所需压力40～53.3 kPa，并同时加热至所需温度60 ℃±5 ℃，关闭真空泵上的活塞，停止抽气，使真空干燥箱内保持一定的温度和压力，经4小时后，打开活塞，使空气经干燥装置缓缓通入至真空干燥箱内，待压力恢复正常后在打开。取出称量瓶，放入干燥器中0.5小时后称量，并重复以上操作至前后两次质量差不超过2 mg，即为恒重。

（四）结果计算同直接干燥法

（五）减压干燥法操作注意事项

（1）真空烘箱内各部位温度要求均匀一致，若干燥时间短时，更应严格控制。

（2）第一次使用的铝质称量盒要反复烘干两次，求出恒重。第二次以后使用时，通常采用前一次的恒重值。

（3）操作中应力求被称量物与天平的温度相同后再称重，一般冷却时间在0.5～1小时内。

（4）减压干燥时，自烘箱内部压力降至规定真空度时起，计算烘干时间。一般每次烘干时间为2小时，但有的样品需5小时；恒重一般以减量不超过0.5 mg时为标准，但对受热后易分解的样品则可以不超过1～3 mg的减量值为恒重标准。

三、卡尔·费休法

卡尔·费休法简称费休法或K－F法，是一种以滴定法测定水分的化学分析法，属于碘量法，是测定水分是较为专一、准确的方法。

卡尔·费休法是一种既迅速又准确的测定水分含量的方法，广泛地应用于各种固体、液体及一些气体样品的水分含量的测定，都能得到满意的结果，该法也常被作为水分特别是痕量水分的标准分析法，用来校正其他测定方法。在食品检验中，凡是普通烘箱干燥法得到结果异常的样品，或是以真空烘箱干燥法进行的样品，都可采用该法进行测定。

（一）测定原理

费休法的基本原理是利用I_2氧化SO_2时，需要有定量的水参加反应：

$$SO_2 + I_2 + H_2O = H_2SO_4 + 2HI$$

此反应具可逆性，当硫酸浓度达0.05%以上时，即能发生逆反应，要使反应顺利地向右进行，需要加入适当的碱性物质以中和反应过程中生成的酸。

经实验证明，采用吡啶（C_5H_5N）作溶剂可满足此要求。生成的硫酸吡啶很不稳定，能与水发生副反应，消耗一部分水而干扰测定：若有甲醇存在，则硫酸吡啶可生成稳定的甲基硫酸氢吡啶。

滴定操作所用的标准溶液是含有I_2、SO_2、C_5H_5N及CH_3OH的混合溶液，此溶液称为费休试剂。

费休法的滴定总反应式可写为：

$$(I_2 + SO_2 + 3C_5H_5N + CH_3OH) + H_2O \longrightarrow 2C_5H_5N \cdot HI + C_5H_5N \cdot HSO_4CH_3$$

由上式可知1 mol水需要1 mol碘、1 mol二氧化硫和3 mol吡啶及1 mol甲醇。但实际使用的卡尔·费休试剂，其中的二氧化硫、吡啶、甲醇的用量都是过量的。例如，对于常用的卡尔费休试剂，若以甲醇为溶剂，试剂浓度每毫升相当于3.5 mg水，则试剂中各组分摩尔比为

卡尔·费休试剂的有效浓度取决于碘的浓度。新鲜配制的试剂，由于各种不稳定因素其有效浓度会不断降低。因此，新鲜配制的卡尔·费休试剂，混合后需放置一定的时间后才能使用，而且，每次使用前均需标定。

滴定操作中可用两种方法确定终点：一种是当用费休试剂滴定样品达到化学计量点时，再过量1滴，费休试剂中的游离碘即会使体系呈现浅黄甚至棕黄色，据此即作为终点而停止滴定，此法适用于含有1%以上水分的样品，由其产生的终点误差不大。另一种方法为双指示电极电流滴定法，又称永停滴定法，其原理是将两根相似的铂电极插在被滴样品溶液中，给两电极间施加10~25 mV的电压，在开始滴定至终点前，因体系中存留碘化物而无游离状态的碘，电极间的极化作用使外电路中无电流通过（即微安表指针始终不动），而过量1滴卡尔费休试剂滴入体系后，由于游离碘的出现使体系变为去极化，则溶液开始导电，外路由电流通过，微安表指针偏转一定刻度并稳定不变，即为终点，该法适用于测定含微量、痕量水分的样品或测定深色样品。

（二）适用范围

适用于含有1%或更多水分的样品，如砂糖、可可粉、糖蜜、茶叶、乳粉、炼乳及香料等食品中的水分测定，其测定准确性比直接干燥法要高，它也是测定脂肪和油类物品中微量水分的理想方法。

（三）样品测定

1. 主要实验仪器 水分测定仪

2. 实验试剂 无水甲醇、无水吡啶（蒸馏得到）、碘、无水硫酸钠、硫酸、二氧化硫、5A分子筛。

卡尔费休试剂，由碘、吡啶、二氧化硫组成，三者的比例为：$I_2 : SO_2 : C_5H_5N = 1 : 3 : 10$，新配制的卡尔费休试剂不太稳定，混匀后需放置一段时间后再用，且每次用前都需标定。配制好的试剂应避光、密封、置于阴凉干燥处保存，以防止水分吸入。

卡尔费休试剂的标定可用重蒸馏水进行标定也可采用水合盐中的结晶水标定。

3. 实验操作过程

（1）对于固体样品，视各种样品含水量不同，一般每份被测样品中含水20~40 mg为宜。准确称取0.3~0.5 g样品置于称样瓶中。

（2）在水分测定仪的反应器中加入50 mL无水甲醇，使其完全淹没电极并用卡尔·费休试剂滴定50 mL甲醇中的痕量水分，滴定至微安表指针的偏转程度与标定卡尔·费休试剂操作中的偏转情况相当并保持1分钟不变时（不记录试剂用量），打开加料口迅速将称好的试样加入反应器中，立即塞上橡皮塞，开动电磁搅拌器使试样中的水分完全被甲醇所萃取，用卡尔·费休试剂滴定至原设定的终点并保持1分钟不变，记录试剂的用量（mL）。

（四）结果计算

$$\text{水分} = \frac{TV}{W \times 1000} \times 100\% = \frac{TV}{10W}\% \quad (7-2)$$

式中，T 为卡尔·费休试剂对水的滴定度，mg/mL；V 为滴定所消耗的卡尔·费休试剂体积，mL；W 为样品质量，g。

（五）说明及注意事项

1. 卡尔·费休法只要有现成仪器及配好的费休试剂，它是快速而准确的测定水分的方法。

2. 固体样品细度以 40 目为宜。最好用破碎机处理而不用研磨机，以防水分损失，另外粉碎样品时保证其含水量均匀也是获得准确分析结果的关键。

3. 5A 分子筛供装入干燥塔或干燥管中干燥氮气或空气使用。

4. 无水甲醇及无水吡啶宜加入无水硫酸钠保存之。

5. 对于含有如维生素 C 等强还原性组分的样品不宜用此法测定。

6. 卡尔·费休法不仅可测得样品中的自由水，而且可测出其结合水，即此法所得结果能更客观地反映出样品总水分含量。

7. 卡尔·费休法是测定食品中微量水分的方法，如果食品中含有氧化剂、还原剂、碱性氧化物、氢氧化物、碳酸盐、硼酸等，都会与卡尔·费休试剂所含组分起反应，干扰测定。含有强还原性物质的物料（如抗坏血酸）会与卡尔·费休试剂产生反应，使水分含量测定值偏高，而且这个反应也会使终点消失；不饱和脂肪酸和碘的反应也会使水分含量测定值偏高。

拓展阅读

水分测定的其他方法

水分测定的方法还有蒸馏法、红外线快速测定法、红外线吸收光谱法、快速微波干燥法、化学干燥法、气相色谱法和核磁共振波谱法等。蒸馏法适用于测定含较多其他挥发性物质的食品，如干果、油脂、香辛料等，特别是香料。

不同方法适用于不同食品样品，应根据实际情况予以选用。

第三节　粮食及其制品中总灰分的测定

扫码“学一学”

一、概述

食品经灼烧后所残留的无机物质称为灰分。灰分数值系用灼烧、称重后计算得出。

食品的灰分与食品中原来存在的无机成分在数量和组成上并不完全相同，因此严格说应该把灼烧后的残留物称为粗灰分。这是因为食品在灰化时，某些易挥发元素，如氯、碘、铅等，会挥发散失，磷、硫等也能以含氧酸的形式挥发散失，使这些无机成分减少。另一方面，某些金属氧化物会吸收有机物分解产生的二氧化碳而形成碳酸盐，又使无机成分增多。

食品的灰分除总灰分（即粗灰分）外，按其溶解性还可分为水溶性灰分、水不溶性灰分和酸不溶性灰分。水溶性灰分反映的是可溶性的钾、钠、钙、镁等的氧化物和盐类的含量。水不溶性灰分反映的是污染的泥沙和铁、铝等氧化物及碱土金属的碱式磷酸盐的含量。酸不溶性灰分反映的是污染的泥沙和食品中原来存在的微量氧化硅的含量。

表 7-3　常见食品中灰分含量见

种类	稻谷	小麦	大豆	玉米
灰分含量（%）	5.3	1.95	4.7	1.5

不同的食品原料，加工方法不同，测定灰分的条件不同，其灰分含量也不同，见表 7-3。当食品原料的种类、加工方法、测定灰分的条件确定以后，某种食品中灰分的含量通常会固定在一定范围内，如面粉的加工精度越高，灰分含量越低，见表 7-4。

表 7-4　不同面粉中的灰分含量

种类	富强粉（%）	标准粉（%）	全麦粉（%）
灰分	0.3~0.5	0.6~0.9	1.2~2.0

二、总灰分的测定

（一）灼烧法

1. 测定原理　把一定量的样品经炭化后放入高温炉内灼烧，使有机物质被氧化分解，以 CO_2、氮的氧化物及水等形式逸出，而无机物质以硫酸盐、磷酸盐、碳酸盐、氯化物等无机盐和金属氧化物的形式残留下来，这些残留物即为灰分，称量残留物的重量即可计算出样品中总灰分的含量。

2. 实验条件的选择

（1）灰化容器　测定灰分通常以坩埚作为灰化容器，个别情况下也可使用蒸发皿。坩埚分素烧瓷坩埚、铂坩埚、石英坩埚等多种。

其中最常用的是素烧瓷坩埚。它具有耐高温、耐酸、价格低廉等优点，但耐碱性差，当灰化碱性食品（如水果、蔬菜、豆类）时，瓷坩埚内壁的釉层会部分溶解，反复多次使用后，往往难以得到恒重，在这种情况下宜使用新的瓷坩埚，或使用铂坩埚。铂坩埚具有耐高温、耐碱、导热性好、吸湿性小等优点，但价格昂贵。

灰化容器的大小要根据试样的性状来选用，选用前处理的液态样品、加热易膨胀的样品及灰分含量低、取样量较大的样品，须选用稍大些的坩埚；或选用蒸发皿，但灰化容器过大会使称量误差增大。

（2）取样量　测定灰分时，取样量的多少应根据试样的种类和性状来决定，食品的灰分与其他成分相比，含量较少，所以取样时应考虑称量误差，以灼烧后得到的灰分量为 10~100 mg 来决定取样量。通常谷类食品等取 3~5 g，淀粉及其制品等取 5~10 g。

（3）灰化温度　灰化温度一般为 500~550 ℃范围内，因各类食品的组分不同，灰化的温度也有所不同，如谷类食品小于等于 550 ℃、淀粉制品约为 525 ℃、谷类饲料可达到 600 ℃。根据食品的种类、测定精度的要求等因素，选择合适的灰化温度。

此外，加热的速度也不可太快，以防急剧干馏时灼热物的局部产生大量气体而使微粒飞失、爆燃。

（4）灰化时间　一般以灼烧至白色或浅灰色，无碳粒存在并达到恒重为止。根据样品组分不同，灰化的颜色存在差异，恒重的时间也不同，一般需要灰化 2~5 小时，需正确判

断灰化程度。

（5）加速灰化的方法

①样品经初步灼烧后，取出冷却，从灰化容器边缘慢慢加入少量无离子水，使水溶性盐类溶解，被包住的碳粒暴露出来，在水浴上蒸发至干涸，置于120～130 ℃烘箱中充分干燥，再灼烧到恒重。

②添加硝酸、乙醇、碳酸铵、过氧化氢等，这些物质在灼烧完全消失，不增加残灰质量，但可起到加速灰化的作用。

③添加氧化镁、碳酸钙等惰性不溶物质，它们与灰分混在一起，残灰不熔融而呈松散状态，避免碳粒被包裹可大大缩短灰化时间。此法应做空白试验。

3. 实验步骤

（1）瓷坩埚的准备　将瓷坩埚用（1+4）HCl煮1～2小时，洗干净晾干后，用$FeCl_3$与蓝墨水的等体积混合液在坩埚外壁及盖上编号，置于500～550 ℃的高温炉中灼烧0.5～1小时，移至炉口，冷却至200 ℃以下，取出坩埚，置于干燥中冷却至室温，准确称量（精确至0.001 g），再次放入高温炉内灼烧0.5小时，冷却称量，至致恒重（连续两次称量差不超过0.002 g）。

（2）样品预处理　将谷类、豆类等水分含量较少的固体样品，先粉碎成均匀的试样备用。

（3）灰化　试样经预处理后，在灼烧前要进行炭化。

（4）灰化　将炭化的样品移入灰化炉中，在550 ℃±25 ℃灼烧4小时，直至炭粒全部消失，待温度降至200 ℃左右，取出坩埚，放入干燥器中冷却至室温，称量。再灼烧、冷却、称量，直到恒重。重复灼烧至前后两次称量相差不超过0.5 mg为恒重。

4. 结果计算

$$\text{灰分含量}=\frac{m_1-m_2}{m_3-m_2}\times100\% \qquad (7-3)$$

式中，m_1为灰分和空坩埚的质量，g；m_2为空白试验坩埚质量，g；m_3为试样和坩埚的质量，g。

5. 注意事项

（1）试样粉碎细度不宜过细，且样品在坩埚内不要放得很紧密，炭化要缓慢进行，温度要逐渐升高，以免氧化不足或试样被气流吹逸，同时也会引起磷、硫的损失。

（2）温度过高。强烈灼烧常会引起硅酸盐的熔融，遮盖炭粒表面，使氧气被隔绝而妨碍炭的完全氧化。若遇此情况必须停止灼烧，应冷却坩埚，用几滴热蒸馏水溶解被熔融的灰分，烘干坩埚，重新灼烧。如此仍得不到良好结果，则应重做实验。

（3）把坩埚放入高温炉或从炉中要在炉口停留片刻，使坩埚预热或冷却。防止因温度剧变而使坩埚破裂。

（4）灼烧完毕后先将高温炉电源关闭，打开炉门，待温度降至200 ℃左右方能取出坩埚。取出时须在炉口停留片刻，使坩埚稍加冷却，防止因温度剧变而使坩埚破裂。

（5）从干燥器内取出坩埚时，因内部成真空，开盖恢复常压时，应注意使空气缓缓流入，以防残灰飞散。

（6）用过的坩埚经初步洗刷后，可用粗盐酸或废盐酸浸泡10～20分钟，再用水冲刷洁净。

（二）乙酸镁法测定总灰分

1. 测定原理　乙酸镁与550 ℃灼烧法一样，是利用灰化法原理破坏有机物而保留试样

中矿物质。为提高灼烧温度，避免发生熔融现象，样品中加入助燃剂（如乙酸镁、乙酸钙等），使灼烧时试样疏松，氧气易于流通，以缩短灰化时间。

2. 实验仪器 100 mL 细口瓶、玻璃棒、5 mL 移液管，其余仪器和用具同 550 ℃灼烧法。

3. 实验试剂

乙酸镁酒精溶液（80 g/L）：称取 8.0 g 乙酸镁加水溶解并定容至 100 mL，混匀。

乙酸镁酒精溶液（240 g/L）：称取：24.0 g 乙酸镁加水溶解并定容至 100 mL，混匀。

10% 盐酸溶液：量取 24 mL 分析纯浓盐酸用蒸馏水稀释至 100 mL。

4. 实验步骤 取三个洗净擦干并编号的坩埚，送入 800 ~ 850 ℃的高温炉中灼烧 0.5 小时，取出，冷却，称重。用其中两个坩埚各称取磨碎试样 2 ~ 3 g，用移液管准确吸取乙酸镁酒精溶液，于三个坩埚中各注入 3 mL，静置 2 ~ 3 分钟（直至全部湿润试样为止），在水浴上挥去酒精后，按 550 ℃灼烧法进行炭化，炭化后，将三个坩埚送至高温炉膛口处预热片刻，再移入炉膛内，错开坩埚盖（约 0.5 cm），关闭炉门，在 800 ~ 850 ℃温度下灼烧 1 小时，待剩余物变成灰白色时，停止灼烧，取出坩埚置于炉门口处，待红热消失后，移入干燥器内，冷却至室温、称重（若带有红棕色说明有相当量的 Fe_2O_3 存在）。

5. 结果计算

$$x_1 = \frac{m_1 - m_2 - m_0}{(m_3 - m_2) \times W} \times 100 \quad (7-4)$$

式中，x_1 为了乙酸镁溶液试样中灰分的含量，g/100 g；m_0 氧化镁（乙酸镁灼烧后生成物）的质量，g；m_1 为灰分和坩埚质量，g；m_2 为坩埚质量，g；m_3 为坩埚和试样的质量，g；W 为试样干物质含量（质量分数），%；100 为单位换算系数。

☞ 案例讨论

案例： 某公司进了一批高筋面粉，蛋白和精度均符合标准，但灰分复测多次其值均为 1.8，超过国家标准值，现怀疑其掺假。

问题： 1. 面粉灰分的意义是什么？

2. 如何检测面粉的灰分？

扫码“学一学”

第四节 粮食制品中苯甲酸和山梨酸的测定

☞ 案例讨论

案例： 近期，某市食药监局抽取了粮食加工品 16 批次，现需依据国标对其中的苯甲酸、山梨酸含量进行检测。

问题： 1. 食品中苯甲酸和山梨酸的检测方法有哪些？

2. 选择一种检测方法，试述其检测流程。

苯甲酸又名安息香酸，为白色鳞片或针状结晶，熔点 122 ℃，沸点 249.2 ℃。100 ℃开始升华。在酸性条件下可随水蒸气蒸馏，微溶于水，易溶于氯仿、丙酮、乙醇、乙醚等有机溶剂，化学性质较稳定。苯甲酸钠为白色颗粒或结晶性粉末，无臭或微有安息香气味，在空气中稳定，易溶于水和乙醇，难溶于有机溶剂，其水溶液呈弱碱性（pH 值约为 8），在酸性条件下（pH 2.5～4）能转化为苯甲酸。在酸性条件下苯甲酸及苯甲酸钠防腐效果较好，适宜于偏酸的食品（pH 4.5～5）。苯甲酸进入人体后，大部分与甘氨酸结合形成无害的马尿酸。其余部分与葡萄糖醛酸结合生成苯甲酸葡萄糖醛酸甙从尿中排出，不在人体内积累。苯甲酸的毒性较小，1996 年 FAO/WHO 限定苯甲酸及盐的 ADI 值以苯甲酸计为 0～5 mg/kg体重。我国《食品添加剂使用卫生标准》GB 2760—1996 规定碳酸饮料的最大使用量为 0.2 g/kg，低盐酱菜、酱类、蜜饯、食醋、果酱（不包括罐头）、果汁饮料、塑料桶装浓缩果蔬汁最大限量以苯甲酸计为 2 g/kg。

山梨酸又名花楸酸，为无色、无嗅的针状结晶，熔点 134 ℃，沸点 228 ℃。山梨酸难溶于水，易溶于乙醇、乙醚、氯仿等有机溶剂，在酸性条件下可随水蒸气蒸馏，化学性质稳定。山梨酸钾易溶于水，难溶于有机溶剂，与酸作用生成山梨酸。山梨酸及其钾盐也是用于酸性食品的防腐剂，适合于在 pH 5～6 以下使用。它是通过与霉菌、酵母菌酶系统中的巯基结合而达到抑菌作用。但对厌氧芽孢杆菌、乳酸菌无效。山梨酸是一种直链不饱和脂肪酸，可参与体内正常代谢，并被同化而产生 CO_2 和水，几乎对人体没有毒性，是一种比苯甲酸更安全的防腐剂。FAO/WHO 联合食品添加剂专家委员会 1996 年提出的山梨酸和山梨酸钾的 ADI 值以山梨酸计为 0～25 mg/kg 体重。我国《食品添加剂使用卫生标准》GB 2760—1996 规定，山梨酸和山梨酸钾可用于肉、鱼、禽类制品，最大限量为 0.075 g/kg。水果、蔬菜保鲜及碳酸饮料为 0.2 g/kg；胶原蛋白肠衣、低盐果酱、酱类、蜜饯、果汁饮料、果冻为 0.5 g/kg；果酒为 0.6 g/kg；塑料桶装浓缩果蔬汁、软糖、鱼干制品、即食豆制食品、糕点、面包、即食海蛰、乳酸菌饮料等为 1.0 g/kg。

依据 GB 5009.28—2016 食品安全国家标准《食品中苯甲酸、山梨酸和糖精钠的测定》，食品中苯甲酸、山梨酸的测定方法主要有液相色谱法和气相色谱法。

一、液相色谱法

（一）测定原理

样品经水提取，高脂肪样品经正己烷脱脂、高蛋白样品经蛋白沉淀剂沉淀蛋白，采用液相色谱分离、紫外检测器检测，外标法定量。

（二）适用范围

本法适用于食品中苯甲酸、山梨酸的测定。

（三）试剂和仪器

1. 试剂

（1）无水乙醇。

（2）正己烷。

（3）甲醇　色谱纯。

（4）甲酸　色谱纯。

（5）氨水溶液（1+99）　取氨水 1 mL，加到 99 mL 水中，混匀。

（6）亚铁氰化钾溶液（92 g/L）　称取 106 g 亚铁氰化钾，加入适量水溶解，用水定容至1000 mL。

（7）乙酸锌溶液（183 g/L） 称取220 g乙酸锌溶于少量水中，加入30 mL冰乙酸，用水定容至1000 mL。

（8）乙酸铵溶液（20 mmol/L） 称取1.54 g乙酸铵，加入适量水溶解，用水定容至1000 mL，经0.22 μm水相微孔滤膜过滤后备用。

（9）甲酸-乙酸铵溶液（2 mmol/L甲酸+20 mmol/L乙酸铵） 称取1.54 g乙酸铵，加入适量水溶解，再加入75.2 μL甲酸，用水定容至1000 mL，经0.22 μm水相微孔滤膜过滤后备用。

（10）苯甲酸、山梨酸标准储备溶液（1000 mg/L） 分别准确称取苯甲酸钠、山梨酸钾和糖精钠0.118 g、0.134 g和0.117g（精确到0.0001 g），用水溶解并分别定容至100 mL。于4 ℃贮存，保存期为6个月。当使用苯甲酸和山梨酸标准品时，需要用甲醇溶解并定容。

（11）苯甲酸、山梨酸混合标准中间溶液（200 mg/L） 分别准确吸取苯甲酸、山梨酸标准储备溶液各10.0 mL于50 mL容量瓶中，用水定容。于4 ℃贮存，保存期为3个月。

（12）苯甲酸、山梨酸混合标准系列工作溶液 分别准确吸取苯甲酸、山梨酸混合标准中间溶液0、0.05、0.25、0.50、1.00、2.50、5.00、10.0 mL，用水定容至10 mL，配制成质量浓度分别为0、1.00、5.00、10.0、20.0、50.0、100、200 mg/L的混合标准系列工作溶液。现用现配。

2. 仪器

（1）高效液相色谱仪 配紫外检测器。

（2）分析天平 感量为0.001 g和0.0001 g。

（3）涡旋振荡器。

（4）离心机 转速>8000 r/min。

（5）匀浆机。

（6）恒温水浴锅。

（7）超声波发生器。

（8）水相微孔滤膜 0.22 μm。

（9）塑料离心管 50 mL。

（四）样品测定

1. 试样制备 将粮食及其制品用研磨机充分粉碎并搅拌均匀，取其中的200 g装入玻璃容器中，密封，于-18 ℃保存。

2. 试样提取 准确称取约2 g（精确到0.001 g）试样于50 mL具塞离心管中，加水约25 mL，涡旋混匀，于50 ℃水浴超声20分钟，冷却至室温后加亚铁氰化钾溶液2 mL和乙酸锌溶液2 mL，混匀，于8000 r/min离心5分钟，将水相转移至50 mL容量瓶中，于残渣中加水20 mL，涡旋混匀后超声5分钟，于8000 r/min离心5分钟，将水相转移到同一50 mL容量瓶中，并用水定容至刻度，混匀。取适量上清液过0.22 μm滤膜，待液相色谱测定。

3. 标准曲线的制作 将混合标准系列工作溶液分别注入液相色谱仪中，测定相应的峰面积，以混合标准系列工作溶液的质量浓度为横坐标，以峰面积为纵坐标，绘制标准曲线。

4. 试样溶液的测定　将试样溶液注入液相色谱仪中，得到峰面积，根据标准曲线得到待测液中苯甲酸、山梨酸的质量浓度。

（五）结果计算与数据处理

试样中苯甲酸、山梨酸的含量按式7－5计算：

$$x = \frac{\rho \times V}{m \times 1000} \quad (7-5)$$

式中，x 为试样中待测组分含量，g/kg；ρ 为由标准曲线得出的试样液中待测物的质量浓度，mg/L；V 为试样定容体积，mL；m 为试样质量，g；1000为由mg/kg转换为g/kg的换算因子。

（六）注意事项

按取样量2 g，定容50 mL时，苯甲酸、山梨酸的检出限均为0.005 g/kg，定量限均为0.01 g/kg。

二、气相色谱法

（一）测定原理

试样经盐酸酸化后，用乙醚提取苯甲酸、山梨酸，采用气相色谱－氢火焰离子化检测器进行分离测定，外标法定量。

（二）适用范围

本法适用于酱油、水果汁、果酱中苯甲酸、山梨酸的测定。

（三）试剂和仪器

1. 试剂

（1）乙醚。

（2）乙醇。

（3）正己烷。

（4）乙酸乙酯　色谱纯。

（5）无水硫酸钠（Na_2SO_4）　500 ℃烘8h，于干燥器中冷却至室温后备用。

（6）盐酸溶液（1＋1）　取50 mL盐酸，边搅拌边慢慢加入到50 mL水中，混匀。

（7）氯化钠溶液（40 g/L）　称取40 g氯化钠，用适量水溶解，加盐酸溶液2 mL，加水定容到1L。

（8）正己烷－乙酸乙酯混合溶液（1＋1）　取100 mL正己烷和100 mL乙酸乙酯，混匀。

（9）苯甲酸、山梨酸标准储备溶液（1000 mg/L）　分别准确称取苯甲酸、山梨酸各0.1 g（精确到0.0001 g），用甲醇溶解并分别定容至100 mL。转移至密闭容器中，于－18 ℃贮存，保存期为6个月。

（10）苯甲酸、山梨酸混合标准中间溶液（200 mg/L）　分别准确吸取苯甲酸、山梨酸标准储备溶液各10.0 mL于50 mL容量瓶中，用乙酸乙酯定容。转移至密闭容器中，于－18 ℃贮存，保存期为3个月。

（11）苯甲酸、山梨酸混合标准系列工作溶液　分别准确吸取苯甲酸、山梨酸混合标准中间溶液0、0.05、0.25、0.50、1.00、2.50、5.00、10.0 mL，用正己烷－乙酸乙酯混合溶剂（1+1）定容至10 mL，配制成质量浓度分别为0、1.00、5.00、10.0、20.0、50.0、100、200 mg/L的混合标准系列工作溶液。现用现配。

2. 仪器

（1）气相色谱仪　带氢火焰离子化检测器（FID）。

（2）分析天平　感量为0.001 g和0.0001 g。

（3）涡旋振荡器。

（4）离心机　转速>8000 r/min。

（5）匀浆机。

（6）氮吹仪。

（7）塑料离心管　50 mL。

（四）样品测定

1. 试样制备　取多个预包装的样品，其中均匀样品直接混合，非均匀样品用组织匀浆机充分搅拌均匀，取其中的200 g装入洁净的玻璃容器中，密封，水溶液于4 ℃保存，其他试样于－18 ℃保存。

2. 试样提取　准确称取约2.5 g（精确至0.001 g）试样于50 mL离心管中，加0.5 g氯化钠、0.5 mL盐酸溶液（1+1）和0.5 mL乙醇，用15 mL和10 mL乙醚提取两次，每次振摇1分钟，于8000 r/min离心3分钟。每次均将上层乙醚提取液通过无水硫酸钠滤入25 mL容量瓶中。加乙醚清洗无水硫酸钠层并收集至约25 mL刻度，最后用乙醚定容，混匀。准确吸取5 mL乙醚提取液于5 mL具塞刻度试管中，于35 ℃氮吹至干，加入2 mL正己烷－乙酸乙酯（1+1）混合溶液溶解残渣，待气相色谱测定。

3. 标准曲线的制作　将混合标准系列工作溶液分别注入气相色谱仪中，以质量浓度为横坐标，以峰面积为纵坐标，绘制标准曲线。

4. 试样溶液的测定　将试样溶液注入气相色谱仪中，得到峰面积，根据标准曲线得到待测液中苯甲酸、山梨酸的质量浓度。

（五）结果计算与数据处理

试样中苯甲酸、山梨酸含量按式7－6计算：

$$x=\frac{\rho\times V\times 25}{m\times 5\times 1000} \tag{7-6}$$

式中，x为试样中待测组分含量，g/kg；ρ为由标准曲线得出的样液中待测物的质量浓度，mg/L；V为加入正己烷－乙酸乙酯（1+1）混合溶剂的体积，mL；25为试样乙醚提取液的总体积，mL；m为试样的质量，g；5为测定时吸取乙醚提取液的体积，mL；1000为由mg/kg转换为g/kg的换算因子。

（六）注意事项

取样量2.5 g，按试样前处理方法操作，最后定容到2 mL时，苯甲酸、山梨酸的检出限均为0.005 g/kg，定量限均为0.01 g/kg。

扫码"学一学"

第五节　粮食制品中色素的测定

☞ 案例讨论

案例： 近些年，随着各种花色挂面产品的不断开发，一些不法商贩以食用合成色素替代花色挂面中的蔬菜汁原料，以牟取暴利。为了打击这一不良手段，某市食药监局抽取了市售花色挂面10批次，现需依据国标对其中的合成色素进行检测。

问题： 1. 食用色素可以分哪几类，举例说明？

2. 合成色素对人体有何危害？

食用色素是以食品着色、改善食品的色泽为目的的食品添加剂，可分为食用天然色素和食用合成色素两大类。天然色素是从一些动、植物组织中提取的，其安全性高，但稳定性、着色能力差，难以调出任意的色泽，且资源较短缺，目前还不能满足食品工业的需要；合成色素是用有机物合成的，主要来源于煤焦油及其副产品，资源十分丰富。合成色素具有定性好、色泽鲜艳、附着力强、能调出任意色泽等优点，因而得到广泛应用，但由于许多成色素本身或其代谢产物具有一定的毒性、致泻性与致癌性，因此必须对合成色素的使用范围及用量加以限制，确保其使用的安全性。

食用合成色素种类多，国际上允许使用的有30多种，我国允许使用的主要有苋菜红、胭脂红、赤藓红、新红、诱惑红、柠檬黄、日落黄、亮蓝、靛蓝等。目前，在食品行业中使用单一色素已较少，需使用复合色素方可达到较满意的色泽，因而给其分析测定带来了一定困难。

合成色素的测定方法主要有高效液相色谱法和薄层层析法。下面主要介绍高效液相色谱法。

（一）测定原理

食品中人工合成着色剂用聚酰胺吸附法或液－液分配法提取，制成水溶液，注入高效液相色谱仪，经反相色谱分离，根据保留时间定性和与峰面积比较进行定量。

（二）适用范围

本法适用于食品中合成色素的测定。

（三）试剂和仪器

除非另有说明，本方法所用试剂均为分析纯，水为GB/T 6682规定的一级水。

1. 试剂

（1）甲醇　色谱纯。

（2）正己烷。

（3）盐酸。

（4）冰醋酸。

（5）甲酸。

（6）乙酸铵溶液（0.02 mol/L）　称取1.54 g乙酸铵，加水至1000 mL，溶解，经

0.45 μm 微孔滤膜过滤。

（7）柠檬酸溶液　称取 20 g 柠檬酸，加水至 100 mL，溶解混匀。

（8）聚酰胺粉（尼龙 6）　过 200 μm（目）筛。

（9）氨水溶液　量取氨水 2 mL，加水至 100 mL，混匀。

（10）甲醇 - 甲酸溶液（6 +4，体积比）　量取甲醇 60 mL，甲酸 40 mL，混匀。

（11）无水乙醇 - 氨水 - 水溶液（7 +2 +1，体积比）　量取无水乙醇 70 mL，氨水溶液 20 mL，水 10 mL，混匀。

（12）三正辛胺 - 正丁醇溶液（5%）　量取三正辛胺 5 mL，加正丁醇至 100 mL，混匀。

（13）饱和硫酸钠溶液。

（14）pH6 的水　水加柠檬酸溶液调 pH 到 6。

（15）pH4 的水　水加柠檬酸溶液调 pH 到 4。

（16）合成着色剂标准贮备液（1 mg/mL）　准确称取按其纯度折算为 100% 质量的柠檬黄、日落黄、苋菜红、胭脂红、新红、赤藓红、亮蓝各 0.1 g（精确至 0.0001 g），置 100 mL 容量瓶中，加 pH 6 的水到刻度。配成水溶液（1.00 mg/mL）。

（17）合成着色剂标准使用液（50 μg/mL）　临用时将标准贮备液加水稀释 20 倍，经 0.45 μm 微孔滤膜过滤。配成每毫升相当 50.0 μg 的合成着色剂。

2. 仪器

（1）高效液相色谱仪　带二极管阵列或紫外检测器。

（2）天平　感量为 0.001 g 和 0.0001 g。

（3）恒温水浴锅。

（4）G3 垂融漏斗。

（四）样品测定

1. 试样制备

（1）果汁饮料及果汁、果味碳酸饮料等　称取 20 ~ 40 g（精确至 0.001 g），放入 100 mL 烧杯中。含二氧化碳样品加热或超声驱除二氧化碳。

（2）配制酒类　称取 20 ~ 40 g（精确至 0.001 g），放入 100 mL 烧杯中，加小碎瓷片数片，加热驱除乙醇。

（3）硬糖、蜜饯类、淀粉软糖等　称取 5 ~ 10 g（精确至 0.001 g）粉碎样品，放入 100 mL 小烧杯中，加水 30 mL，温热溶解，若样品溶液 pH 较高，用柠檬酸溶液调 pH 到 6 左右。

（4）巧克力豆及着色糖衣制品　称取 5 ~ 10 g（精确至 0.001 g），放入 100 mL 小烧杯中，用水反复洗涤色素，到巧克力豆无色素为止，合并色素漂洗液为样品溶液。

2. 色素提取

（1）聚酰胺吸附法　样品溶液加柠檬酸溶液调 pH 到 6，加热至 60 ℃，将 1 g 聚酰胺粉加少许水调成粥状，倒入样品溶液中，搅拌片刻，以 G3 垂融漏斗抽滤，用 60 ℃ pH 为 4 的水洗涤 3 ~ 5 次，然后用甲醇 - 甲酸混合溶液洗涤 3 ~ 5 次，再用水洗至中性，用乙醇 - 氨水 - 水混合溶液解吸 3 ~ 5 次，直至色素完全解吸，收集解吸液，加乙酸中和，蒸发至近干，加水溶解，定容至 5 mL。经 0.45 μm 微孔滤膜过滤，进高效液相色谱仪分析。

(2) 液-液分配法（适用于含赤藓红的样品）　将制备好的样品溶液放入分液漏斗中，加 2 mL 盐酸、三正辛胺-正丁醇溶液（5%）10～20 mL，振摇提取，分取有机相，重复提取，直至有机相无色，合并有机相，用饱和硫酸钠溶液洗 2 次，每次 10 mL，分取有机相，放蒸发皿中，水浴加热浓缩至 10 mL，转移至分液漏斗中，加 10 mL 正己烷，混匀，加氨水溶液提取 2～3 次，每次 5 mL，合并氨水溶液层（含水溶性酸性色素），用正己烷洗 2 次，氨水层加乙酸调成中性，水浴加热蒸发至近干，加水定容至 5 mL。经 0.45 μm 微孔滤膜过滤，进高效液相色谱仪分析。

(3) 高效液相色谱参考条件

柱：YWG-C_{18}，10 μm 不锈钢柱，4.6 mm（内径）×250 mm。

流动相：甲醇-0.02 mol/L 乙酸铵溶液（pH=4）。

梯度洗脱：甲醇：20%～35%，3 分钟；35%～98%，9 分钟；98% 继续 6 分钟。

进样量：10 μL。

柱温：35 ℃。

流速：1 mL/min。

紫外检测器：254 nm。

3. 试样溶液的测定　将样品提取液和合成着色剂标准使用液分别注入高效液相色谱仪，根据保留时间定性，外标峰面积法定量。

（五）结果计算与数据处理

试样中着色剂的含量按式 7-7 计算：

$$x=\frac{c\times V\times 1000}{m\times 1000\times 1000} \tag{7-7}$$

式中，X 为试样中着色剂的含量，g/kg；c 为进样液中着色剂的浓度，μg/mL；V 为试样稀释总体积，mL；m 为试样质量，g；1000 为换算系数。

计算结果以重复性条件下获得的两次独立测定结果的算术平均值表示，结果保留两位有效数字。

（六）注意事项

方法检出限：柠檬黄、新红、苋菜红、胭脂红、日落黄均为 0.5 mg/kg，亮蓝、赤藓红均为 0.2 mg/kg（检测波长 254 nm 时亮蓝检出限为 1.0 mg/kg，赤藓红检出限为 0.5 mg/kg）。

第六节　食品中农药残留的测定

扫码“学一学”

随着农业产业化的发展，农产品的生产越来越依赖于农药。我国现有常用的农药有 200 多种，常用的有：有机磷（膦）、氨基甲酸酯、拟除虫菊酯、有机氯化合物等。目前我国还存在农药使用不规范、不合理的现象，导致食品中的农药残留量超标，有较大的食品安全隐患，所以对食品中农药残留的监测非常有必要。

食品农药残留常用的检测方法有液相色谱法、气相色谱法、液相色谱-质谱联用法、气相色谱-质谱联用法、试纸快筛法。农药中大部分是挥发性物质，所以多用气相色谱法和气相色谱-质谱联用法检测，而市场、超市等现场则常用试纸条进行农残的快速筛查。

主要参考标准有：NY/T 761—2008 蔬菜、水果中有机磷、有机氯、拟除虫菊酯和氨基甲酸酯类农药多残留的测定，GB/T 23376—2009 茶叶中农药多残留测定气相色谱/质谱法，GB 23200. 8—2016 食品安全国家标准水果和蔬菜中 500 种农药及相关化学品残留量的测定气相色谱 - 质谱法，GB 23200. 93—2016 食品安全国家标准食品中有机磷农药残留量的测定气相色谱 - 质谱法，GB 23200. 9—2016 食品安全国家标准粮谷中 475 种农药及相关化学品残留量的测定气相色谱 - 质谱法。

一、气相色谱法

（一）测定原理

气相色谱法是利用气体作流动相的色谱分析方法，包括载气系统、进样系统、分离系统（色谱柱、柱温箱）、检测系统（检测器）和数据记录系统。检测器有很多种，农残分析常用检测器有 FPD（火焰光度检测器）、NPD（氮磷检测器）、ECD（电子捕获检测器）、MS（质谱检测器或者质谱分析仪）等，由于质谱检测器还能给出被测组分的可能化学结构式，比其他检测器给出的信息更多，所以被单独列为了一种方法——气相色谱 - 质谱联用法。

气相色谱法测定食品中农药残量的原理是：样品经固相萃取、凝胶色谱分离或者磺化等复杂的前处理后，将样品溶液同时注入两个进样口，经两个不同极性的气相色谱柱分离，然后由电子俘获检测器（ECD）或火焰光度检测器（FPD）检测，通过双柱保留时间定性，外标法定量。

（二）食品中农残检测流程

气相色谱法测定食品中的农药残留可分为样品前处理和上机测定两个阶段，农药本身种类多，食品基质复杂，目标物含量低，如何降低基质的影响即样品的前处理对食品中农药残留的测定意义重大。

1. 样品的前处理　农残样品前处理大致分为试样制备、提取、净化和浓缩四个部分。

（1）试样制备

仪器：高速匀浆机或者粉碎机

取样品的可食用部分，粉碎、混匀制成待测样，于 - 20 ℃至 - 16 ℃保存，备用。

（2）提取

仪器：精密天平（精度 0. 001 g）、高速匀浆机、50 mL 移液管或者精密分液器、100 mL 的具塞量筒。

试剂：乙腈或者丙酮（分析纯）、氯化钠（分析纯）、无水硫酸钠（分析纯）。

根据样品情况，准确称取适量样品，加入 20 ~ 50. 0 mL 乙腈或丙酮，在匀浆机中高速匀浆后过滤，滤液收集到装有氯化钠的具塞量筒中，收集滤液 40 ~ 50 mL，盖上盖子，剧烈振荡 1 分钟左右，在室温下静置 30 分钟以上，使乙腈和水分层，取乙腈层，加入无水硫酸钠，振荡，静置，取上清，备用。

（3）净化　基质去除关键步骤是净化，现有的净化方法有磺化法、冷冻沉淀法、超临界萃取法、固相萃取法、凝胶色谱法等，常用的方法是固相萃取法和凝胶色谱分离法。

①固相萃取法。该法是利用分析目的物与基质在键合硅胶吸附剂与溶剂中分配不同而

达到分离目的。按照固定相是否预装可以分为常规固相萃取和分散固相萃取。

【常规固相萃取】

常规的固相萃取具体步骤及原理见图 7－2。

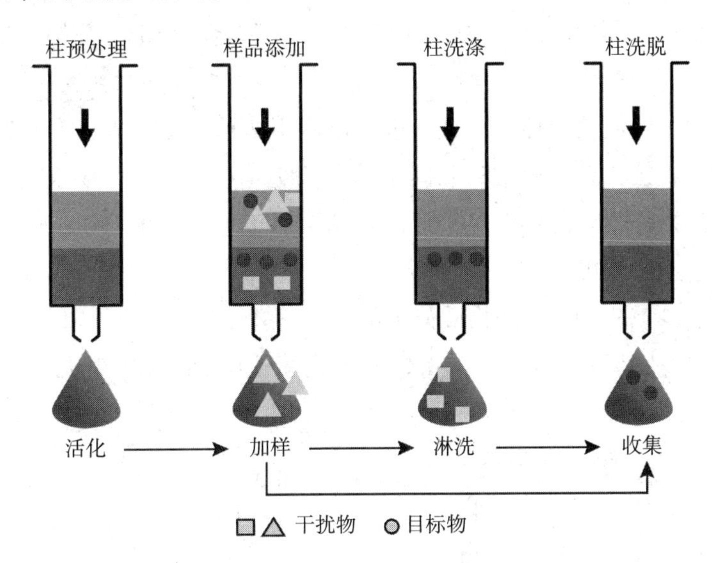

图 7－2　常规固相萃取原理图

为更直观地理解，下面以最常用的水果中有机氯农残的测定的前处理为例讲解常规固相萃取法。

仪器：固相萃取仪、氮吹仪、漏斗、滤纸。

试剂：Bond Elut C_{18}（1 g）柱或相当者、Bond Elut Carbon/NH_2（500 mg/500 mg）柱或相当者、乙腈（分析纯）、甲苯（分析纯）、丙酮（分析纯）、正己烷（分析纯）。

第一步 C_{18} SPE 净化

a. 活化：Bond Elut C_{18}（1 g）柱，用 10 mL 的乙腈淋洗，进行活化。

b. 上样：加入 20. 0 mL 上清液，收集流出溶液。

c. 洗脱：用 2 mL 乙腈洗脱，接收洗脱液，合并所有流出溶液。

d. 脱水：将收集的溶液过装有无水硫酸钠的漏斗，并用适量乙腈淋洗漏斗，收集全部滤液。

e. 浓缩：低于 40 ℃温度条件下，氮吹浓缩近干，用 2 mL 的乙腈/甲苯（3∶1）重新溶解，待进一步净化。

第二步 Carbon/NH_2 SPE 净化

a. 活化：Bond Elut Carbon/NH_2（500 mg/500 mg）柱，用 10 mL 乙腈/甲苯（3∶1）淋洗，进行活化。

b. 上样：将上步中 2 mL 经过初步净化的样品液，加入到 Carbon/NH_2 SPE 柱中。

c. 洗脱：用 20 mL 的乙腈/甲苯（3∶1）淋洗 SPE 柱，收集所有上样流出液和洗脱液。

d. 浓缩：低于 40 ℃下，氮吹浓缩近干，再加入 5 mL 丙酮重新溶解后并浓缩近干，用丙酮/正己烷（1∶1）溶解，定容至 1 mL，待测。

②分散固相萃取。其原理是将基质吸附在吸附剂（或称固定相）上，除去吸附剂即可。常用的吸附剂有 PSA（丙基乙二胺）、C_{18}（十八烷基键合硅胶，或称 ODS）、GCB（石漠化炭黑）等。实际工作中可根据不同的基质组合固定相，将固定相加入样品提取液中，充分

振荡吸附后，离心或过滤，取清液即可。该操作灵活、简便。下面以大米谷物类食品中有机氯类农药残留测定的前处理为例。

仪器：涡旋混合仪、高速离心机、15 mL 的离心管。试剂：PSA。

取 5.0 mL 提取液于离心管中，加入 PSA 0.1 g，涡旋混合 1.0 分钟，高速离心 2.0 分钟，取上清液待测。

常规固相萃取可以使用一种萃取柱，也可以使用两种甚至多种，实验结果的稳定性与萃取柱分装质量有直接关系，通常需要固相萃取仪，对操作者能力要求较高。但是分散固相萃取不需如此，操作相对简单。但分散固相萃取对于色素、蛋白质、脂肪含量高的复杂样品，基质去除率不及常规法。

③凝胶色谱法。该法主要根据物质分子量的差别进行分离净化，具体原理如图 7－3 所示。适用于小分子量农药的提取。大多数农药回收率较高，净化容量大，容易实现自动化，洗脱剂可以循环使用。

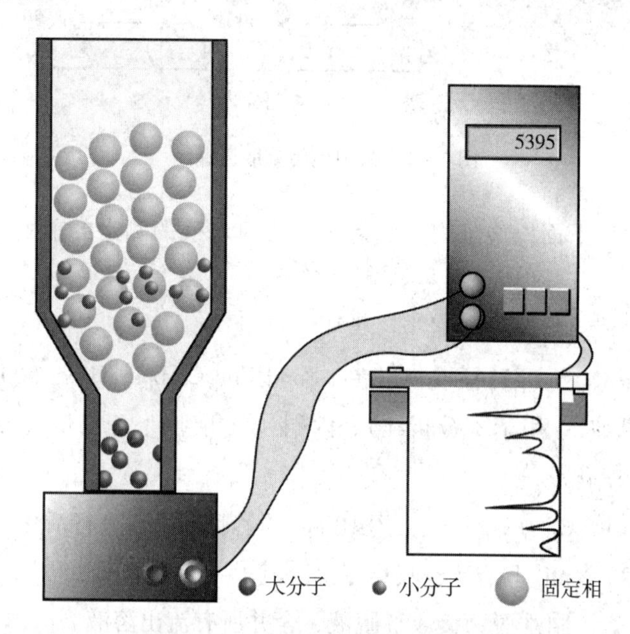

图 7－3　凝胶色谱分离原理

常用的填料有聚丙烯酰胺凝胶、交联葡聚糖凝胶、琼脂糖凝胶等，填料选择的依据为目标物和基质分离效果及填料在洗脱剂中的稳定性。常用洗脱剂为有机溶剂，如正己烷、石油醚、四氢呋喃、乙酸乙酯等，其具体用量可根据凝胶色谱仪的检测器选择。以黄瓜中的有机磷残留测定分析前处理为例。

仪器：带紫外检测器的凝胶色谱仪。

试剂：环己烷（分析纯）、乙酸乙酯（分析纯）、净化柱（Bio－Breads S－X3 填料，规格 200 mm×25 mm）。

流动相（环己烷－乙酸乙酯 1∶1），洗脱流速 30 mL/min，根据检测器指示收集 10～15 分钟的洗脱液，即流出体积 30～45 mL 的洗脱液。GPC 的具体谱图见图 7－4。

2. 浓缩　样品浓缩常用方法有氮吹法、减压蒸馏法、直接蒸馏法等方法。

（1）氮吹法　在一定温度下，用氮气将样品中的溶剂吹干，实现溶剂溶质分离。主要设备为氮吹仪。

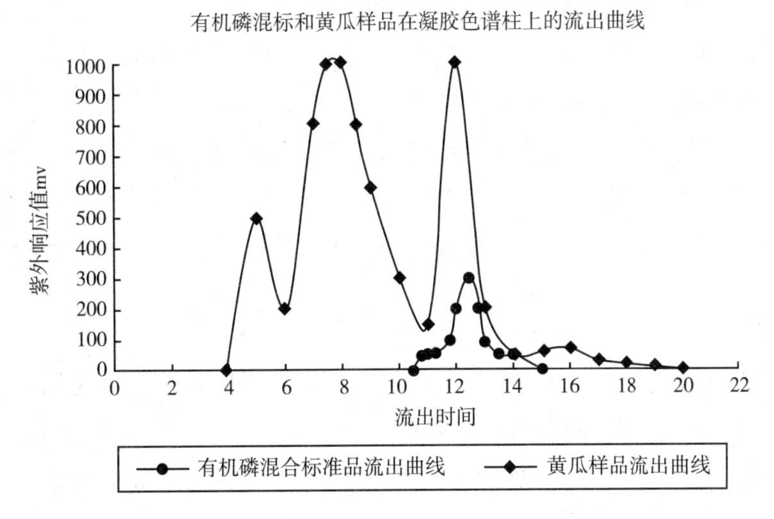

图7-4　黄瓜有机磷样品GPC流出液紫外谱图

（2）减压蒸馏法　利用真空泵降低溶液沸点，使之在较低温度下沸腾，实现溶剂溶质分离。主要设备是减压蒸馏装置。

（3）直接蒸馏法　在常压下使溶液沸腾，实现溶剂溶质分离。

浓缩好的样品溶液定容后直接上机测定。

3. 上机测定　FPD、NPD主要用于有机磷类农药，而ECD主要用于有机氯类和拟除虫菊酯类农药。

（1）有机磷类农药检测参考条件。

①仪器条件设置　选择带FPD检测器和双柱进样系统的气相色谱仪，具体条件如下：

色谱柱：A柱：50%聚苯基甲基硅氧烷（DB-17或HP-50）30 m×0.53 mm×1 μm或相当者；B柱：100%聚苯基甲基硅氧烷（DB-1或HP-1）30 m×0.53 mm×1 μm或相当者。

温度：进样口为250 ℃，检测器为250。

柱温：150 ℃保持2分钟，8 ℃/min升至250 ℃，保持12分钟，若组分分离效果不好，可将柱温上升速率降低，如果峰太宽可以提将升温速率或者载气流速适当提高，如果有气化温度更高的物质，可将终温提高，但不可高于320 ℃。

气体及流量：载气为氮气，≥99.999%，流速10 mL/min；燃气为氢气，≥99.999%，流速75 mL/min；助燃气为空气，流速100 mL/min。

进样方式：不分流进样。样品一式两份，通过双自动进样器同时进样。

进样量：1 μL。

②定性分析　双柱测得样品溶液中未知组分的保留时间（RT）与标准溶液中某一农药在同一色谱柱上的保留时间（RT）偏差不超过±0.5分钟的，可认定未知组分为该农药。

③定量分析

$$\text{计算公式}\ \omega=\frac{V_1\times A\times V_s}{V_2\times A_s\times m}\times\rho \qquad (7-8)$$

式中，ρ为标准溶液中农药的质量浓度，mg/L；A为样品溶液中被测农药的峰面积；A_s为标准溶液中被测农药的峰面积；V_1为提取样品的总体积，mL；V_2为用于测定的提取样品体积，

mL；V_3为样品溶液定容体积，mL；m 为试样质量，单位是 g。

计算结果保留两位有效数字，当结果大于 1 mg/kg 时保留三位有效数字。

（2）有机氯类和拟除虫菊酯类农药的测定。

④仪器条件设置　选择带 ECD 检测器及双柱进样系统的气相色谱仪。具体条件如下：

色谱柱：A 柱：50% 聚苯基甲基硅氧烷（DB－17 或 HP－50）30 m×0.53 mm×1 μm 或相当者；B 柱：100% 聚苯基甲基硅氧烷（DB－1 或 HP－1）30 m×0.53 mm×1 μm 或相当者。

温度：进样口为 200 ℃，检测器为 320 ℃。

柱温：150 ℃保持 2 分钟，6 ℃/分钟升至 270 ℃，保持 8 分钟（氟氰菊酯保持 23 分钟），微调方法见有机磷类农药的测定部分。

气体及流量：载气为氮气，≥99.999%，流速 10 mL/min；辅助气为氮气，≥99.999%，流速 60 mL/min。

进样方式：分流进样，分流比 10∶1，样品一式两份，通过双自动进样器同时进样。

进样量：1 μL。

定性分析和定量分析见有机磷农药测定部分。

拓展阅读

农残样品净化的其他方法

超临界萃取法：用超临界流体为萃取剂，依据超临界流体中不同物质的溶解度不同从复杂组分中把目的物组分提取出来。这类流体物质价格不菲，适用范围窄，但这个方法简单易行，而且不用浓缩，是将来农药前处理发展的方向之一。

冷冻沉淀法：低温下脂肪在有机溶剂中呈腊样析出，而农药留在有机溶剂中，经过滤实现基质分离。该方法主要用于脂肪的去除。

磺化法：利用脂肪和蜡质能与浓硫酸进行磺化反应的原理，有效去除基质中的脂肪和蜡质（前提是测定的农药不与硫酸反应），常用于有机氯农药检测。

不同方法适用于不同食品样品，应根据实际情况予以选用。

二、气相色谱－质谱法（GC－MS）

气相色谱在定性分析时无法确诊目标物的分子特征，容易导致假阳性结果；定量分析时普通检测器的灵敏度不够，容易导致假阴性结果。质谱检测器灵敏度高、稳定性较好，可以给出目标物的准确分子量，碎片信息可以推导目标物的分子结构，因此气相色谱－质谱法测定农残更为准确有效。

（一）原理

样品经前处理后，将样品溶液注入进样口，经特定的气相色谱质谱柱分离，然后由质谱检测器（MS）检测，通过保留时间、分子结构信息定性，外标法或内标法定量。

所检物质必须是能够电离的，现在商品化的电离方式有电化学电离（CI）和带电粒子轰击电离（EI），农残中常用的是 EI。

（二）检测流程

流程和样品前处理方法与气相色谱法相同，只有上机测定不同。

1. 样品前处理　见气相色谱法。

2. 上机测定

（1）仪器条件设置　气相色谱仪的进样口温度、柱温箱温度与气相色谱法一样，不同之处有四点：GC－MS法中使用的是单柱，而气相法中是双柱；GC－MS的载气是高纯氦（≥99.999%），而气相法多用氮气；色谱柱需要使用超低流失的毛细管柱，内径不超过0.32 mm，而气相法没有特别要求；需要设置质谱检测条件，载气辅助加热温度、离子源温度、离子源电离电压等。下面以食品中有机磷农药为例设置仪器测试条件。

色谱柱：30 m×0.25 mm（内径），膜0.25 m，DB－5 MS石英毛细管柱，或相当者。

温度设置：色谱柱温度50 ℃保持2分钟，30 ℃/分钟升至180 ℃，保持10分钟，在以30 ℃/分钟升至270 ℃，保持10分钟；进样口温度：280 ℃；色谱－质谱接口温度：270 ℃。

载气：氦气，纯度≥99.999%，流速1.2 mL/min。

进样量：1 μL。

进样方式：无分流进样，1.5分钟后开阀。

检测器设置：电离方式为EI；电离能量为70 eV；测定方式为选择离子监测方式；每种农药的具体选择离子需参考具体的标准，表1中有10种农药可参考；溶剂延迟5分钟；离子源温度150 ℃；四级杆温度200 ℃。

（2）定性分析　定性分析即气相色谱－质谱测定与确证，根据样液中被测物含量情况，选定浓度相近的标准工作溶液，对标准工作溶液与样液等体积参插进样测定，标准工作溶液和待测样液中每种有机磷农药的响应值均应在仪器检测的线性范围内。

如果样液与标准工作溶液的选择离子色谱图中，在相同保留时间有色谱峰出现，则应根据样液与标液中每种有机磷农药选择离子的种类及其丰度比对其进行确证。在上述气相色谱－质谱条件下，10种有机磷农药标准物的参考保留时间和气相色谱－质谱选择离子色谱图见表7－5。

表7－5　10种有机磷农药保留时间、定性、定量选择离子及定量限表

序号	农药名称	保留时间	特征离子			定量限
			定量	定性	丰度比	(mg/g)
1	敌敌畏	6.57	109	185，145，220	37∶100∶12∶07	0.02
2	二嗪磷	12.64	179	137，199，304	62∶100∶29∶11	0.02
3	皮蝇磷	16.43	285	125，109，270	100∶38∶56∶68	0.02
4	杀螟硫磷	17.15	277	260，247，214	100∶10∶06∶54	0.02
5	马拉硫磷	17.53	173	127，158，285	07∶40∶100∶10	0.02
6	毒死蜱	17.68	197	314，258，286	63∶68∶34∶100	0.01
7	倍硫磷	17.8	278	169，263，245	100∶18∶08∶06	0.02
8	对硫磷	17.9	291	109，261，235	25∶22∶16∶100	0.02
9	乙硫磷	20.16	231	153，125，384	16∶10∶100∶06	0.02
10	蝇毒磷	23.96	362	226，210，334	100∶53∶11∶15	0.1

（3）定量分析

①外标法。见气相色谱法。

②内标法。具体公式如下：

$$X = C_s \times \frac{A}{A_s} \times \frac{C_i}{C_{si}} \times \frac{A_{si}}{A_i} \times \frac{V}{m} \times \frac{1000}{1000} \tag{7-9}$$

式中，X 为试样中被测物残留量，mg/kg；C_s 为基质标准工作溶液中被测物的浓度，μg/mL；A 为试样溶液中被测物的色谱峰面积；A_s 为基质标准工作溶液中被测物的色谱峰面积；C_i 为试样溶液中内标物的浓度，μg/mL；C_{si} 为基质标准工作溶液中内标物的浓度，μg/mL；A_{si} 为基质标准工作溶液中内标物的色谱峰面积；A_i 为试样溶液中内标物的色谱峰面积；V 为样液最终定容体积，mL；m 为试样溶液所代表试样的质量，g。

计算结果应扣除空白值，测定结果用平行测定的算术平均值表示，保留两位有效数字。

三、快速检测法

现行的快速筛查方法有两种，一种是基于农药与其抗体的特异性反应建立的酶联免疫法，一种试纸条只能筛查一种农药，对于食品安全的把关意义不大；另一种是基于酶抑制，这种方法能检测有机磷和氨基甲酸酯类农药的总和，能够发挥食品安全的把关作用。

（一）测定原理

胆碱酯酶能催化分解靛酚乙酯（红色）为靛蓝和乙酸（蓝色），但有机磷和氨基甲酸酯类能抑制胆碱酯酶，使靛酚乙酯的分解过程发生改变，由此可以判断是否有高剂量的有机磷或者氨基甲酸酯类农药存在。可分为分光光度法和试纸法。由于前处理方法的限制，这两种方法都主要蔬菜类样品。

（二）检测流程

1. 分光光度法

（1）试剂　pH = 8 的磷酸盐缓冲溶液、丁酰胆碱酯酶、碘化硫代丁酰胆碱（底物）、二硫代二硝基苯甲酸（显色剂、用缓冲液溶解）。

（2）仪器　分光光度计或波长为 410 nm ± 3 nm 的专用检测仪、电子天平（精度 0.1 g）、微型混合仪、可调移液器、不锈钢取样器、恒温培养箱、配套的其他玻璃器皿。

（3）分析步骤　用不锈钢取样器取 2 g 切碎的样本（非叶菜类取 4 g），放入提取瓶内，加入 20 mL 缓冲液，震荡 1 ~ 2 分钟，倒出提取液，静止 3 ~ 5 分钟；于小试管内分别加入 50 μL酶，3 mL 样本提取液，50 μL 显色剂，于 37 ~ 38 ℃下放 30 分钟，加入 50 μL 底物，倒入比色杯中，用上机测定。同步进行空白实验。

（4）结果计算

$$抑制率（\%）= \frac{\Delta A_c - \Delta A_s}{\Delta A_c} \times 100 \tag{7-10}$$

式中，ΔA_c 为对照组 3 分钟后与 3 分钟前吸光值之差；ΔA_s 为样本 3 分钟后与 3 分钟前吸光值之差。

抑制率≥70%时，蔬菜中含有某种有机磷或氨基甲酸酯类农药残留。此时样本要有 2

次以上重复检测，几次重复检测的重现性应在80%以上。

2. 试纸法　根据取样的部位分为整体法和表面法。

（1）试剂　固化有胆碱酯酶和靛酚乙酯试剂的试纸、pH＝7.5的磷酸盐缓冲溶液。

（2）仪器　常量分析天平、微型恒温培养箱（有条件时配备）。

（3）分析步骤　根据检测部位是样品整体还是表面，分为整体法和表面法。

①整体法

选取有代表性的样品，擦去泥土，剪成1 cm^2左右的碎片，取5 g放入带盖瓶中，加入10 mL缓冲液，震摇50次，静置，取上清。

取一片速测卡，用白色药片蘸取提取液，室温下放置10分钟（有条件在37 ℃恒温箱中放置10分钟），进行预反应，整个过程药片保持湿润。

对折速测卡，将白色药片和红色药片放入其中，用手捏3分钟（或者恒温箱中放置3分钟），使红色药片和白色药片反应。

同时进行空白实验。

②表面法

擦去样品表面泥土，在一个表面滴3～5滴缓冲液，用另外一个样品的表面摩擦，将样品的汁液滴在白色药片上。

将白色药片在室温下放置10分钟（有条件可在37 ℃恒温箱中放置10分钟），进行预反应，整个过程药片保持湿润。

对折速测卡，将白色药片和红色药片放入其中，用手捏3分钟（或者恒温箱中放置3分钟），使红色药片和白色药片反应。

同时进行空白实验。

③结果判定

若白色药片变为白色或浅蓝色，样品为阳性；若白色药片变为天蓝色或与空白实验色泽相同，样品为阴性。

第七节　小麦粉中过氧化苯甲酰的快速检测

扫码“学一学”

过氧化苯甲酰（BPO）是一种氧化剂，可漂白小麦粉，且有杀菌性能，但对小麦粉中β－胡萝卜素、维生素A、维生素E和维生素B_1等均有较强的破坏作用。联合国粮农组织和世界卫生组织食品添加剂和污染专家委员会的研究结果也表明，动物食用625 mg/kg过氧化苯甲酰的饲料后会出现不良症状。过多的苯甲酸会加重肝脏负担，严重时肾、肝会出现病理变化，寿命和生长都将受到影响；面粉中残留的未分解的过氧化苯甲酰，在面食加热制作过程中能产生苯自由基，进而会形成苯、苯酚、联苯，这些产物都有毒性，对健康有不良的影响；自由基氧化会加速人体衰老，导致动脉粥样硬化，甚至诱发多种疾病。因此，国家有关部门2011年发布了关于撤销了过氧化苯甲酰作为食品添加剂的公告，即不得在食品中检出过氧化苯甲酰。

现行的检测方法有很多种，小麦粉中BPO的检测方法主要有碘量法、气相色谱法、液相色谱法、化学发光法、生物传感器法、分光光度法，碘量法检测限高，不适于微量添加的测定；气相色谱法、液相色谱法、化学发光法、生物传感器法、分光光度法前处理复杂，

仪器笨重、昂贵，不适合现场筛查。现行的有试纸法可作为小麦粉中（BPO）的快速检测方法。

一、测定原理

过氧化苯甲酰与4，4－二氨基二苯胺的乙醇溶液液反应生成绿色化合物，化合物的颜色的深浅与过氧化苯甲酰成正比。

二、操作流程

1. 试剂 4，4－二氨基二苯胺试纸条、乙醇（分析纯）。

2. 仪器 5 mL 提取管、吸管。

3. 分析步骤

（1）用吸管加过氧化苯甲酰提取液至 5 mL 带盖提取管 1 mL 刻度线处，取 0.2 克面粉样品于提取管中，盖塞，上下摇动 30 秒后，静置 2 分钟。

（2）将试纸条上的试纸部分浸入处理后的样品上层溶液中约 10 秒钟，顺提取管边缘取出试纸条以除去多余样品溶液，取出试纸计时 3 分钟后将纸片与试纸瓶上的标准比色板进行比较，判断出面粉中过氧化苯甲酰的含量。

4. 结果判定

（1）若试纸显示为无色，说明样品中不含过氧化苯甲酰或含量很少，相同色块即为半定量值；如试纸片颜色变化在两个色块之间，其检测结果为两色块的中间值。

（2）根据目测结果，判断出被测样品中过氧化苯甲酰的残留量是否超标。GB 2760—2007 中规定，小麦粉中不得添加过氧化苯甲酰。

5. 注意事项 取出所需过氧化苯甲酰试纸后，立刻盖好瓶盖；不要用手触摸试纸条的试纸部分开瓶后不要将瓶中干燥剂取出。

思考题

扫码“练一练”

1. 怎样用高效液相色谱法完成合成色素的测定？

2. 气相色谱法测定食品中苯甲酸和山梨酸时，制备样品溶液时为什么要进行酸化处理？

3. 列举测定粮食及其制品水分的方法种类及其特点？

4. 面粉增白剂快速检测的原理是什么？

5. 测定食品中灰分时灼烧好的坩埚转移至干燥器中，操作时应注意哪些问题？

（李晓华　姜黎　韩丹）

第八章　食品包装材料的检验

知识目标

1. **掌握**　食品接触材料及制品苯乙烯和乙苯、树脂中挥发物和提取物、双酚 A 的测定原理及检测方法。
2. **熟悉**　食品包装材料的快速检测方法。
3. **了解**　食品包装材料的定义和分类。

能力目标

1. 熟练掌握食品接触材料及制品苯乙烯和乙苯、树脂中挥发物和提取物、双酚A的检测技术。
2. 学会食品包装材料检测过程中仪器设备等的操作；会正确选择并运用国标方法。

第一节　概　论

扫码"学一学"

一、食品包装材料的定义

食品包装材料指包装、盛放食品或者食品添加剂用的纸、竹、木、金属、搪瓷、陶瓷、塑料、橡胶、天然纤维、化学纤维、玻璃等制品和直接接触食品或者食品添加剂的涂料。

食品包装与食品安全二者有着密切的联系，食品包装合格是食品安全的基石，一定意义上而言食品安全的重要屏障就是食品包装，而食品包装检验则是确保食品包装安全的重要手段。食品包装作为食品外部加工环节的最后部分，一般不具有食用的特点。另外，食品包装对食品的外部感官有着重要的影响。食品包装对食品理化性能也有很大的影响，在食品包装中必须注意保持食品抗氧化、防潮、防过热、通风、隔热、恒温等性能。除此之外食品包装对食品的卫生状态也有重要影响，因此在食品包装中一定要注意不可以出现任何有害的添加剂或物质，以免与食品发生化学反应，对食用者身体造成严重的不良反应，损害身体健康。

二、食品包装材料的分类

为保持食品的品质，使食品在保藏、流通、销售过程中不致变质，防止微生物的污染，防止化学、物理变化，各种食品都必须采用包装。根据包装材料的性质，食品的包装材料可分为金属罐包装、玻璃瓶包装、塑料包装等。

1. 金属罐包装　从材料上分为马口铁材料和铝板两种。从制罐程序分为：三片罐

（底、盖、身），两片罐（底、身、一次或多次冲拉成形盒）。

金属罐装食品即罐头，适合多种食品的包装，贮存时间较长，便于运输及销售，食用方便。从食品化学性质上又分为酸性食品和含硫性食品，为满足酸性食品和含硫性食品的包装要求，罐内必须具有防腐层，通常叫作罐头内涂层，它是在制罐前，在涂料线上将整张马口铁涂布涂料，经烘烤成膜，成为涂料铁后再制罐。涂料铁除符合无毒、无味、无嗅的卫生要求外，涂膜还必须适应制罐的要求（耐冲击性、韧性、对马口铁的附着性等），实罐的要求（涂膜的致密性、涂膜厚度、抗酸或抗硫性）及特殊产品的要求。

目前在罐头食品所用的涂料铁可分为：

（1）一般酸、硫两用铁，所用涂料为环氧酚醛涂料，它适用于一般的蔬菜、水果、家禽、肉类等。在罐头用涂料铁中，占很大的比例；

（2）抗高酸涂料铁，主要是番茄酱用涂料铁，涂膜厚度要达到 10 g/m 以上；磁漆涂布遮盖性涂料铁，例：铝粉、钦白粉、氧化铁红等所配制的涂料；

（3）抗硫涂料铁，为防止硫化物污染而在涂料中加入能吸收硫化物的氧化锌或碳酸锌，或用铝粉调色，提供遮盖硫斑作用；

（4）脱膜涂料铁，一般是指午餐肉专用涂料铁，它除具有一般罐用涂料铁的性能外，必须具有一种防黏性，使开罐后能顺利地倒出内容物，保持午餐肉的形态。目前使用的脱膜涂料铁从防黏层的成膜机理可分为两种：一种为在一般涂料铁上，再涂布一层防黏层。另一种是将起到防黏作用的合成蜡均匀地混在涂料中，再涂布马口铁上，在烘烤成膜过程中，合成蜡渗出表面，形成一种防黏层。

2. 玻璃瓶包装 玻璃瓶作为食品包装容器具有：透明性、密封性、化学稳定性和可以重复使用等特征，但缺点是易碎，重量较大。从玻璃瓶的种类和制法分：一般玻璃瓶、轻量玻璃瓶、塑料强化瓶、化学强化瓶等。从玻璃瓶口分为：细口瓶和广口瓶，细口瓶适用于酒类、饮料、调味品等，广口瓶适用蔬菜、水果、果酱、肉类等罐装食品。

3. 塑料包装 塑料薄膜作为食品包装材料已被广泛地采用，所用的薄膜有：聚乙烯（PE）、低密度聚乙烯（LDPE）、高密度聚乙烯（HDPE）、聚丙烯（PP）、双向拉伸聚丙烯（OPP）、聚苯乙烯（PS）、聚氯乙烯（PVC）、聚偏二氯乙烯（PVDC）、聚酯（PET）、尼龙（NY）或由以上几种复合而成的复合薄膜。

4. 其他 作为食品的包装材料，还有陶瓷制品、木制品、竹制品、纸制品等。

三、食品包装材料的检验项目

为保证食品接触材料及制品的质量安全，根据食品接触材料及制品苯乙烯和乙苯的测定（GB 31604. 16—2016）、食品接触材料及制品树脂中挥发物的测定（GB 31604. 4—2016）、食品接触材料及制品树脂中提取物的测定（GB 31604. 5—2016）等食品国家安全标准的规定，对食品接触材料及制品苯乙烯和乙苯、树脂中挥发物和提取物等进行测定。

扫码“学一学”

第二节 食品接触材料及制品迁移试验预处理

食品接触材料及制品是指，包装、放置食品（或食品添加剂）的制品（或复合制品），餐具（或容器、工具等），在食品（或食品添加剂）制作、买卖和使用时直接与其接触的制品。主要包括包装、容器、工具与其他四类，依据材料又可划分为塑料、木质、玻璃、纤维、瓷质等。食品接触材料制品的质量直接关系到食品安全，其常见质量问题体包括：生产过程中存在设计与制作上的不足；接触材料制品与食品接触后产生问题。如，各种接触材料同食品接触或存储的方式存在问题，会导致食品发生酸碱、物理和化学转变，并会随时间而逐渐显现。

目前我国的食品接触材料制品法规及标准主要分为四类：一是食品接触材料的框架法规，二是食品接触材料制品的卫生规定，三是品质规格与使用性能指标，四是解析与检验方式准则。食品接触材料制品检验方法分为物理与化学两类，相对密度、脱色等属于物理检验；成分、迁移测试等属于化学检验。其中对技术要求最高的为迁移测试。

迁移是动、热力（扩散与平衡）综合的表现。测算食品接触材料及其制品的成分迁移入食品（食品模拟物）当中的量的测试被称为迁移测试。迁移测试主要用来评定进入食品的有毒有害成分（稳定剂、着色剂等添加剂；苯溶剂等印刷油墨）的剂量。迁移量不但受食品接触材料及制品自身特性与比重的影响，还与油脂、酒精等接触物或接触时间、温度等因素相关。食品成分的复杂度增加了迁移物测算的难度，所以一般都会优先选取适合模拟对象的溶剂。食品分为四类（水性、酸性、酒精类和脂肪类），模拟溶剂也对应分为四类（蒸馏水、稀酸溶液、乙醇与水的混合液和橄榄油），应依据不同要求选择不同溶剂代替食品，进行相关有毒有害成分迁移量的测试。食品接触材料及制品按照迁移试验预处理方法（参考国标 GB 5009. 156—2016）进行处理，获得的浸泡液应按照相关检验方法标准的规定进行迁移量测定。不同食品安全国家标准对于迁移试验预处理有特殊规定时，应符合相应标准的规定。

一、采样与制样方法

1. 所采样品应具有代表性。样品应完整、无变形、规格一致。采样数量应能满足检验项目对试样量的需要，供检测与复测之用。

2. 样品的采集和存储应避免样品受污染和变质。当试样含有挥发性物质时，应采用低温保存或密闭保存等方式。

3. 迁移试验预处理应尽可能在样品原状态下进行。如因技术原因无法对样品进行直接测试，可将样品进行切割或按照实际加工条件制得符合测试要求的试样。切割时，应避免对试样测试表面造成机械损伤，应尽可能将切割操作过程产生的试样温升降至最低。

4. 对于组合材料及制品，应尽可能按接触食品的各材质材料的要求分别采样。

5. 对于形状不规则、容积较大或难以测量计算表面积的制品，可采用其原材料（如板材）或取同批制品中有代表性的制品裁剪一定面积板块作为试样。

6. 对于树脂或粒料、涂料、油墨和黏合剂等与实际成型品有明显差异的食品接触材料，应当按照实际加工条件制成成型品或片材进行迁移试验预处理。

二、试样接触面积

应采用合适的方法准确测定试样中与食品模拟物接触的面积，不同形态试样面积的测定参照下列方法进行，也可采用其他准确测定面积的方法。

1. 空心制品面积　空心制品的面积为接触食品模拟物的面积总和，即接触食品模拟物的空心制品的内底部和内侧面面积之和。有规格的空心制品按其规格计算；无规格的空心制品，食品模拟物液面与空心制品上边缘（溢出面）的距离不超过 1 cm。需加热煮沸的空心制品加入食品模拟物的量应能保证加热煮沸时液体不会溢出，接触容积不得小于容积的4/5，缘有花彩者应浸过花面。

2. 扁平制品面积 将扁平制品（一体的圆形口）反扣于纸上，沿制品边缘画下轮廓，记下此参考面积（S），对于圆形的扁平制品可以量取其直径（D），按式 8－1 计算其参考面积，对于盛放食品模拟物时液面至上边缘的距离小于 1 cm 的扁平制品，将制品反扣于纸上，沿制品边缘画下轮廓，轮廓面积即为制品单面面积。

$$S=\left(\frac{D}{2}-l\right)^{2}\pi \tag{8-1}$$

式中，S 为面积，cm^2；D 为直径，cm；l 为食品模拟物至制品边缘距离，cm；π 为圆周率，3.14。

3. 全浸没法中试样面积 全浸没试验时，试样厚度小于或等于 0.5 mm 时，计算面积取试样的单面面积；试样厚度大于 0.5 mm 并且小于或等于 2 mm 时，计算面积取试样正反两面面积之和，即单面面积乘以 2；试样厚度大于 2 mm 时，计算面积取试样正反两面面积及其侧面积之和。

4. 迁移测试池法中试样面积 试样面积以试样实际接触食品模拟物或其他化学溶剂的面积计算。

三、试样接触面积与食品模拟物体积比（S/V）

1. 采用不同的试验方法，选择合适的 S/V 对试样进行迁移试验预处理。

2. 因技术原因无法采用实际的 S/V 或常规 S/V（6 dm^3 接触面积对应 1l，或 1 kg 食品模拟物）时，可调整 S/V 使模拟物中待测迁移物达到合适的浓度以满足方法检测要求。

3. 迁移试验预处理中试样 S/V 应确保在整个试验过程中，食品模拟物中待测迁移物的浓度始终处于不饱和状态。

四、试样的清洗和特殊处理

1. 试样应洁净，无污染。

2. 试样应按实际使用情形进行清洁。使用前无须清洗的试样（如一次性餐具）可用不脱绒毛布或软刷清除试样表面的异物。

3. 使用前有清洗或特殊处理要求的试样，按照标签或说明书上的要求进行清洗或处理后，用蒸馏水或去离子水冲 2～3 次，自然晾干，必要时可用洁净的滤纸将试样表面水分吸干净，但纸纤维不得存留试样表面。

4. 清洗或处理过的试样应防止污染，且不得用手直接接触试样表面，应用镊子夹持或戴棉质手套传递试样。

五、试验方法

迁移试验预处理过程中，如食品模拟物受热蒸发导致体积减小，应加入食品模拟物定

容至原体积。测定挥发性物质时，应采用适宜的密封措施以防止待测物质损失。迁移试验预处理结束后，应将浸泡液立即转移至干净的器皿中以备后续迁移量测定使用。进行迁移试验预处理时，应同时做空白试验。

1. 灌装法

（1）一般方法　将已达到试验温度的食品模拟物加入空心制品中。如果空心制品有指定的标准容量，可采用添加玻璃棒或玻璃珠等方法对食品模拟物的液位做细微调整。记录加入的食品模拟物体积，然后将试样置于已达到试验温度的恒温设备中，按规定的试验条件（温度、时间）进行迁移试验。塑料薄膜袋、复合包袋等试样应取其预期接触食品的接触面作为测试面，将袋置于适当大小的烧杯中，在袋中加入适量已达到试验温度的食品模拟物，接触已计算面积的区域，并按该试样规定的试验条件进行迁移试验预处理。

2. 制袋法　塑料膜（袋）、复合包装膜（袋）等也可采用制袋法，封合好后切开袋子的一角，其孔径便于注入食品模拟物，将试样袋放入试样支架，如图 8－1 所示的支架或类似装置中。将已达到试验温度的食品模拟物注入试样袋中，开口角热封或用夹子固定。

3. 全浸没法　在试验用容器中注入已达到试验温度的食品模拟物，将试样完全浸没在食品模拟物中，记录加入的食品模拟物体积，按规定的试验条件（温度、时间）进行迁移试验。为确保试样完全分开，可在每两片试样中间插入玻璃棒。可用添加玻璃棒和玻璃珠等方法压住易漂浮的试样（如薄膜等），使其完全浸入食品模拟物中，如试样无法完全浸入食品模拟物中，可采用添加玻璃棒或玻璃珠等方法对食品模拟物的液位做细微调整使试样表面完全浸入。薄膜、板材和样片也可使用支架来固定，见图 8－1、图 8－2。

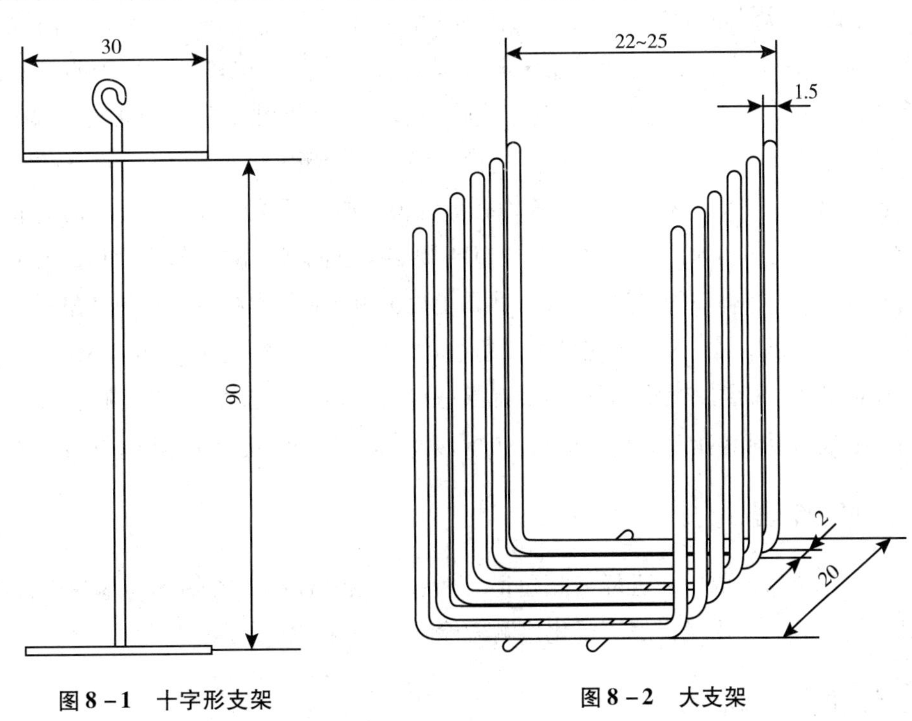

图 8－1　十字形支架　　　**图 8－2　大支架**

4. 回流法　将试样置于全玻璃蒸馏器的烧瓶中，加入食品模拟物 200 mL，确保试样完全没入。保持温和回流至规定时间。

5. 迁移测试池法　用量筒量取食品模拟物装入烧瓶中。将烧瓶及迁移测试池放入恒温设备中，使之达到试验温度。另取面积大于迁移测试池密封区域的试样，装入从恒温设备

中取出的迁移测试池中，重新装配迁移测试池，拧紧螺丝。将装有食品模拟物的烧瓶从恒温设备中取出，通过加注孔将食品模拟物从烧瓶转移至迁移测试池中，记录加入的食品模拟物体积。将迁移测试池放回已达到试验温度的恒温设备中。试验结束后，将迁移测试池从恒温设备取出，尽快恢复至室温，当食品模拟物为精制橄榄油或玉米油时，冷却后温度不得低于 10 ℃。

六、迁移量的测定要求

1. 特定迁移量的测定要求 取浸泡液适量做分析。对于挥发性物质，可以用注射器通过铝箔盖抽取，如果使用广口玻璃容器，则通过封口膜抽取。采用迁移测试池法的试样应将注射器插入注入口隔膜，从每个迁移测试池中取出浸泡液，按照特定迁移量的测定方法进行分析。

2. 总迁移量的测定要求 取浸泡液，按照总迁移量的测定方法进行分析。

扫码“学一学”

第三节 食品接触材料及制品苯乙烯和乙苯的测定

食品包装材料是与食品直接接触的材料，其残留物对食品的污染是影响食品质量安全的关键因素之一。在包装工业中苯乙烯是一种重要的有机化工原料。主要用于生产聚苯乙烯树脂（PS）、丙烯腈-苯乙烯-丁二烯树脂（ABS），以及苯乙烯-丙烯腈树脂（SAN）等。聚苯乙烯树脂的成型品在食品包装中用途极为广泛，例如食品托、盘子、杯子、碗等，快餐店里用到的一次性泡沫饭盒、方便面盒等都属于聚苯乙烯塑料。但是，在高温下，尤其在聚苯乙烯树脂成型过程中可能会分解产生苯乙烯、乙苯等单体。研究表明，苯乙烯对呼吸道有刺激作用，长期接触可引起阻塞性肺部病变，其慢性中毒可致神经衰弱综合征，有头痛、乏力、恶心、食欲减退、腹胀、忧郁、健忘、指颤等症状。

食品包装材料中残留的苯乙烯、乙苯等有毒有害单体会迁移到食品中，从而造成食品的污染，影响人们的身体健康。鉴于此，美国 FDA 规定与食品接触的聚苯乙烯和橡胶改性聚苯乙烯中的残留苯乙烯单体不得超过 0.5%，我国也规定用于制作食品容器、包装材料及食品工业用的聚苯乙烯树脂，其中苯乙烯含量不得超过 0.5%，乙苯含量不得超过 0.3%。参考标准 GB 31604.16—2016 食品安全国家标准《食品接触材料及制品苯乙烯乙苯的测定》，对于聚苯乙烯制品、不饱和聚酯树脂及其玻璃钢制品中苯乙烯和乙苯的测定可采用以下方法进行。

一、测定原理

试样经二硫化碳提取后，进样气相色谱分析。在色谱柱中苯乙烯、乙苯与内标物正十二烷及其他组分分离，用氢火焰离子化检测器检测，以内标法定量。

二、试剂和材料

1. 试剂 二硫化碳（CS_2，CAS 号：75-15-0） 色谱纯。

2. 标准品

（1）苯乙烯（C_8H_8，CAS 号：100-42-5） 纯度大于 99.5%，或经国家认证并授予标准物质证书的标准物质。

（2）乙苯（C_8H_{10}，CAS 号：100－41－4）　纯度大于 99.5%，或经国家认证并授予标准物质证书的标准物质。

（3）正十二烷（$C_{12}H_{26}$，CAS 号：112－40－3）　纯度大于 99%，或经国家认证并授予标准物质证书的标准物质。

3. 标准溶液配制

（1）苯乙烯标准储备液　称取 200 mg（精确至 0.0001 g）苯乙烯，用二硫化碳溶解后，定容至 10 mL，配制成浓度为 20 mg/mL 的储备液。溶液应于 4 ℃避光密封储存，有效期为 1 周。

（2）乙苯标准储备液　称取 200 mg（精确至 0.0001 g）乙苯，用二硫化碳溶解后，定容至 10 mL，配制成浓度为 20 mg/mL 的储备液。应于 4 ℃避光密封储存，有效期为 1 周。

（3）苯乙烯、乙苯混合中间液　用刻度吸量管分别吸取 0.25 mL 的苯乙烯标准储备液及乙苯标准储备液至预先盛有 5 mL 二硫化碳的 10 mL 容量瓶中，用二硫化碳稀释、定容，获得苯乙烯、乙苯混合中间液。其中苯乙烯及乙苯浓度均为 500.0 μg/mL，于 4 ℃避光密封储存。

（4）正十二烷内标储备液　称取 250 mg（精确至 0.0001 g）正十二烷，用二硫化碳溶解后，定容至 10 mL，配制成浓度为 25 mg/mL 的储备液，于 4 ℃避光密封储存。

（5）正十二烷内标中间液　用刻度吸量管吸取 0.50 mL 的正十二烷内标储备液至预先盛有 5 mL 二硫化碳的 10 mL 容量瓶中，用二硫化碳定容，配制成浓度为 1250 μg/mL 的中间液，于 4 ℃避光密封储存。

（6）苯乙烯、苯乙烯及正十二烷混标工作液　用微量注射器及刻度吸量管分别移取 50、250、500 μL 和 1.0、2.5、5.0 mL 苯乙烯与乙苯混合中间液于 6 个已加入 5 mL 二硫化碳的 25 mL 容量瓶中，再在每个容量瓶中加入 1.0 mL 正已烷内标中间液，用二硫化碳定容摇匀，获得工作溶液。苯乙烯及乙苯的浓度均分别为 1.0、5.0、10.0、20.0、50.0、100.0 μg/mL，内标浓度为 50 μg/mL，于 4 ℃避光密封储存。

三、仪器和设备

1. 气相色谱仪　配备氢火焰离子化检测器（FID）。
2. 分析天平　感量 0.0001 g。
3. 超声波清洗机。
4. 冷冻研磨仪。
5. 锥形瓶　25 mL。

四、分析步骤

1. 试样处理　可溶于二硫化碳的试样直接称量；不溶于二硫化碳的试样，先使用冷冻研磨仪或剪刀等切割工具将其破碎成粒径小于 1 mm×1 mm 后再称量。切割样品时，不可使其发热变软。

2. 试样溶液的制备　对于可溶于二硫化碳的试样，称取样品 0.5 g（精确到 0.001 g）试样于 25 mL，容量瓶中，移取 10 mL 二硫化碳于容量瓶中，并加入 1.0 mL 内标中间液。静置直至试样溶解后，用二硫化碳定容至刻度。对于不溶于二硫化碳的试样，称取样品 0.5 g（精确到 0.001 g）试样于 25 mL 锥形瓶中，移取 10 mL 二硫化碳于锥形瓶中。封盖后

用超声波清洗机提取20分钟，取上层清液于25 mL，容量瓶中。然后，以同样方法用10 mL二硫化碳重复提取一次，合并两次上层清液于25 mL容量瓶中，加入1.0 mL内标中间溶液并定容。若样品浓度超出线性范围，需重新提取，并在加入内标溶液前用二硫化碳适当稀释，使其浓度处于线性范围内。不加试样，按照同样方法处理获得空白提取液。

3. 空白溶液的制备 除不加试样外，采用与试样溶液的制备完全相同的分析步骤、试剂和用量。

4. 仪器参考条件

色谱柱：固定相为聚乙二醇，柱长30 m、内径0.32 mm，膜厚0.5 μm。

进样口温度：250 ℃。

柱温：始温50 ℃下保持恒温1分钟，以10 ℃/min速率升温至140 ℃，再以20 ℃/min速率升温至220 ℃，恒温10分钟。

进样方式：分流进样，分流比为2∶1。

载气：氮气，纯度大于99.999%，流量1.5 mL/min。

检测器：氢火焰离子化检测器。

进样量：1 μL。

检测器温度：300 ℃。

氢气流量：30 mL/min，纯度≥99.999%。

空气流量：300 mL/min，纯度≥99.999%。

5. 标准曲线的制作 按照仪器参考条件，将苯乙烯、苯乙烯及正十二烷混标工作液进样气相色谱仪测定，以标准溶液工作溶液中苯乙烯浓度（或乙苯浓度）为横坐标（单位为μg/mL），以对应苯乙烯峰面积（或乙苯峰面积）与内标物正十二烷峰面积之比为纵坐标，分别绘制标准曲线。苯乙烯、乙苯及正十二烷标准溶液的色谱图参见图8-3。

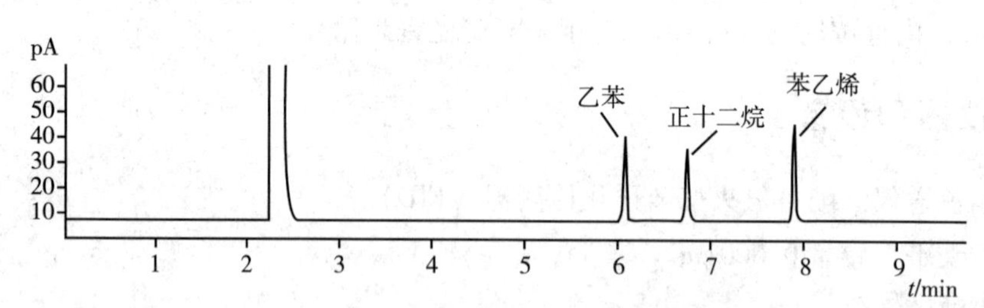

图8-3 乙苯、苯乙烯及正十二烷标准溶液的气相色谱图

6. 试样溶液的测定 按照仪器参考条件，将试样溶液，空白溶液进气相色谱仪测定，扣除空白值，得到苯乙烯（或乙苯）峰面积与正十二烷面积的比值。

五、分析结果

试样中苯乙烯（或乙苯）含量按式8-2计算：

$$X_i = \frac{\rho_i \times V \times f \times 10^{-3}}{m \times 10^{-3}} \tag{8-2}$$

式中，X_i为试样中残留苯乙烯（或乙苯）的含量，mg/kg；ρ_i为依据标准曲线获得的试样溶液中苯乙烯（或乙苯）质量浓度，μg/mL；V为试样溶液体积，mL；f为浓度稀释因子；m

为试样称样量，g；10^{-3}为单位换算因子。

计算结果保留至小数点后一位。

扫码“学一学”

第四节　食品接触材料及制品树脂中挥发物和提取物的测定

苯乙烯系树脂是指以苯乙烯为单体的均聚物、共聚物及其掺混物等一大类热塑性树脂。其中聚苯乙烯产品产量居首，发展最早。聚苯乙烯的工业生产方法，一般为本体聚合和悬浮聚合法。由于它具有良好的刚性、透明性、耐水、化学稳定性，特别是优异的电性能、耐辐射性能、低吸湿性、便宜的价格、良好的加工性和着色、表面装饰性，使其用途较为广泛。但是聚苯乙烯树脂中含有苯乙烯、乙苯等对人体有害的挥发物成分，因此测定聚苯乙烯树脂挥发物含量是判定聚苯乙烯树脂是否合格的重要指标。

一、树脂中挥发物的测定

参考 GB 31604.4—2016 食品安全国家标准《食品接触材料及制品树脂中挥发物的测定》，对食品接触材料及制品树脂中挥发物、聚苯乙烯树脂中挥发物进行测定。

（一）测定原理

试样于 138 ~ 140 ℃，在压力为 85.3 Pa 时，干燥 2 小时减失的质量减去干燥失重的质量即为挥发物的质量。

（二）试剂和仪器

1. 试剂

（1）丁酮（C_4H_8O）。

2. 仪器

（1）天平　感量为 0.1 mg。

（2）超声波清洗仪　工作频率 35 Hz。

（3）真空干燥箱。

（三）分析步骤

1. 采样　按照如前所述食品接触材料及制品迁移试验预处理的采样要求进行。

2. 干燥失重

（1）聚乙烯树脂　称取 5 ~ 10 g（精确至 0.1 mg）粒子试样，放于已恒重的扁形称量瓶中，厚度不超过 5 mm，于 90 ~ 95 ℃干燥 2 小时，取出，在干燥器中放置 30 分钟称量。

（2）聚苯乙烯树脂　称取 5 ~ 10 g（精确至 0.1 mg）粒子试样，放于已恒重的扁形称量瓶中，厚度不超过 5 mm，于 100 ℃ ±2 ℃干燥 3 小时，取出，在干燥器内冷却 30 分钟称量。

（3）分析结果　试样中干燥失重含量按式 8 -3 计算：

$$X_1 = \frac{m_1 - m_2}{m_1 - m_3} \times 100 \qquad (8-3)$$

式中，X_1为试样中干燥失重的含量，g/100 g；m_1为试样加称量瓶的质量，g；m_2为试样加称量瓶干燥后的质量，g；m_3为称量瓶的质量，g；100 为换算系数。

计算结果以重复性条件下获得的两次独立测定结果的算术平均值表示，结果保留两位有效数字。

3. 挥发物 称取 2 ~3 g（精确至 0.1 mg）的粒子试样，置于干燥后准确称量的 50 mL，带有玻璃棒的烧杯内。加 20 mL 丁酮，用玻璃棒搅拌，使完全溶解后，超声 15 分钟，挥发溶剂，待至试样呈浓稠状态，将烧杯移入真空干燥箱内，密闭真空干燥箱，开启真空泵，保持温度在 139 ℃ ±1 ℃，压力为 85.3 Pa，干燥 2 小时后，将烧杯移至干燥器内，冷却 30 分钟后称量。

（四）分析结果

试样中挥发物按式 8 -4 和式 8 -5 计算：

$$X_2 = \frac{m_1 - m_2}{m_1 - m_0} \times 100 \tag{8-4}$$

式中，X_2为试样于 139 ℃ ±1 ℃，压力为 85.3 Pa，干燥 2 小时失去的质量，g/100 g；m_1为试样加烧杯玻璃棒的质量，g；m_2为干燥后试样加烧杯玻璃棒的质量，g；m_0为烧杯玻璃棒的质量，g；100 为换算系数。

$$X_3 = X_2 - X_1 \tag{8-5}$$

式中，X_3为试样中挥发物的含量，g/100 g；X_2为试样于 139 ℃ ±1 ℃，压力为 85.3 Pa，干燥 2 小时失去的质量，g/100 g；X_1为试样中干燥失重的含量，g/100 g。

计算结果以重复性条件下获得的两次独立测定结果的算术平均值表示，结果保留两位有效数字。

二、树脂中提取物的测定

食品接触材料及制品树脂中提取物、聚乙烯、聚苯乙烯、聚丙烯、聚碳酸酯、聚对苯二甲酸乙二醇酯树脂中提取物参考 GB 31604.5—2016 食品安全国家标准《食品接触材料及制品树脂中提取物的测定》进行测定。

（一）测定原理

试样经提取液提取，提取液蒸发至干，残渣干燥后，用重量法测定试样中提取物的含量。

（二）试剂和仪器

1. 试剂

（1）乙酸（CH_3COOH）。

（2）无水乙醇。

（3）95% 乙醇。

（4）正己烷。

（5）正庚烷。

3. 仪器

（1）天平　感量为0.1 mg。

（2）电热恒温干燥箱。

（3）镊子。

（4）水浴锅。

（三）分析步骤

1. 采样　按照如前所述食品接触材料及制品迁移试验预处理的采样要求进行。

2. 试样的测定

（1）浸泡提取测定法　称取切割后面积约为6.45 cm^2的薄膜2 g（精确至0.1 mg）置于烧杯中，加200 mL提取液，置于50 ℃（精确至±1 ℃）水浴中加热，使其温度达50 ℃（精确至±1 ℃），提取时间按相应的产品标准，立即趁热将试液经快速定性滤纸过滤至已恒重的蒸发皿中，并用少量50 ℃提取液洗涤试样及容器，并过滤，合并涤液。滤液于70～80 ℃水浴中蒸干后，将盛有残渣的蒸发皿放入100 ℃±2 ℃电热恒温干燥箱中干燥2小时，取出蒸发皿，放入干燥器中冷却30分钟后称量，同时做空白试验。

（2）回流提取测定法　称取切割后面积约为6.45 cm^2的薄膜或树脂粒子2 g（精确至0.1 mg），于500 mL全玻璃蒸馏器的烧瓶中，加200 mL，提取液，接好冷凝管，于水浴中加热至提取物微沸，回流，回流时间按相应的产品标准，立即趁热将提取液用快速定性滤纸过滤至已恒重的蒸发皿中，用少量50 ℃提取液洗涤滤器及试样，并过滤，合并滤液。滤液于水浴中蒸干后，将盛有残渣的蒸发放入100 ℃±2 ℃电热恒温干燥箱中干燥2小时，取出蒸发皿，放入干燥器中冷却30分钟后称量。同时做空白试验。

（四）分析结果

1. 分析结果以质量分数计

试样中提取物按式8－6计算：

$$X=\frac{m_1-m_2}{m_3}\times 100 \tag{8-6}$$

式中，X为试样中提取物的含量，g/100 g；m_1为蒸发皿加提取物残渣的质量，g；m_2为蒸发皿的质量，g；m_3为试样质量，g；100为换算系数。

计算结果以重复性条件下获得的两次独立测定结果的算术平均值表示，结果保留三位有效数字。

2. 分析结果以质量浓度计

试样中提取物按式8－7计算：

$$X=\frac{(m_1-m_2)\times 1000}{200}\times 1000 \tag{8-7}$$

式中，X为试样中提取物的含量，mg/L；m_1为蒸发皿加提取物残渣的质量，g；m_2为蒸发皿的质量，g；200为2.00 g试样加200 mL提取液，mL；1000为换算系数。

计算结果以重复性条件下获得的两次独立测定结果的算术平均值表示，结果保留三位有效数字。

扫码“学一学”

第五节 食品接触材料及制品双酚 A 迁移量的测定

双酚 A 即2，2 -（4 - 羟基苯基）丙烷，BPA，是世界上使用最广泛的工业化合物之一，是制造环氧树脂、聚碳酸酯、聚砜、聚芳酯及酚醛树脂等产品的重要原料。双酚 A 被广泛应用在食品包装材料、容器内壁涂料等方面，其可通过食品包装容器和塑料薄膜迁移到食品中并进入人体内。

双酚 A 具有某些雌激素特性，具有使淋巴细胞增殖的作用，此外双酚 A 被认为与心血管疾病、肠道疾病、免疫系统等疾病有密切关系，不同剂量的双酚 A 能够诱导淋巴细胞的增殖，从而有潜在的免疫毒性。欧盟食物链和动物健康委员会（SCFCAH）曾决定，欧盟规定成员国从 2011 年 6 月 1 日起禁止进口含有化学物质双酚 A 的塑料婴儿奶瓶。目前美国、加拿大、日本和挪威等国家也严令限制双酚 A 这类化合物在食品包装材料中使用。

我国食品安全国家标准 GB 31604. 10—2016《食品接触材料及制品 2，2 - 二（4 - 羟基苯基）丙烷（双酚 A）迁移量的测定》规定了食品接触材料及制品中双酚 A 的检测方法。其检验通过索氏提取，液 - 液萃取、加速溶剂萃取、微波辅助萃取、固相萃取及固相微萃取等处理方法，将塑料包装材料中的双酚 A 转移至合适溶剂中，然后通过紫外分光光度法、高效液相色谱法、气质联用法、气相色谱法、荧光检测法及传感器检测法等进行定性定量分析。

一、测定原理

对于食品接触材料及制品（聚氯乙烯、聚碳酸酯、环氧树脂及其成型品）的食品模拟物采用液相色谱 - 质谱/质谱进行检测，其中水基、酸性食品、酒精类食品模拟物直接进样，油基食品模拟物通过甲醇溶液萃取后进样，利用液相色谱 - 质谱/质谱方法对食品模拟物中的双酚 A 进行检测，采用外标峰面积法定量。

二、试剂和材料

1. 试剂

（1）水基、酸性、酒精类、油基食品模拟物。

（2）正己烷　色谱纯。

（3）甲醇　色谱纯。

2. 标准品　双酚 A　纯度≥99%。

3. 标准溶液配制

（1）双酚 A 标准贮备溶液（1000 mg/L）　准确称取双酚 A 标准品 10 mg（精确至 0. 01 mg），用甲醇定容至 10 mL。

（2）双酚 A 标准中间溶液（10 mg/L）　吸取 1. 0 mL 双酚 A 贮备液用甲醇定容至 100 mL。

三、仪器和设备

1. 液相色谱串联四级杆质谱仪　配电喷雾离子源（ESD）。

2. 涡旋振荡器。

3. 微量注射器　10、50、1000 μL。

4. 分析天平　感量 0.0001 g，0.01 g。

5. 恒温恒湿箱。

6. 0.2 μm 尼龙滤膜针式过滤器。

四、分析步骤

（一）标准工作溶液及试样制备

1. 标准工作溶液的制备

（1）水基、酸性食品、酒精类食品模拟物标准工作溶液　准确吸取双酚 A 标准中间溶液 0、0.01、0.05、0.1、0.5、1.0 mL 于 10 mL 容量瓶中，用水定容至 10 mL，得到双酚 A 浓度分别为 0.00、0.01、0.05、0.1、0.5、1.0 mg/L 的标准工作液。采用同样方式，分别用对应水基、酸性食品、酒精类食品模拟物配置同样浓度系列的双酚 A 标准工作溶液。

（2）油基食品模拟物标准工作溶液　分别称取 1 g（精确至 0.01 g）油基食品模拟物至 7 个具塞试管中，用经重量法校准的微量玻璃注射器分别移取 0、0.01、0.03、0.05、0.07、0.1、0.3 mL 双酚 A 标准中间溶液于试管中，得到浓度分别为 0.00、0.10、0.30、0.50、0.70、1.0、3.0 mg/kg 的标准工作溶液。分别在每个试管中再加入 3 mL，正己烷，混匀，加入 2 mL 甲醇 - 水混合液（1 + 1），涡旋振荡 2 分钟，静置分层。用玻璃注射器吸取下层水溶液，通过 0.2 μm 尼龙滤膜过滤后供测定用。

2. 食品模拟物试液的制备

（1）水基、酸性食品、酒精类食品模拟物　准确量取迁移试验中得到的水基、酸性食品、酒精类食品模拟物约 1 mL，通过 0.2 μm 滤膜过滤后供测定用，平行制样 2 份。

（2）油基食品模拟物　准确称取迁移试验中得到的油基食品模拟物 1 g ± 0.01 g 于试管中，加入 3 mL 正己烷，混匀，加入 2 mL 甲醇 - 水混合液（1 + 1），涡旋振荡 2 分钟，静置分层。用注射器吸取下层水溶液，通过 0.2 μm 滤膜过滤后供测定用。平行制样 2 份。

3. 空白试液的制备　按照上述浸泡液的处理的操作处理未与食品接触材料接触的食品模拟物。

（二）仪器参考条件

1. 液相色谱条件

色谱柱：C_{18} 柱，柱长 150 mm，内径 4.6 mm，粒度 5 μm，或同等性能的色谱柱（以 0.1 mg/L 水基双酚 A 标准溶液测定，双酚 A 色谱峰理论塔板数不低于 2000 片/m）。

流动相：甲醇 - 水 - 氨水（70 + 30 + 0.1）。

流速：0.5 mL/min。

柱温：室温。

进样量：1 μL。

2. 质谱条件

离子化模式：电喷雾电离负离子模式（ESI^-）。

质谱扫描方式：多反应监测（MRM）。

（三）食品模拟物试样溶液的测定

1. 定量测定　将试样溶液注入液相质谱仪中，得到峰面积，根据标准曲线得到待测液

中双酚 A 的浓度。

2. 定性测定 按照仪器参考条件测定食品模拟物试样溶液和标准工作溶液，如果食品模拟物试样溶液的质量色谱峰保留时间与标准溶液在 ±2.5% 范围内；定性离子对的相对丰度与浓度相当的混合基质标准溶液的相对丰度一致，若相对丰度偏差不超过表 8－1 的规定，则可判断样品中存在相应的待测物。

表 8－1 定性测定时相对离子丰度的最大允许偏差

相对离子丰度，k/%	K≥50	20＜k＜50	10＜k≤20	k≤10
允许的相对偏差/%	+20	±25	+30	+50

（四）空白试验

空白试验系指除不加试样外，采用完全相同的分析步骤、试剂和用量，进行平行操作。

五、分析结果

1. 绘制标准工作曲线 按照仪器参考条件所列测定条件，对标准工作溶液进行检测，测定相应的峰面积。以食品模拟物标准工作曲线中双酚 A 浓度为横坐标，以对应的峰面积为纵坐标，绘制标准工作曲线，得到线性方程。

食品模拟物试液中双酚 A 浓度按式 8－8 计算：

$$c = \frac{y - b}{a} \quad (8-8)$$

式中，c 为食品模拟物试液中双酚 A 的浓度，mg/kg；y 为食品模拟物试液中双酚 A 的峰面积；b 为回归曲线的截距；a 为回归曲线的斜率。

2. 双酚 A 特定迁移量的转化计算 由标准工作曲线得到的食品模拟物试液中双酚 A 浓度，根据迁移实验中所使用的食品模拟物的体积和测试试样与食品模拟物检出面积，通过数学换算计算出双酚 A 的特定迁移量，单位以（mg/kg）或（mg/dm^2）表示。具体操作参考 GB 5009.156—2016 食品安全国家标准《食品接触材料及制品迁移试验预处理方法通则》的规定。

计算结果以重复性条件下获得的两次独立测定结果的算术平均值表示，结果保留两位有效数字。

☞ 案例讨论

案例：2018 年 7 月，江西省某市市场和质量监督管理局发布了“2018 年第 1 季度市级产品质量监督抽查工作通报”，本次抽查了 6 家食品用塑料（纸）包装容器工具等相关产品生产企业的 98 批次产品，合格 95 批次，产品合格率 96.9%；合格企业 62 家，企业合格率 95.3%。检测包括：复合食品包装膜、袋 26 批次，其中 3 批次不合格；容器 40 批次，检验结果均合格；食品用工具 24 批次，检验结果均合格；食品接触用纸包装 8 批次，检验结果均合格。其中 3 批次不合格包括复合食品包装膜、食品用塑料（纸）包装。

问题：1. 试分析上述材料的检测项目有哪些？

2. 可采用哪些方法进行检测？

第六节　食品包装材料的快速检测

扫码“学一学”

一、食品包装材料中霉菌的快速检测

此方法适用于塑料、纸类、金属、玻璃、陶瓷等食品包装材料。

食品包装材料中霉菌检测滤纸片的使用方法如下：

1. 打开包装，用消毒的镊子取出滤纸片，并放入无菌的培养皿内。

2. 将 5 mL 无菌水倒入待测食品包装材料中，反复摇动数次，将含有的霉菌孢子洗下。

3. 用无菌吸管或移液器取出 2.4 mL 洗涤液，均匀滴加在滤纸片上。

4. 将装有滤纸载体的培养皿放入 28 ~ 30 ℃培养箱内，培养 36 ~ 48 小时，观察生长的霉菌数。

5. 每个样品至少做三个重复。如滤纸片上长出的霉菌数量很多，需要对洗涤液进行相应的稀释。

二、食品包装材料中甲醛的快速检测

甲醛是一种毒性很大的物质，属于高危险品，主要应用于人工合成黏合剂，如制酚酞树脂、合成纤维，广泛应用于皮革工业、燃料、造纸等。在食品包装用纸中含有甲醛有如下可能：第一，由造纸工艺所引起；第二，造纸的材料出现问题，添加了废纸；第三，包装用纸成型工艺引起。食品包装用纸与人们生活密切相关，质量不达标，直接对人们的身体健康造成严重影响。

甲醛的快速检测方法适用于罐头内壁环氧酚醛树脂、涂料、涂膜和易拉罐内壁涂料膜中游离甲醛的测定。该法具有衍生物稳定、抗干扰能力强、操作简便、检测快速、线性范围好、检出限低等优点。

（一）测定原理

2，4－二硝基苯肼（2，4－DNPH）为衍生剂，在酸性介质中与甲醛反应生成相应的腙，经环己烷萃取，用配有电子捕获检测器（ECD）的气相色谱仪测定生成的腙，间接测定食品包装材料中的游离甲醛。

（二）试剂和仪器

1. 试剂

（1）乙酸、甲醛（36%－38%水溶液）。

（2）2，4－二硝基苯肼溶液　称取 0.500 g　2，4－二硝基苯肼溶解于 3 mL 浓硫酸（分析纯）中，用蒸馏水稀释，冷却后定容至 100 mL。

（3）甲醛标准溶液。

（4）环己烷均为分析纯。

（5）超纯水。

2. 仪器

（1）气相色谱仪　附有电子捕获检测器，氢火焰离子化检测器（FID）及数据处理设备。

（2）气相色谱－质谱联用仪　氦气（纯度≥99.99%），氢气（纯度≥99.95%），空气。

（三）测定步骤

1. 样品处理　将空心制品置于水平桌面上，用量筒注入水至离上边缘（溢出面）5 mm处，记录其体积（V），精确至±2%。用4%乙酸浸泡时，先将需要量的水加热至95 ℃，再加入计算量的36%乙酸，使其浓度达到4%，浸泡0.5小时，备用。

2. 色谱条件

色谱柱：50 m×0.32 mm×1.0 m DB－5柱。

柱流量：1.8 mL/min。

柱温：230 ℃恒温。

进样量：1.0 μL。

分流比：50∶1。

汽化室温度：250 ℃。

辅助气：N_2。

FID检测器：温度300 ℃。

ECD检测器：温度300 ℃。

MS检测器：电离方式EI，电子能量70 eV，离子源温度250 ℃，接口温度300 ℃，扫描范围20～400 u，电子倍增电压＋1400 V。

3. 标准曲线的绘制　精密吸取1 g/mL的甲醛标准溶液0、0.50、1.00、2.00、4.00、8.00 mL，分别置于10 mL具塞比色管中，加水至10 mL。加入0.3 mL的2，4－二硝基苯肼溶液，摇匀后置于60 ℃水浴15分钟，然后在流水中快速冷却，加入5 mL环己烷，超声萃取2分钟，连续萃取3次，收集三次萃取液，按上述色谱条件，取环己烷层1.0 μL进样分析，每种浓度重复三次，取峰面积的平均值，以甲醛含量对峰面积作图，绘制标准曲线。

4. 样品测定　吸取处理的样品溶液10 mL，移入10 mL具塞比色管中，加入0.3 mL的2，4－二硝基苯肼溶液，以下步骤与标准曲线的绘制相同。

5. 结果计算　甲醛的含量按照式8－9计算：

$$X=\frac{m}{V} \tag{8-9}$$

式中，X为试样浸泡液中甲醛的含量，mg/L；m为测定时所取试样浸泡液中甲醛的质量，mg；V为测定时所取试样浸泡液体积，L。

6. 注意事项

①衍生反应：醛类物质在酸性介质中能与2，4－二硝基苯肼反应生成稳定的希夫碱。本法生成相应的甲醛腙（HCHO－DNPH），经环己烷萃取，利用电子捕获检测器气相色谱法测定衍生物，以保留时间定性，峰面积定量，间接测定食品包装材料中痕量甲醛。衍生剂用量和酸性是影响衍生反应的重要因素。适度的酸性有助于促进甲醛与2，4－二硝基苯肼的反应，过强的酸性会损坏毛细管柱。不同的酸对衍生效果影响不同，经比较盐酸、硫酸和乙酸的影响，硫酸的衍生效果最好，其最佳酸度为0.54 mol/L。

②衍生物的稳定性：生成的衍生物，在冰箱中保存240小时后，含量基本不变。

③萃取条件的选择：环己烷的用量和萃取的次数影响萃取效果。环己烷萃取体积太大，测定溶液的浓度偏小，从而影响测定结果的精密度和准确性。

思考题

1. 影响食品接触材料及制品树脂中挥发物干燥失重的因素有哪些？

2. 简述食品接触材料及制品中苯乙烯和乙苯的测定原理。

3. 应用液相色谱－质谱/质谱法测定食品接触材料及制品双酚A，影响分析结果准确度和精密度的因素有哪些？

4. 应用快速检测法测定食品包装材料中的霉菌，如何能够提高测定结果的准确性？

5. 简述甲醛的快速检测注意事项。

扫码“练一练”

（于洪梅）

附录

附录一　酒精水溶液密度与常见酒精度（乙醇含量）对照简表（20 ℃）①

密度（g/L）	酒精度（%vol）	密度（g/L）	酒精度（%vol）
973. 56	20. 00	937. 72	46. 00
972. 48	21. 00	935. 87	47. 00
971. 39	22. 00	934. 00	48. 00
970. 31	23. 00	932. 09	49. 00
969. 22	24. 00	930. 13	50. 00
968. 10	25. 00	928. 15	51. 00
966. 97	26. 00	926. 16	52. 00
965. 82	27. 00	924. 13	53. 00
964. 64	28. 00	922. 05	54. 00
963. 43	29. 00	919. 97	55. 00
962. 20	30. 00	917. 85	56. 00
960. 95	31. 00	915. 69	57. 00
959. 66	32. 00	913. 52	58. 00
958. 33	33. 00	911. 32	59. 00
956. 98	34. 00	909. 11	60. 00
955. 58	35. 00	906. 86	61. 00
954. 15	36. 00	904. 61	62. 00
952. 69	37. 00	902. 30	63. 00
951. 18	38. 00	900. 00	64. 00
949. 63	39. 00	897. 65	65. 00
948. 04	40. 00	895. 29	66. 00
946. 42	41. 00	892. 89	67. 00
944. 75	42. 00	890. 47	68. 00
943. 05	43. 00	888. 04	69. 00
941. 32	44. 00	885. 55	70. 00
939. 54	45. 00		

① 更多对照数据请结合 GB 5009. 225—2016.

附录二　酒精计温度与20 ℃常见酒精度（乙醇含量）换算表①

酒精计温度（℃）	酒精度（%vol）										
	20.00	21.00	22.00	23.00	24.00	25.00	26.00	27.00	28.00	29.00	30.00
10	23.16	24.33	25.48	26.61	27.73	28.83	29.91	30.98	32.04	33.08	34.10
11	22.84	23.98	25.12	26.24	27.34	28.43	29.51	30.57	31.62	32.66	33.68
12	22.52	23.64	24.76	25.86	26.96	28.04	29.11	30.16	31.21	32.24	33.27
13	22.20	23.31	24.41	25.50	26.58	27.65	28.71	29.76	30.80	31.83	32.85
14	21.88	22.97	24.06	25.13	26.20	27.26	28.31	29.36	30.39	31.42	32.44
15	21.57	22.64	23.71	24.77	25.83	26.88	27.92	28.96	29.99	31.01	32.03
16	21.25	22.31	23.36	24.41	25.46	26.50	27.53	28.56	29.59	30.60	31.62
17	20.94	21.98	23.02	24.06	25.09	26.12	27.15	28.17	29.19	30.20	31.21
18	20.62	21.65	22.68	23.70	24.72	25.74	26.76	27.78	28.79	29.80	30.81
19	20.31	21.33	22.34	23.35	24.36	25.37	26.38	27.39	28.39	29.40	30.40
20	20.00	21.00	22.00	23.00	24.00	25.00	26.00	27.00	28.00	29.00	30.00
21	19.69	20.68	21.66	22.65	23.64	24.63	25.62	26.62	27.61	28.60	29.60
22	19.38	20.35	21.33	22.30	23.28	24.26	25.25	26.23	27.22	28.21	29.20
23	19.06	20.03	20.99	21.96	22.93	23.90	24.87	25.85	26.83	27.82	28.80
24	18.75	19.70	20.66	21.61	22.57	23.53	24.50	25.47	26.45	27.42	28.41
25	18.44	19.38	20.32	21.27	22.22	23.17	24.13	25.09	26.06	27.03	28.01
26	18.13	19.06	19.99	20.93	21.87	22.81	23.76	24.72	25.68	26.64	27.62
27	17.82	18.74	19.66	20.58	21.51	22.45	23.39	24.34	25.30	26.26	27.22
28	17.50	18.41	19.33	20.24	21.16	22.09	23.03	23.97	24.91	25.87	26.83
29	17.19	18.09	18.99	19.90	20.81	21.73	22.66	23.59	24.54	25.48	26.44
30	16.88	17.77	18.66	19.56	20.47	21.38	22.30	23.22	24.16	25.10	26.05
31	16.57	17.45	18.33	19.22	20.12	21.02	21.93	22.85	23.78	24.72	25.67
32	16.25	17.13	18.00	18.88	19.77	20.67	21.57	22.48	23.40	24.34	25.28
33	15.94	16.80	17.67	18.55	19.43	20.31	21.21	22.12	23.03	23.96	24.89
34	15.63	16.48	17.34	18.21	19.08	19.96	20.85	21.75	22.66	23.58	24.51
35	15.31	16.16	17.01	17.87	18.74	19.61	20.49	21.38	22.29	23.20	24.13

酒精计温度（℃）	酒精度（%vol）									
	31.00	32.00	33.00	34.00	35.00	36.00	37.00	38.00	39.00	40.00
10	35.12	36.13	37.13	38.12	39.10	40.08	41.06	42.04	43.01	43.98
11	34.70	35.71	36.71	37.70	38.69	39.68	40.66	41.63	42.61	43.58
12	34.28	35.29	36.29	37.29	38.28	39.27	40.25	41.23	42.21	43.19
13	33.87	34.88	35.88	36.88	37.87	38.86	39.84	40.83	41.81	42.79
14	33.45	34.46	35.46	36.46	37.46	38.45	39.44	40.43	41.41	42.39
15	33.04	34.05	35.05	36.05	37.05	38.04	39.03	40.02	41.01	42.00
16	32.63	33.64	34.64	35.64	36.64	37.63	38.63	39.62	40.61	41.60
17	32.22	33.22	34.23	35.23	36.23	37.22	38.22	39.21	40.21	41.20
18	31.81	32.82	33.82	34.82	35.82	36.82	37.81	38.81	39.60	40.80
19	31.41	32.41	33.41	34.41	35.41	36.41	37.41	38.40	39.20	40.40
20	31.00	32.00	33.00	34.00	35.00	36.00	37.00	38.00	39.00	40.00
21	30.60	31.59	32.59	33.59	34.59	35.59	36.59	37.60	38.60	39.60
22	30.19	31.19	32.19	33.18	34.18	35.19	36.19	37.19	38.19	39.20

① 更多对照数据请结合 GB 5009.225—2016.

续表

酒精计温度（℃）	酒精度（%vol）									
	31.00	32.00	33.00	34.00	35.00	36.00	37.00	38.00	39.00	40.00
23	29.79	30.79	31.78	32.78	33.78	34.78	35.78	36.79	37.79	38.80
24	29.39	30.38	31.38	32.37	33.37	34.37	35.38	36.38	37.39	38.39
25	28.99	29.98	30.97	31.97	32.96	33.97	34.97	35.98	36.98	37.99
26	28.60	29.58	30.57	31.56	32.56	33.56	34.56	35.57	36.58	37.59
27	28.20	29.18	30.17	31.16	32.15	33.15	34.16	35.16	36.17	37.19
28	27.80	28.78	29.76	30.75	31.75	32.75	33.75	34.76	35.77	36.78
29	27.41	28.38	29.36	30.35	31.34	32.34	33.34	34.35	35.36	36.38
30	27.01	27.98	28.96	29.95	30.94	31.94	32.94	33.95	34.96	35.97
31	26.62	27.59	28.56	29.54	30.53	31.53	32.53	33.54	34.55	35.57
32	26.23	27.19	28.16	29.14	30.13	31.13	32.13	33.13	34.15	35.17
33	25.84	26.80	27.77	28.74	29.73	30.72	31.72	32.73	33.74	34.76
34	25.45	26.40	27.37	28.34	29.32	30.32	31.32	32.32	33.34	34.35
35	25.06	26.01	26.97	27.94	28.92	29.91	30.91	31.92	32.93	33.95

酒精计温度（℃）	酒精度（%vol）									
	41.00	42.00	43.00	44.00	45.00	46.00	47.00	48.00	49.00	50.00
10	44.95	45.92	46.88	47.85	48.82	49.79	50.76	51.73	52.70	53.67
11	44.56	45.53	46.50	47.47	48.44	49.42	50.39	51.36	52.33	53.31
12	44.16	45.14	46.12	47.09	48.07	49.04	50.02	50.99	51.97	52.95
13	43.77	44.75	45.73	46.71	47.69	48.66	49.64	50.62	51.60	52.58
14	43.38	44.36	45.34	46.32	47.31	48.29	49.27	50.25	51.23	52.22
15	42.98	43.97	44.95	45.94	46.92	47.91	48.89	49.88	50.87	51.85
16	42.59	43.58	44.56	45.55	46.54	47.53	48.52	49.51	50.49	51.48
17	42.19	43.18	44.17	45.17	46.16	47.15	48.14	49.13	50.12	51.11
18	41.79	42.79	43.78	44.78	45.77	46.77	47.76	48.76	49.75	50.74
19	41.40	42.40	43.39	44.39	45.39	46.38	47.38	48.38	49.38	50.37
20	41.00	42.00	43.00	44.00	45.00	46.00	47.00	48.00	49.00	50.00
21	40.60	41.60	42.61	43.61	44.61	45.62	46.62	47.62	48.62	49.63
22	40.20	41.21	42.21	43.22	44.22	45.23	46.24	47.24	48.25	49.25
23	39.80	40.81	41.82	42.83	43.83	44.84	45.85	46.86	47.87	48.88
24	39.40	40.41	41.42	42.43	43.44	44.46	45.4	46.48	47.49	48.50
25	39.00	40.01	41.03	42.04	43.05	44.07	45.08	46.09	47.11	48.12
26	38.60	39.62	40.63	40.63	42.66	43.68	44.69	45.71	46.73	47.74
27	38.20	39.22	40.23	40.23	42.27	43.29	44.31	45.33	46.34	47.36
28	37.80	38.82	39.84	39.84	41.88	42.90	43.92	44.94	45.96	46.98
29	37.40	38.42	39.44	39.44	41.48	42.51	43.53	44.55	45.58	46.60
30	36.99	38.01	39.04	39.04	41.09	42.11	43.14	44.17	45.19	46.22
31	35.57	37.61	38.64	39.66	40.69	41.72	42.75	43.78	44.81	45.83
32	35.17	37.21	38.24	39.27	40.29	41.33	42.36	43.39	44.42	45.45
33	34.76	36.81	37.84	38.87	39.90	40.93	41.96	43.00	44.03	45.06
34	34.35	36.40	37.43	38.47	39.50	40.53	41.57	42.61	43.64	44.68
35	33.95	36.00	37.03	38.06	39.10	40.14	41.18	42.21	43.25	44.29

续表

酒精计温度（℃）	酒精度（%vol）									
	51.00	52.00	53.00	54.00	55.00	56.00	57.00	58.00	59.00	60.00
10	54.64	55.62	56.59	57.56	58.54	59.52	60.49	61.47	62.45	63.42
11	54.28	55.26	56.24	57.21	58.19	59.17	60.15	61.13	62.11	63.09
12	53.92	54.90	55.88	56.86	57.84	58.82	59.80	60.79	61.77	62.75
13	53.56	54.54	55.53	56.51	57.49	58.48	59.46	60.44	61.43	62.41
14	53.20	54.19	55.17	56.15	57.14	58.13	59.11	60.10	61.08	62.07
15	52.84	53.82	54.81	55.80	56.79	57.77	58.76	59.75	60.74	61.73
16	52.47	53.46	54.45	55.44	56.43	57.42	58.41	59.40	60.39	61.39
17	52.11	53.10	54.09	55.08	56.08	57.07	58.06	59.06	60.05	61.04
18	51.74	52.73	53.73	54.72	55.72	56.71	57.71	58.70	59.70	60.70
19	51.37	52.37	53.36	54.36	55.36	56.36	57.36	58.35	59.35	60.35
20	51.00	52.00	53.00	54.00	55.00	56.00	57.00	58.00	59.00	60.00
21	50.63	51.63	52.63	53.64	54.64	55.64	56.64	57.65	58.65	59.65
22	50.26	51.26	52.27	53.27	54.28	55.28	56.29	57.29	58.29	59.30
23	49.88	50.89	51.90	52.91	53.91	54.92	55.93	56.93	57.94	58.95
24	49.51	50.52	51.53	52.54	53.55	54.56	55.57	56.58	57.58	58.59
25	49.13	50.15	51.16	52.17	53.18	54.19	55.20	56.22	57.23	58.24
26	48.76	49.77	50.79	51.80	52.82	53.83	54.84	55.86	56.87	57.88
27	48.38	49.40	50.41	51.43	52.45	53.46	54.48	55.49	56.51	57.52
28	48.00	49.02	50.04	51.06	52.08	53.10	54.11	55.13	56.15	57.17
29	47.62	48.64	49.67	50.69	51.71	52.73	53.75	54.77	55.79	56.81
30	47.24	48.27	49.29	50.32	51.34	52.36	53.38	54.40	55.43	56.45
31	46.86	47.89	48.92	49.94	50.97	51.99	53.02	54.04	55.06	56.09
32	46.48	47.51	48.54	49.57	50.59	51.62	52.65	53.67	54.70	55.72
33	46.10	47.13	48.16	49.19	50.22	51.25	52.28	53.31	54.33	55.36
34	45.71	46.75	47.78	48.82	49.85	50.88	51.91	52.94	53.97	55.00
35	45.33	46.37	47.40	48.44	49.47	50.51	51.54	52.57	53.60	54.63

酒精计温度（℃）	酒精度（%vol）									
	61.00	62.00	63.00	64.00	65.00	66.00	67.00	68.00	69.00	70.00
10	64.40	65.38	66.36	67.33	68.31	69.29	70.26	71.24	72.22	73.19
11	64.07	65.05	66.03	67.01	67.99	68.96	69.94	70.92	71.90	72.88
12	63.73	64.71	65.70	66.68	67.66	68.64	69.62	70.60	71.58	72.56
13	63.40	64.38	65.36	66.35	67.33	68.32	69.30	70.28	71.27	72.25
14	63.06	64.04	65.03	66.02	67.00	67.99	68.97	69.96	70.95	71.93
15	62.72	63.71	64.70	65.68	66.67	67.66	68.65	69.64	70.62	71.61
16	62.38	63.37	64.36	65.35	66.34	67.33	68.32	69.31	70.30	71.29
17	62.03	63.03	64.02	65.01	66.01	67.00	67.99	68.99	69.98	70.97
18	61.69	62.69	63.68	64.68	65.67	66.67	67.66	68.66	69.65	70.65

续表

酒精计温度（℃）	酒精度（%vol）									
	61.00	62.00	63.00	64.00	65.00	66.00	67.00	68.00	69.00	70.00
19	61.35	62.34	63.34	64.34	65.34	66.33	67.33	68.33	69.33	70.33
20	61.00	62.00	63.00	64.00	65.00	66.00	67.00	68.00	69.00	70.00
21	60.65	61.65	62.66	63.66	64.66	65.66	66.67	67.67	68.67	69.67
22	60.30	61.31	62.31	63.32	64.32	65.33	66.33	67.34	68.34	69.35
23	59.95	60.96	61.97	62.97	63.98	64.99	65.99	67.00	68.01	69.02
24	59.60	60.61	61.62	62.63	63.64	64.65	65.66	66.67	67.67	68.68
25	59.25	60.26	61.27	62.28	63.29	64.30	65.32	66.33	67.34	68.35
26	58.89	59.91	60.92	61.93	62.95	63.96	64.98	65.99	67.00	68.02
27	58.54	59.55	60.57	61.59	62.60	63.62	64.63	65.65	66.67	67.68
28	58.18	59.20	60.22	61.24	62.25	63.27	64.29	65.31	66.33	67.35
29	57.83	58.85	59.86	60.88	61.90	62.92	63.94	64.96	65.99	67.01
30	57.47	58.49	59.51	60.53	61.55	62.58	63.60	64.62	65.64	66.67
31	57.11	58.13	59.15	60.18	61.20	62.23	63.25	64.28	65.30	66.33
32	56.75	57.77	58.80	59.82	60.85	61.87	62.90	63.93	64.96	65.99
33	56.39	57.41	58.44	59.47	60.49	61.52	62.55	63.58	64.61	65.64
34	56.02	57.05	58.08	59.11	60.14	61.17	62.20	63.23	64.26	65.30
35	55.66	56.69	57.72	58.75	59.78	60.82	61.85	62.88	63.92	64.95

附录三　相当于氧化亚铜质量的葡萄糖、果糖、乳糖、转化糖质量表　单位：mg

氧化亚铜	葡萄糖	果糖	乳糖（含水）	转化糖
11.3	4.6	5.1	7.7	5.2
12.4	5.1	5.6	8.5	5.7
13.5	5.6	6.1	9.3	6.2
14.6	6.0	6.7	10.0	6.7
15.8	6.5	7.2	10.8	7.2
15.9	7.0	7.7	11.5	7.7
18.0	7.5	8.3	12.3	8.2
19.1	8.0	8.8	13.1	8.7
20.3	8.5	9.3	13.8	9.2
21.4	8.9	9.9	14.6	9.7
22.5	9.4	10.4	15.4	10.2
23.6	9.9	10.9	16.1	10.7
24.8	10.4	11.5	16.9	11.2
25.9	10.9	12.0	17.7	11.7
27	11.4	12.5	18.4	12.3
28.1	11.9	13.1	19.2	12.8
29.3	12.3	13.6	19.9	13.3
30.4	12.8	14.2	20.7	13.8

续表

氧化亚铜	葡萄糖	果糖	乳糖（含水）	转化糖
31.5	13.3	14.7	21.5	14.3
32.6	13.8	15.2	22.2	14.8
33.8	14.3	15.8	23	15.3
34.9	14.8	16.3	23.8	15.8
36	15.3	16.8	24.5	16.3
37.2	15.7	17.4	25.3	16.8
38.3	16.2	17.9	26.1	17.3
39.4	16.7	18.4	26.8	17.8
40.5	17.2	19	27.6	18.3
41.7	17.7	19.5	28.4	18.9
42.8	18.2	20.1	29.1	19.4
43.9	18.7	20.6	29.9	19.9
45	19.2	21.1	30.6	20.4
46.2	19.7	21.7	31.4	20.9
47.3	20.1	22.2	32.2	21.4
48.4	20.6	22.8	32.9	21.9
49.5	21.1	23.3	33.7	22.4
50.7	21.6	23.8	34.5	22.9
51.8	22.1	24.4	35.2	23.5
52.9	22.6	24.9	36	24
54	23.1	25.4	36.8	24.5
55.2	23.6	26	37.5	25
56.3	24.1	26.5	38.3	25.5
57.4	24.6	27.1	39.1	26
58.5	25.1	27.6	39.8	26.5
59.7	25.6	28.2	40.6	27
60.8	26.1	28.7	41.4	27.6
61.9	26.5	29.2	42.1	28.1
63.0	27.0	29.8	42.9	28.6
64.2	27.5	30.3	43.7	29.1
65.3	28.0	30.9	44.4	29.6
66.4	28.5	31.4	45.2	30.1
67.6	29	31.9	46	30.6
68.7	29.5	32.5	46.7	31.2
69.8	30.0	33	47.5	31.7
70.9	30.5	33.6	48.3	32.2
72.1	31.0	34.1	49	32.7
73.2	31.5	34.7	49.8	33.2

续表

氧化亚铜	葡萄糖	果糖	乳糖（含水）	转化糖
74.3	32.0	35.2	50.6	33.7
75.4	32.5	35.8	51.3	34.3
76.6	33.0	36.3	52.1	34.8
77.7	33.5	36.8	52.9	35.3
78.8	34	37.4	53.6	35.8
79.9	34.5	37.9	54.4	36.3
81.1	35.0	38.5	55.2	36.8
82.2	35.5	39	55.9	37.4
83.3	36.0	39.6	56.7	37.9
84.4	36.5	40.1	57.5	38.4
85.6	37.0	40.7	58.2	38.9
86.7	37.5	41.2	59	39.4
87.9	38.0	41.7	59.8	40
88.9	38.5	42.3	60.5	40.5
90.1	39	42.8	61.3	41
91.2	39.5	43.4	62.1	41.5
92.3	40.0	43.9	62.8	42
93.4	40.5	44.5	63.6	42.6
94.6	41.0	45	64.4	43.1
95.7	41.5	45.6	65.1	43.6
96.8	42.0	46.1	65.9	44.1
97.9	42.5	46.7	66.7	44.7
99.1	43.0	47.2	67.4	45.2
100.2	43.5	47.8	68.2	45.7
101.3	44	48.3	69	46.2
102.5	44.5	48.9	69.7	46.7
103.6	45	49.4	70.5	47.3
104.7	45.5	50.0	71.3	47.8
105.8	46	50.5	72.1	48.3
107	46.5	51.1	72.8	48.8
108.1	47	51.6	73.6	49.4
109.2	47.5	52.2	74.4	49.9
110.3	48	52.7	75.1	50.4
111.5	48.5	53.3	75.9	50.9
112.6	49	53.8	76.7	51.5
113.7	49.5	54.4	77.4	52
114.8	50	54.9	78.2	52.5
116.0	50.6	55.5	79	53.0

续表

氧化亚铜	葡萄糖	果糖	乳糖（含水）	转化糖
117. 1	51. 1	56	79. 7	53. 6
118. 2	51. 6	56. 6	80. 5	54. 1
119. 3	52. 1	57. 1	81. 3	54. 6
120. 5	52. 6	57. 7	82. 1	55. 2
121. 6	53. 1	58. 2	82. 8	55. 7
122. 7	53. 6	58. 8	83. 6	56. 2
123. 8	54. 1	59. 3	84. 4	56. 7
125	54. 6	59. 9	85. 1	57. 3
126. 1	55. 1	60. 4	85. 9	57. 8
127. 2	55. 6	61. 0	86. 7	58. 3
128. 3	56. 1	61. 6	87. 4	58. 9
129. 5	56. 7	62. 1	88. 2	59. 4
130. 6	57. 2	62. 7	89	59. 9
131. 7	57. 7	63. 2	89. 8	60. 4
132. 8	58. 2	63. 8	90. 5	61
134	58. 7	64. 3	91. 3	61. 5
135. 1	59. 2	64. 9	92. 1	62
136. 2	29. 7	65. 4	92. 8	62. 6
137. 4	60. 2	66	93. 6	63. 1
138. 5	60. 7	66. 5	94. 4	63. 6
139. 6	61. 3	67. 1	95. 2	64. 2
140. 7	61. 8	67. 7	95. 9	64. 7
141. 9	62. 3	68. 2	96. 7	65. 2
143	62. 8	68. 8	97. 5	65. 8
144. 1	63. 3	69. 3	98. 2	66. 3
145. 2	63. 8	69. 9	99	66. 8
146. 4	64. 3	70. 4	99. 8	67. 4
147. 5	64. 9	71	100. 6	67. 9
148. 6	65. 4	71. 6	101. 3	68. 4
149. 7	65. 9	72. 1	102. 1	69. 0
150. 9	66. 4	72. 7	102. 9	69. 5
152	66. 9	73. 2	103. 6	70
153. 1	67. 4	73. 8	104. 4	70. 6
154. 2	68	74. 3	105. 2	71. 1
155. 4	68. 5	74. 9	106	71. 6
156. 5	69	75. 5	106. 7	72. 2
157. 6	69. 5	76	107. 5	72. 7
158. 7	70	76. 6	108. 3	73. 2

续表

氧化亚铜	葡萄糖	果糖	乳糖（含水）	转化糖
159. 9	70. 5	77. 1	109	73. 8
161. 0	71. 1	77. 7	109. 8	74. 3
162. 1	71. 6	78. 3	110. 6	74. 9
163. 2	72. 1	78. 8	111. 4	75. 4
164. 4	72. 6	79. 4	112. 1	75. 9
165. 5	73. 1	80	112. 9	76. 5
166. 6	73. 7	80. 5	113. 7	77
167. 8	74. 2	81. 1	114. 4	77. 6
168. 9	74. 7	81. 6	115. 2	78. 1
170	75. 2	82. 2	116	78. 6
171. 1	75. 7	82. 8	116. 8	79. 2
172. 3	76. 3	83. 3	117. 5	79. 7
173. 4	76. 8	83. 9	118. 3	80. 3
174. 5	77. 3	84. 4	119. 1	80. 8
175. 6	77. 8	85	119. 9	81. 3
176. 8	78. 3	85. 6	120. 6	81. 9
177. 9	78. 9	86. 1	121. 4	82. 4
179	79. 4	86. 7	122. 2	83
180. 1	79. 9	87. 3	122. 9	83. 5
181. 3	80. 4	87. 8	123. 7	84
182. 4	81. 0	88. 4	124. 5	84. 6
183. 5	81. 5	89	125. 3	85. 1
184. 5	82. 0	89. 5	126	85. 7
185. 8	82. 5	90. 1	126. 8	86. 2
186. 9	83. 1	90. 6	127. 6	86. 8
188	83. 6	91. 2	128. 4	87. 3
189. 1	84. 1	91. 8	129. 1	87. 8
190. 3	84. 6	92. 3	129. 9	88. 4
191. 4	85. 2	92. 9	130. 7	88. 9
192. 5	85. 7	93. 5	131. 5	89. 5
193. 6	86. 2	94	132. 2	90
194. 8	86. 7	94. 6	133. 0	90. 6
195. 9	87. 3	95. 2	133. 8	91. 1
197	87. 8	95. 7	134. 6	91. 7
198. 1	88. 3	96. 3	135. 3	92. 2
199. 3	88. 9	96. 9	136. 1	92. 8
200. 4	89. 4	97. 4	136. 9	93. 3
201. 5	89. 9	98	137. 7	93. 8

续表

氧化亚铜	葡萄糖	果糖	乳糖（含水）	转化糖
202. 7	90. 4	98. 6	138. 4	94. 4
203. 8	91. 0	99. 2	139. 2	94. 9
204. 9	91. 5	99. 7	140	95. 5
206	92. 0	100. 3	140. 8	96
207. 2	92. 6	100. 9	141. 5	96. 6
208. 3	93. 1	101. 4	142. 3	97. 1
209. 4	93. 6	102	143. 1	97. 7
210. 5	94. 2	102. 6	143. 9	98. 2
211. 7	94. 7	103. 1	144. 6	98. 8
212. 8	95. 2	103. 7	145. 4	99. 3
213. 9	95. 7	104. 3	146. 2	99. 9
215	96. 3	104. 8	147	100. 4
216. 2	96. 8	105. 4	147. 7	101
217. 3	97. 3	106	148. 5	101. 5
218. 4	97. 9	106. 6	149. 3	102. 1
219. 5	98. 4	107. 1	150. 1	102. 6
220. 7	98. 9	107. 7	150. 8	103. 2
221. 8	99. 5	108. 3	151. 6	103. 7
222. 9	100. 0	108. 8	152. 4	104. 3
224	100. 5	109. 4	153. 2	104. 8
225. 2	101. 1	110	153. 9	105. 4
226. 3	101. 6	110. 6	154. 7	106
227. 4	102. 2	111. 1	155. 5	106. 5
228. 5	102. 7	111. 7	156. 3	107. 1
229. 7	103. 2	112. 3	157	107. 6
230. 8	103. 8	112. 9	157. 8	108. 2
231. 9	104. 3	113. 4	158. 6	108. 7
233. 1	104. 8	114	159. 4	109. 3
234. 2	105. 4	114. 6	160. 2	109. 8
235. 3	105. 9	115. 2	160. 9	110. 4
236. 4	106. 5	115. 7	161. 7	110. 9
237. 6	107	116. 3	162. 5	111. 5
238. 7	107. 5	116. 9	163. 3	112. 1
239. 8	108. 1	117. 5	164	112. 6
240. 9	108. 6	118	164. 8	113. 2
242. 1	109. 2	118. 6	165. 6	113. 7
243. 1	109. 7	119. 2	166. 4	114. 3
244. 3	110. 2	119. 8	167. 1	114. 9

续表

氧化亚铜	葡萄糖	果糖	乳糖（含水）	转化糖
245. 4	110. 8	120. 3	167. 9	115. 4
246. 6	111. 3	120. 9	168. 7	116
247. 7	111. 9	121. 5	169. 5	116. 5
248. 8	112. 4	122. 1	170. 3	117. 1
249. 9	112. 9	122. 6	171	117. 6
251. 1	113. 5	123. 2	171. 8	118. 2
252. 2	114	123. 8	172. 6	118. 8
253. 3	114. 6	124. 4	173. 4	119. 3
254. 4	115. 1	125	174. 2	119. 9
255. 6	115. 7	125. 5	174. 9	120. 4
256. 7	116. 2	126. 1	175. 7	121
257. 8	116. 7	126. 7	176. 5	121. 6
258. 9	117. 3	127. 3	177. 3	122. 1
260. 1	117. 8	127. 9	178. 1	122. 7
261. 2	118. 4	128. 4	178. 8	123. 3
262. 3	118. 9	129. 0	179. 6	123. 8
263. 4	119. 5	129. 6	180. 4	124. 4
264. 6	120	130. 2	181. 2	124. 9
265. 7	120. 6	130. 8	181. 9	125. 5
266. 8	121. 1	131. 3	182. 7	126. 1
268	121. 7	131. 9	183. 5	126. 6
269. 1	122. 2	132. 5	184. 3	127. 2
270. 2	122. 7	133. 1	185. 1	127. 8
271. 3	123. 3	133. 7	185. 8	128. 3
272. 5	123. 8	134. 2	186. 6	128. 9
273. 6	124. 4	134. 8	187. 4	129. 5
274. 7	124. 9	135. 4	188. 2	130
275. 8	125. 5	136	189	130. 6
277	126	136. 6	189. 7	131. 2
278. 1	126. 6	137. 2	190. 5	131. 7
279. 2	127. 1	137. 7	191. 3	132. 3
280. 3	127. 7	138. 3	192. 1	132. 9
281. 5	128. 2	138. 9	192. 9	133. 4
282. 6	128. 8	139. 5	193. 6	134
283. 7	129. 3	140. 1	194. 4	134. 6
284. 8	129. 9	140. 7	195. 2	135. 1
286	130. 4	141. 3	196	135. 7
287. 1	131	141. 8	196. 8	136. 3

续表

氧化亚铜	葡萄糖	果糖	乳糖（含水）	转化糖
288.2	131.6	142.4	197.5	136.8
289.3	132.1	143	198.3	137.4
290.5	132.7	143.6	199.1	138
291.6	133.2	144.2	199.9	138.6
292.7	133.8	144.8	200.7	139.1
293.8	134.3	145.4	201.4	139.7
295	134.9	145.9	202.2	140.3
296.1	135.4	146.5	203	140.8
297.2	136	147.1	203.8	141.4
298.3	136.5	147.7	204.6	142
299.5	137.1	148.3	205.3	142.6
300.6	137.7	148.9	206.1	143.1
301.7	138.2	149.5	206.9	143.7
302.9	138.8	150.1	207.7	144.3
304	139.3	150.6	208.5	144.8
305.1	139.9	151.2	209.2	145.4
306.2	140.4	151.8	210	146
307.4	141.0	152.4	210.8	146.6
308.5	141.6	153	211.6	147.1
309.6	142.1	153.6	212.4	147.7
310.7	142.7	154.2	213.2	148.3
311.9	143.2	154.8	214	148.9
313	143.8	155.4	214.7	149.4
314.1	144.4	156	215.5	150
315.2	144.9	156.5	216.3	150.6
316.4	145.5	157.1	217.1	151.2
317.5	146.0	157.5	217.9	151.8
318.6	146.6	158.3	218.7	152.3
319.7	147.2	158.9	219.4	152.9
320.9	147.7	159.5	220.2	153.5
322.0	148.3	160.1	221	154.1
323.1	148.8	160.7	221.8	154.6
324.2	149.4	161.3	222.6	155.2
325.4	150	161.9	223.3	155.8
326.5	150.5	162.5	224.1	156.4
327.6	151.1	163.1	224.9	157
328.7	151.7	163.7	225.7	157.5
329.9	152.2	164.3	226.5	158.1

续表

氧化亚铜	葡萄糖	果糖	乳糖（含水）	转化糖
331	152.8	164.9	227.3	158.7
332.1	153.4	165.4	228	159.3
333.3	153.9	166	228.8	159.9
334.4	154.5	166.6	229.6	160.5
335.5	155.1	167.2	230.4	161
336.6	155.6	167.8	231.2	161.6
337.8	156.2	168.4	232	162.2
338.9	156.8	169	232.7	162.8
340	157.3	169.6	233.5	163.4
341.1	157.9	170.2	234.3	164
342.3	158.5	170.8	235.1	164.5
343.4	159.0	171.4	235.9	165.1
344.5	159.6	172	236.7	165.7
345.6	160.2	172.6	237.4	166.3
346.8	160.7	173.2	238.2	166.9
347.9	161.3	173.8	239	167.5
349	161.9	174.4	239.8	168
350.1	162.5	175	240.6	168.6
351.3	163.0	175.6	241.4	169.2
352.4	163.6	176.2	242.2	169.8
353.5	164.2	176.8	243	170.4
354.9	164.7	177.4	243.7	171
355.8	165.3	178	244.5	171.6
356.9	165.9	178.6	245.3	172.2
358	166.5	179.2	246.1	172.8
359.1	167	179.8	246.9	173.3
360.3	167.6	180.4	247.7	173.9
361.4	168.2	181	248.5	174.5
362.5	168.8	181.6	249.2	175.1
363.6	169.3	182.2	250.0	175.7
364.8	169.9	182.8	250.8	176.3
365.9	170.5	183.4	251.6	176.9
367.0	171.1	184	252.4	177.5
368.2	171.6	184.6	253.2	178.1
369.3	172.2	185.2	253.9	178.7
370.4	172.8	185.8	254.7	179.2

参考文献

[1] 郑坚强．食品感官评定［M］．北京：中国科学技术出版社，2013：114.

[2] 黎源倩，叶蔚云．食品理化检验［M］．第2版．北京：人民卫生出版社，2015：185.

[3] 刘绍．食品分析与检验［M］．武汉：华中科技大学出版社，2011：37.

[4] 李静芳，张素文，彭美纯等．高效液相色谱法检测乳制品中果糖、葡萄糖、蔗糖和乳糖的含量［J］．食品工业科技，2011，32（06）：391－393.

[5] 郑虎哲．食品分析检测［M］．北京：化学工业出版社．

[6] 胡雪琴．食品理化分析技术［M］．北京：中国医药科技出版社．

[7] 王燕．食品检验技术（理化部分）［M］．北京：中国轻工业出版社．

[8] 师邱毅，纪其雄，许莉勇．食品安全快速检测技术及应用，化学工业出版社，2010.

[9] 周相娟，赵玉琪，李伟等．顶空气相色谱法同时测定食品包装中残留乙苯和苯乙烯单体［J］．食品研究与开发，2010（10）：144－147.

[10] 谭曜，陆机芳，王群威．关于国标中食品包装用聚苯乙烯树脂挥发物测定的几点改进建议［J］．广东化工，2008（2）：54－75.

[11] 徐菲．食品接触材料制品检验标准及有害物质迁移试验要求浅谈［J］．轻工标准与质量，2018（3）：13－14.

[12] 蒋小良，贾长生，贺拂等．食品包装材料中双酚A快速检测方法［J］．食品研究与开发，2012（12）：88－90.

[13] 席小兰．食品包装检验要点［J］．现代食品，2016（23）：27－29.